JN194904

リスク・アセットマネジメントのための
for risk & asset management

統計 mathematics 数理
statistical

災害・老朽化に対処するために

小林潔司

小濱健吾／著

電気書院

まえがき

　本書はリスクマネジメントのための統計数理について講義をすることを目的としています．保険数理，信頼性をはじめとして，リスクマネジメントのための統計学を解説した教科書は数多くあります．しかし，本書は，これらのリスクマネジメントの教科書や解説書とは，まったく異なったタイプのリスクマネジメントに焦点を置いています．前半部分では事故や自然災害によるリスクに対するマネジメントに焦点を置き，事故や自然災害の発生プロセスを分析するための統計モデルを説明していきます．後半部分ではインフラ・構造物の劣化によるリスクに対するマネジメントに焦点を置いており，インフラ・構造物の劣化プロセスを予測するための統計モデルを詳細に解説していきます．後半部分が本書の大きな特徴となっており，従来の教科書や解説書では触れられていない内容となっています．

　わが国では，高度経済成長期に，多くの道路や鉄道，上下水道などのインフラ資産，学校や公共施設などの構造物，さらにはおびただしい数の民間企業のプラント施設や工場施設などが建設されました．また，多くの方の命を奪った伊勢湾台風や第 2 室戸台風などの自然災害を防ぐために，堤防や防波堤などの防災施設が建設されました．このようなインフラ施設や構造物の多くは，建設されてから約半世紀が経過しており，時間の経過とともに老朽化が進展しています．インフラや構造物が老朽化すると，地震や台風などの自然災害などにより倒壊や大規模な損傷を被るリスクも大きくなります．このため，これから老朽化したインフラや構築物の更新や大規模補修に対する需要が大きくなることが予想されており，計画的な点検，補修，更新等を通じ，インフラや構造物の建設や運営に関わる長期的な費用（ライフサイクル費用と呼びます）を考慮したアセットマネジメントが必要となってきています．限られた財源や資金の下で，行政や企業がインフラや構造物を持続的に活用し，安全・安心で豊かな生活を守っていくためには，個々のインフラ・構造物のメンテナンスだけではなく，より幅広い観点からのアセットマネジメントを実践していくことが求められています．

アセットマネジメントのためには，対象とするインフラ・構造物の状態を，モニタリングを通じて的確に把握し，将来にわたって進行する劣化プロセスを予測しなければなりません．劣化プロセスを予測できれば，ライフサイクル費用をできるかぎり抑制するような維持・補修・補強といった政策を計画的に実施していくことが可能となります．しかし，インフラ・構造物の劣化のプロセスには多大な不確実性が関与してくるため，劣化のプロセスを分析するためには統計モデルが必要となってきます．本書では，このようなインフラ・構造物のアセットマネジメントのために必要となる統計モデルについて，体系的に解説するものです．インフラ・構造物の劣化予測のための統計モデルについて詳細に解説した本は，おそらく本書が初めてではないかと思います．本書がインフラ資産のアセットマネジメントや維持管理に携わっている行政機関や民間企業の実務者・研究者，また，これからアセットマネジメントについて学ばれようとする初学者にとってご参考となることを願う次第です．

本書は，ある程度基本的な統計学を理解しておられる読者を想定しています．統計学の基本について解説した教科書は数多くありますが，本書の姉妹図書として，小林潔司，織田澤利守著：確率統計学 A to Z，電気書院，2012 を推薦したいと思います．本書で解説している統計モデルの中には，初学者にとって難しいと思われるものがあります．このような専門的な統計モデルに関しては，目次に※印をつけております．本書をはじめて読まれるときには，それらの部分を飛ばして読まれても差し支えありません．インフラ・構造物の劣化予測のためには，第4章で説明するハザードモデル，第5章で説明するマルコフ劣化ハザードモデルが重要な役割を果たします．本書では，これらのモデルについて，できるだけ丁寧に説明しております．できれば鉛筆を持ちながら，じっくりと読んでいただければ幸いです．

本書を通じて，われわれの生活や経済を支えているインフラや構造物の老朽化というリスクに果敢に立ち向かっていくことができる実務者，研究者が輩出することを期待しています．

最後になりましたが，電気書院の近藤知之氏には本書の企画の最初から最後まで非常にお世話になりました．本書が完成に至ったのは，近藤氏の辛抱強い励ましのお陰であります．心より感謝申し上げます．

2019 年 3 月

小林潔司・小濱健吾

目　　次

※印は専門的な統計モデルを含むため，初学時には読み飛ばしても構わない．

第1章

リスクを測ろう

1.1 リスクとは何だろう？

　リスクといえば何を思い浮かべるだろうか？ 地震リスクや洪水リスクなどの災害リスクを思い浮かべる人もいれば，食中毒にかかるリスク，ガンになるリスクなどの病気にかかるリスクを思い浮かべる人もいるかもしれない．私たちは普段の生活において様々なリスクに直面している．私たちがリスクと考える具体的な事例を通して，リスクとは何かを考えてみよう．

　(1) A さんは朝の 10 時に大切な友人と S 駅で待ち合わせをしている．S 駅へは自宅から車で 20 分の距離である．A さんは自宅を 9 時 40 分丁度に出発することを「リスクが高い」と考え，9 時 40 分よりも前に家を出発した．

　(2) 外国人の B さんは日本の銀行に 1000 万円の預金がある．為替相場が円安方向へと動き出したため，このままでは「リスクが高くなる」と考え，500万円を外貨預金，残りの 500 万円を日本市場の株式への購入に充てた．

　(3) C さんは「地震のリスク」に備えて，非常食や懐中電灯などの非常用品を購入し，地震保険に入っている．

　(1) における「リスクが高い」は，「10 時までに到着しない可能性が高い」と言い換えることができる．また，(2) における「リスクが高くなる」や (3) における「地震のリスク」はそれぞれ，「1000 万円の資産価値が減少してしまう可能性が高い」，「地震がもたらす様々な被害」と言い換えることができる．私たちは，このような何かしらの不利益をもたらす出来事をリスクとして捉えている．この考え方は間違っていない．実際に，リスクとは「目的に対して不確かさが与える影響（ISO31000）」と定義されている．私たちは無意識のうちに，

1

リスクを考え，そのリスクに対応する有効な手段を選択しているのである．

さて，「リスク」と同程度に馴染み深いと思われる「不確実性」についても説明しておこう．「不確実性」も「目的に対して不確かさが与える影響」と同様の意味をもち，「リスク」と何ら変わらないように感じられる．それでは，リスクと不確実性の違いはどの点にあるのであろうか？　現代企業の理論を確立したといわれるフランク・ナイトは名著「リスク，不確実性および利潤」のなかで「リスク」と「不確実性」を明確に区別している [1]．「リスク」は物理的・客観的な評価が可能であり，社会が同一の危険に対する見通し（同一の確率分布）を共有できる．よって，同じような確率分布に従う相互に独立なリスク事象を集めれば，それぞれのリスク事象が互いに相手のリスク事象の効果を打ち消し合い，リスク事象全体として発生する損失の確率分布の分散が小さくなる．これが保険の機能である．保険会社は，保険に加入している個人個人が直面するリスクを共有化することにより，保険会社が支払うべき保険金の支払いの確率変動の幅を短くすることを目的としている．他方，「不確実性」は客観的確率を測定することができず，保険が成立する条件を満たさない．このような場合には，主観的な確率を用いて「珍しい保険」として成立することもあるが，人工衛星保険やネッシー保険などわずかにしか存在しない．

しかし，ナイト流の「リスク」と「不確実性」の区別には賛否両論が唱えられている．

ケインズは，「雇用，利子および貨幣の一般理論」において次のように「リスク」と「不確実性」を区別している．「リスク」に関してはすべての経済主体が同じ評価を行い，保険や短期的投機によってマネジメントすることが可能であり，結果的に完全競争市場においてリスク分散が達成される．政府は利子率のコントロール等，金融政策を通じてリスクの市場配分を制御することができる．一方，「不確実性」に関しては客観的確率が存在しないため，各主体が独自の長期的予想を行う．このように長期的予想が主体によって多様に異なるため，果敢に不確実に挑戦することにより，超過利潤を獲得できる可能性が生まれる．そこでは，「アニマル・スピリット」とも呼ばれる非合理的・心理的ファクターが重要な役割を果たすことになる．アニマルスピリットこそが「企業家精神」であり，経済活性化の源であるとケインズは考えた．

他方，ナイト説に真っ先に反対したのはシカゴ大学の経営学者ハーディである [2]．彼によると，「統計的諸事象およびナイトがいうところの"不確実性"の

諸事象は本質的には同様であって，ただ我々がたまたまそれらを扱う場合に手元にある情報の量や，統計的頻度を把握したり十分な一連の諸事象を集めるのに必要な時間，または分類の適切さだけが違う．平均の法則の応用は全てが，ある種の類似性に基づいて多くの点では異なるものを集団化して分類したものに基づいている．もし近似した事象が頻繁にはないならば，我々は集団化をより同質的でない分類に基づいて行わなければならない．もし分類が原始的であり，あるいは事象の数が多くないならば，統計的方法はその精密さを失ってしまう」．酒井も，仮に「リスク」と「不確実性」に相対的な差異が存在したとしても，それを強調するのは望ましくないと反論している[3]．彼によると，不確実性の世界において各主体は，いかなる状態の生起確率についても，それが漠然としたものであれ何らかの主観的な確率分布に基づいて決定を下している．そして新しい情報が入手されるたびに，主観的な確率分布を修正し，より正確な判断ができるように学習していく．このような学習のプロセスを考慮することにより，リスクも不確実性も主観的確率という考え方に統合して議論を展開することが可能になるとしている．

1.2 どのようにリスクを認識しているのだろう？

　現代の企業や個人は実に様々なリスクに取り囲まれて行動している．地震や洪水などの自然災害リスク，火災リスクや倒産リスク，バスの遅延リスクや突発的な雨のリスク，いずれも私たちはリスクとして捉えている．さらに様々なリスクの中でも，自然災害リスクに対しては甚大な被害をもたらすものと考え，様々な手段を用いて対策をとることが必要であると考える人が多いだろう．一方で，突発的な雨のリスクに対しては取るに足らないものと考え，対策をとらないという人すらいるであろう．このように，単にリスクといってもその捉え方は様々であることがわかる．それでは，私たちはどのようにしてリスクを認識しているのであろうか？

　ここで，スロヴィッチ[4]のリスク認知地図（**図 1.1**）を紹介しよう．スロヴィッチは活動や技術などの 81 個のハザード*に対して，リスクの特徴を表す 15 個の指標を示して，人々がそれぞれのリスクをどのように認知しているかを分析した．その結果，リスク認知の構成要素として主に「Dread risk（恐怖

---

　* ハザード（hazard）とは，リスクの原因となる自然災害，危険物・障害物などの事象のことを言う．ハザードが発生しても，それが直ちにリスクになるわけではなく，人間社会がハザードをどの程度制御できるかによりリスクの程度が決定される．

性)」と「Unknown risk（未知性）」という 2 つの要素が存在することを指摘した．「恐怖性」には制御が困難であり，結末が致命的であり，リスクを低減することが容易ではないハザードが関連している．一方，「未知性」は観察が不可能な新しいリスクや，損害の影響が長期間に及んだり，時間遅れを伴って現れるようなハザードが関連している．「恐怖性」の評価が高いハザードとして「核兵器」，「原子炉事故」が挙げられている．また，「未知性」の評価が高いハザードとしては「制がん剤」，「DNA の技術」などが挙げられている．さらに，リスク認知の構成要素の 3 つめとして，当該ハザードの規模，すなわちどの程度の人々がリスクに晒されるかといった点を挙げている．以上のように，私たちはリスクを「恐怖性」と「未知性」という 2 つの評価軸で認知し，これらの軸上で評価が高いハザード，かつ規模の大きいハザードを大きなリスクとして評価している．すなわち，私たちのリスクの認識の仕方は，主観的あるいは感情的な判断を含む定性的な特性が関与しており，そのため，ある種のリスクを過大に見積もったり，別のリスクを過小視してしまう可能性が高いのである．

　もう 1 つ，リスクに対する主観的な価値判断に関する有名な研究を紹介しよう．ツバースキーとカーネマン[5] は，人間の主観的なリスク認知に関して心理的なバイアスが存在することを明らかにするために，研究に参加した被験者に次のような質問を出した．

　　600 人の人間を死に至らしめると予想される伝染性の病気の流行に対して，米国は 2 つの対策を準備しています．

　　　対策 A： 200 人の人々が救われる．
　　　対策 B： 3 分の 1 の確率で 600 人が救われるのに対して，3 分の 2 の確率で誰も救われない．

　　問：あなたはどちらの対策を選択しますか？

　読者の方々も実際に選択してみるとよいかもしれない．ツバースキーらの研究では，対策 A と回答した参加者が 72 %，対策 B と回答した参加者が 28 %であった．一方で，別のグループに対しては同様の設定で次の 2 つの選択肢が提示された．

　　　対策 C： 400 人の人々が死亡する
　　　対策 D： 3 分の 1 の確率で誰も死亡しないのに対して，3 分の 2 の確率で 600 人が死亡する．

　鋭い読者は気づいていると思うが，対策 C と対策 D は，対策 A と対策 B の表現を裏返しただけであり全く同じ内容である．しかし，驚くべきことに対策 C と回答した参加者は 22 ％であり，対策 D と回答した参加者は 78 ％と，選択される対策が全く正反対となってしまったのである．すなわち，人間はリスクを認知するためのある種の心理的な枠組みを持っており，このような枠組みを通じてリスクを認知するために，リスクの判断に系統的な過ちを犯してしまう可能性がある．このため，リスクを主観的に認知したりリスクを主観的に判断することだけに頼っていると，リスクに対して大きな過ちや非合理を生むような結果をもたらす可能性がある．それゆえ，私たちは，可能な限り科学的な手法を用いた客観的な視点でもってリスクを認知し，かつ客観的にリスクに関する判断を実施しなければならないと言えるだろう．

1.3　どのようにしてリスクを測るのだろう？

1.3.1　リスクの評価

　リスクを科学的な手法を用いて客観的に評価し，当該リスクに対して講じる処置を客観的に判断するためにはどのようにすればよいのか？　本書では 2 章以降においてその具体的な手法を述べるが，ここではより大きな流れを説明する．リスクは「目的に対して不確かさが与える影響」と定義されていると述べた．簡単な例を用いてリスクを評価する方法を考えてみよう．

　あなたは遊園地のオーナである．遊園地は連日の大盛況であるが，施設の老朽化に伴ってある 3 つの問題点が浮上した．

(1)　一番の目玉である大観覧車に対して耐震強度の不足が発覚し，耐震補強が必要であることがわかった．もし耐震補強の前に大規模な地震が発生すると 1 億円の損失が発生してしまう．

(2)　子供に人気のメリーゴーランドに対して電源設備の不備が発覚し，設備改修が必要であることがわかった．もし設備の改修の前に落雷によって施設エリア一帯に停電が発生すると 6000 万円の損失が発生してしまう．

(3)　若者に人気のお化け屋敷に対して防雨設備の不備が発覚し，設備改修が必要であることがわかった．もし設備の改修の前に大雨が降ると 4000 万円の損失が発生してしまう．

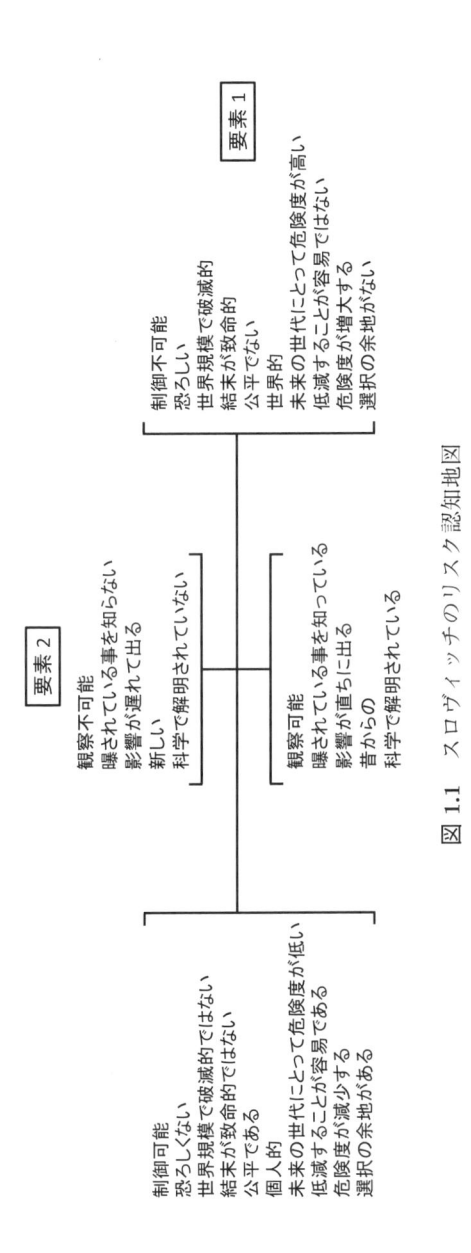

図 1.1 スロヴィッチのリスク認知地図

来場客の安全を脅かす問題ではないが，いずれの施設に対しても対策には
2000 万円程度の費用がかかる．また，対策にかかる費用が高額であるため，
一時でも早く対策を施す必要があるにもかかわらず 1 年に 1 つしか対策を実施
することができない．あなたはどの施設から対策を施せばよいのだろうか？

　まず単純に損失額の大きさを比較してみると，(1) が 1 億円，(2) が 6000 万
円，(3) が 4000 万円である．(1) の対策を優先すると 1 億円の損失を防ぐこと
ができ，6000 万円と 4000 万円の合計 1 億円の損失の可能性がある．(3) の対
策を優先すると 4000 万円の損失を防ぐことができ，1 億円と 6000 万円の合計
1 億 6000 万円の損失の可能性がある．以上の分析により (1) の対策を優先す
べきであると考えてよいのであろうか？　各施設のリスクを損失額のみで比較
してよいのであろうか？　正解を先に述べると，損失額のみで比較するのは適
切ではない．それは，損失が発生する可能性の違いを考えると明らかである．
(1) は損失額こそ大きいものの，現時点から次の 1 年，あるいは 2 年の間に大
規模な地震が発生するか否かを考えたとき，1 億円の損失が発生する可能性は
極めて低いと判断できるのではないか．また，(3) は損失額は 4000 万円と小さ
いものの，1 年を通して大雨が降らないとは考えられず，対策を施さない場合，
必ず 4000 万円の損失が発生すると判断できる．すなわち，リスクの評価には，
単純に損失額の評価のみではなくその損失が発生する確率も考慮しなければな
らないことがわかる．

　一般的にリスクは，「事象の発生確率×事象の結果の影響度」によって定量
化される．上述の例でいうと，損失が生じる事象の発生確率とその事象が発生
した時の損失額の積によりリスクを算出する必要がある．また，リスクを評価
するために重要なことは，「曝されているリスクを確認すること」，「リスクの
発生確率と発生した時の影響の大きさを評価すること」である．これは，上述
の例のみならず，一般的なハザード（地震や洪水など）においても同様である．
図 1.2 は，曝されているハザードのリスクのポジショニングを示した図である．
横軸は影響の大きさを表し，縦軸は発生確率を表している．リスクを「事象の
発生確率×事象の結果の影響度」として定義した場合，同じリスクの値に対し
てさまざまな発生確率と影響度の組み合わせを考えることができる．図の破線
は，同一のリスクに対応する発生確率と影響度の組み合わせを示したもので
あり，等リスク曲線と呼ぶことができる．個人や企業をとりまくさまざまなハ
ザードを図 1.2 上にプロットすることができるが，この図の右上に位置するハ

ザードほどリスクが大きいことが理解できるだろう．各事象の影響の大きさや発生確率を算出するためには，統計データを用いた統計分析が必要となる．しかし，現実的に数値を算出することが困難な場合も多い．そのような場合には，図 **1.3** に示すように，影響の大きさと発生確率をいくつかのランクに区分し，マトリックスへと置き換えるとよい．各リスクがどのマスに相当するかを推定することは，数値を算出することと比較してそれほど困難ではないと考えられる．

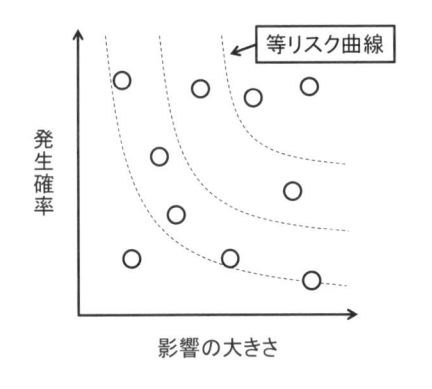

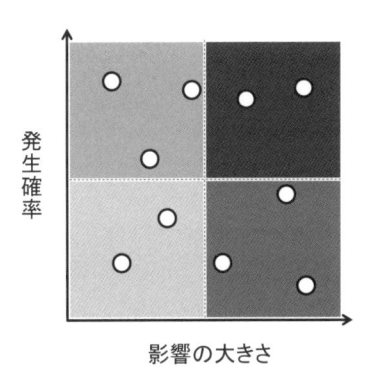

図 **1.2**　想定されるリスクの分布図　　　図 **1.3**　リスクマトリックスの利用

1.3.2　リスクマネジメント

「事象の発生確率×事象の結果の影響度」によって定量化されたリスクに応じた対策を施し，リスク発生の回避・予防や低減を図るプロセスをリスクマネジメントという．具体的なリスクマネジメントのプロセスは一般的に以下のようになっている．

1. 曝されているリスクを確認する．
2. リスクの発生頻度や規模を評価する．
3. リスクの発生を回避・予防・低減するリスクマネジメント手法を開発し，検討・採用する．
4. 採用したリスクマネジメント手法を実施する．
5. 実施したリスクマネジメント手法の成果を評価する．

　リスクマネジメントでは，ある特定のリスクに対して不必要に精緻な議論をするのではなく，「リスクの発生頻度や規模などを考慮し，それぞれのリスクに対してバランスのとれた扱い方をしているかどうか」「リスク全体として論理的に整合性のある議論を行っているのか」に配慮することが重要となる．リ

スクマネジメントの手法には，図 1.4 に示すように，(1) リスク事象の発生頻度や規模そのものを減少させるリスクコントロール手法と，(2) リスク事象により生じた被害を全体に分散させるリスクファイナンス手法がある．

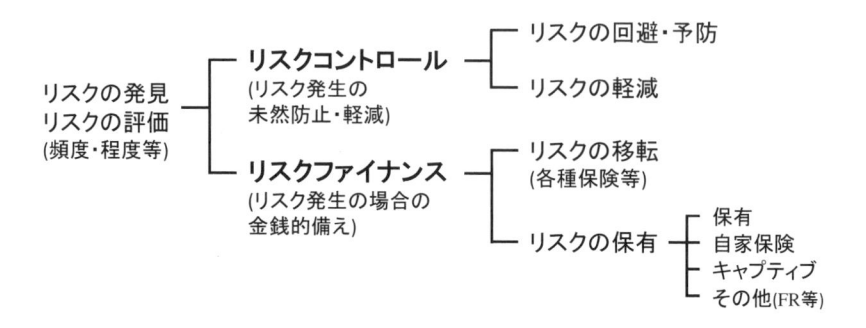

図 1.4　リスクマネジメント手法（山口 [6]）

　リスクコントロール技術は，リスクの発生頻度を減少させる対策である「損失予防」と，リスクが発生したときの損害の規模を減少させる対策である「損失軽減」の 2 種類に分類することができる．損失予防の例としては，車体の不具合から生じるトラブルを避けるための定期的な自動車検査があげられる．この検査は，突発的なエンジンの停止やブレーキの故障など自動車事故の発生頻度の減少に対して役に立つ．一方，損失軽減の例としては，運転席や助手席に備え付けられているエアバッグがある．エアバッグは自動車事故が発生したときの損害を最小限とするように設計されている．

　リスクファイナンス技術は，リスクを他人に移転する方法と，リスクを自分で保有する方法がある．リスクを他人に移転する方法の代表的な例が保険の購入である．保険会社と保険契約を締結し，保険会社に損失リスクの一部を移転することにより損失リスクを軽減するのである．一方，リスクの保有とは，損失の一部や全部の支払いに対して責任を持ち続けることをいう．企業内で保険スキームを作り，予期せぬ損失に備えて資金を積み立てておく自家保険や，完全な所有関係にある子会社（キャプティブ保険会社）を設立し，そこにリスクを集中させ損失を負担させるといった手段もリスクの保有に含まれる．

　リスクコントロールとリスクファイナンスの本質的な違いを説明しよう．リスクコントロールは社会全体での損失の減少をもたらす．一方で，リスクファイナンスはリスク事象により生じた損失を多くの人々や企業の間で配分する手法である．損失がある特定の個人や企業に集中する場合，個々の被災者や被災

企業が負担するリスクは膨大なものになる．しかし，損失を多くの人々や企業の間で分散する制度が利用可能となれば，個々の人間や企業が負担するリスクは小さなものにとどまる．当然のことながら，リスクファイナンスでは社会全体の損失の大きさは変わらない．個々の人間が被る心理的被害や個々の人間が膨大なリスクを負担することによって発生するであろう新たな損失を考慮すればリスクファイナンスの効用はもっと大きくなることに留意しよう．

リスクマネジメントを行う場合に重要なことは，リスクマネジメントを行う主体が誰であるのかを明確にしておくことである．リスクマネジメントを行う主体が異なればリスクマネジメントの目的は異なる．例えば，ある主体にとってもっとも安価にリスクを削減する方法は他人にリスクを転嫁してしまうことである．しかし，他人にリスクを転嫁したとしてもリスクそのものがなくなるわけではない．誰かが最終的にリスクを負担しなければならない．公共事業などの多くの主体が関与する事業では，事業に付随して発生するリスクを誰が負担するのかをあらかじめ取り決めておくことが重要となる．すなわち，リスク分担のルールに関して当事者の間で合意を形成しておく必要がある．自分が負担すべきリスクの範囲が明確になった上で，自己の責任において自分が負担すべきリスクを徹底的にマネジメントすることが可能となる．

以下では，代表的なリスクマネジメントに焦点を当て，その特徴やリスクマネジメント手法などについて説明する．

事故リスクマネジメント

交通事故などに代表される事故リスク（交通事故の発生によるリスク）のマネジメントを考えよう．警察庁の発表によると，1年間における日本国内の交通事故発生件数は 54 万件程度（平成 25 年〜29 年の平均）であり，交通事故は日常的に頻繁に発生している．また，一概に交通事故といっても，死者を伴う車両同士の事故から，単独で信号機や標識に衝突するような事故まで，幅広い事故の種類があると考えられる．したがって，事故リスクの特徴として，発生確率が大きく頻繁に発生する点，発生した時の損失の規模の大きさが様々である点，などが挙げられる．

このような事故リスクに対するマネジメントとして，主体ごとにどの様なリスクマネジメント手法を実施すればよいのかを見ていこう．主体が保険会社の場合，交通事故の発生により保険金を支払うことになる．保険会社にとっての事故リスクとは，支払うべき保険金総額が売り出した保険商品による利益を超

えてしまうことであろう．したがって，事故の発生件数，および事故の発生により支払うべき保険金の額をできるだけ正確に予測し，支払うべき保険金の総額を算出した上で，適切な保険商品の価格を設定しなければならない．主体が道路管理者の場合には，事故の発生そのものがリスクであり，事故の発生確率を低減するようなリスクコントロール技術（例えば道路舗装のメンテナンスや視界を遮るような街路樹の剪定）を用いて，事故の発生確率そのものを低減する必要がある．本書では，2章において事故の発生確率を予測する手法，3章において事故の発生による損失の総額を算出する手法を詳しく説明する．

災害リスクマネジメント

　地震，洪水等の災害リスクのマネジメントを考えよう．災害のリスクは，発生する頻度は非常に低いが，一度災害が発生すれば被害は被災地域全体に及び，被災地に大規模な損失をもたらすという特徴を持つリスクである．例えば，首都地域では関東大震災クラスの地震は200〜300年間隔で発生しているが，もし，このクラスの首都直下地震が発生すれば被害額は100兆円に及ぶという推計もある．また，南海トラフ沿いの地域においては，これまで100〜150年間隔で大規模な地震が発生して大きな被害を生じさせており，今後この地域における地震の30年以内の発生確率は70％〜80％程度と評価されている．いずれの地震においても，一度発生すると，人命損失の可能性や，現状回復のための資金が調達できないという流動性制約に直面した場合には復旧の遅れによる長時間の生活水準の低下などの不可逆的な被害が生じる可能性がある．

　このような特徴を持つ災害リスクに対してはどのようなリスクマネジメントが適切であるといえるのであろうか？　リスクコントロール技術としては，事前の防災投資，防災対策により構造物を強化し物理的に災害に対する抵抗力を高めること等が挙げられる．また，リスクファイナンス技術としては，地震保険による保険市場を通じた個人リスクの分散や，災害債権による資本市場を通じた集合リスクの分散などが挙げられる．適切なリスクマネジメントを達成するためには，相互依存関係下にあるリスクコントロール技術とリスクファイナンス技術を効率的に組み合わせた総合的な災害リスク管理体系の構築が求められる．本書では，具体的な災害リスクマネジメント手法については触れないが，リスクマネジメントを実施するために必須である災害リスクを適切に評価するための技術を説明する．すなわち，災害の発生確率と災害が発生した時の影響の大きさを算出する技術であり，2章において災害の発生予測技術，3章にお

いて災害が発生した際の損失規模の予測技術を詳しく説明する.

アセットマネジメント

　アセットマネジメントとは，自らの持つ資産を有価証券，土地，現金預金などを組み合わせてポートフォリオとして管理するなど，資産 (asset) を総合的に管理し，資産の価値を最大化するような業務のことである. また近年では，社会インフラを資産として捉え，社会インフラの効率的な保全や運用，適切な維持補修を目指す取り組みのこともアセットマネジメントと呼ぶ. 社会インフラのアセットマネジメントという考え方が生まれた背景を簡単に説明しよう. 社会インフラは公共的な資産であり，人々はほとんど興味を示さない. 施設の管理者がメンテナンスの必要性を指摘したとしても，大きな声とならず先送りされ続けていた. 米国ではその結果として全体にわたり社会インフラの老朽化が進行し，「荒廃するアメリカ」といわれる危機的状況になったのである. 社会インフラは予防的な維持補修により長寿命化が可能となり，結果としてライフサイクル費用が節約される. 逆に，維持補修を先送りすれば，将来世代が膨大な維持補修費用を負担することになる. そこで，社会インフラを国民の資産 (asset) として位置づけ，維持補修を計画的に，かつ着実に実施しようという動きが生まれたのである. いずれの考え方においても保有している資産の価値を最大化しようとする取り組みを意味し，個人の資産を管理するのか，あるいは国民の資産を管理するのか，の違いであると考えてよい. さて，アセットマネジメントは資産の価値を最大化するための取り組みであるが，どの様にして資産の価値を最大化するのであろうか. 社会インフラを例にとって説明しよう. 社会インフラのアセットマネジメントのプロセスは一般に以下のようになる.

1. 保有している社会インフラの状態を確認する.
2. 社会インフラの劣化の進展速度を評価する.
3. 劣化の進展を回避・予防・低減するアセットマネジメント手法を開発し，検討・採用する.
4. 採用したアセットマネジメント手法を実施する.
5. 実施したアセットマネジメント手法の成果を評価する.

　先述したリスクマネジメントのプロセスと非常によく似ていることに気がついたであろうか？ リスクマネジメントはリスクを回避・予防・低減するプロセスであり，一方で，社会インフラのアセットマネジメントは劣化の進展を回避・予防・低減するプロセスである. すなわち，社会インフラの価値を最大化

する取り組みは，劣化の進展というリスクを回避・予防・低減することにより達成され，アセットマネジメントはリスクマネジメントに含まれると考えても相違ないといえる．また，個人の資産のアセットマネジメントにおいても，資産評価額の減少を回避・予防・低減させ，資産評価額を増加させるプロセスであると考えると，こちらも同様にリスクマネジメントに含まれると考えられるであろう．重要なことは，どの様にして劣化の進展や資産価値の増減を予測し，評価するのかということである．本書では，4 章，5 章において，主に社会インフラのアセットマネジメントにおいて有用である寿命予測技術，劣化予測技術を詳しく説明し，6 章においてライフサイクル費用の予測技術を説明することとする．

Coffee break： 純粋リスクと投機的リスク

　リスクは大きく「純粋リスク」と「投機的リスク」の 2 つに分類される．純粋リスクは，災害リスクなどの事象の生起により経済的損害のみが生じるリスクであり，投機的リスクは，株や為替のリスクなどの損をする機会と得をする機会が併存するようなリスクを意味する．米国を中心に発展した従来のリスクマネジメントにおいては純粋リスクと投機的リスクの分類が重視され，後者はリスクマネジメントの対象外とされている．（投機的リスクの管理はジェネラル・マネジメントと称されている．）その理由としては主に，(1) リスクマネジメントの実務および研究が今までのところ純粋リスクを中心に応用されてきたこと．(2) 純粋リスクは，少しの例外を除いて一般に投機的リスクよりも予知しやすい．そのため，純粋リスクに対してはリスクマネジメントの 2 大技術であるリスクコントロールとリスクファイナンスの技術が使いやすいこと．(3) 投機的リスクの場合には，個々の企業が損失を被っても社会全体としては利益を受けることがあるのに対して，純粋リスクの場合には，個々の企業が損失を被れば，社会もまた損失を被るという関係があること，による [7]．本書においても，2 章以降では純粋リスクのみを取り上げてその分析手法を説明する．

演習問題

1. リスクと不確実性の違いを説明せよ.

2. リスクを評価する上で重要なことは何か？

3. リスクマネジメントとは何か？

4. リスクマネジメントにおいて用いられる 2 つの技術は何か？ またそれらの本質的な違いを述べよ.

5. 以下の手順を参考にしてリスクマネジメントを実践してみよ.
   - 普段の生活において曝されているリスクを挙げてみよう.
   - 挙げたリスクをリスクの分布図にプロットしてみよう.
   - それぞれのリスクにどのような対策を講じれば良いかを具体的に考えてみよう.
   - 対策がリスクコントロール，リスクファイナンスのいずれであるかを考えてみよう.

第2章

事故や災害の発生を予測しよう

2.1 事故の発生過程

　事故のリスクは,「事故の発生確率×事故の発生による影響の大きさ」によって定量化される.本章では事故のリスクを定量化するために,まず事故の発生確率を予測する方法を説明する.いま,ある交差点において事故がランダムに発生する様子を考えてみよう.図 **2.1** に示すように,初期時点 $t = 0$ を起点とする時間軸を考え,この時間軸上で事故が発生した時刻を t_1, t_2, $\cdots$, t_n,$\cdots$ と表そう.縦軸は発生した事故の累積発生件数 X_t を表している.事故の累積発生件数 X_t は初期時点 $t = 0$ において $X_0 = 0$ であり,時刻 t の経過に伴って単調に増加する.また,事故の発生間隔は,図中に示すように $T_n = t_n - t_{n-1}$ と表される.

　このようにランダムな事象の起こった回数を表す連続時間型の確率過程を計数過程という.ランダムな事象には,本節で取り上げる事故の発生件数の他に,

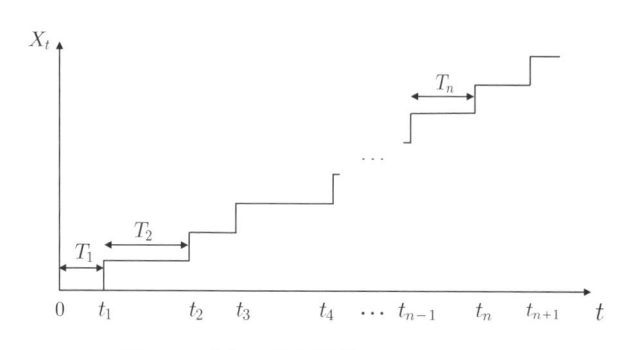

図 **2.1** 事故の発生過程のサンプルパス

たとえば電子メールの受信，店にやってくるお客の数なども当てはまる．X_t を時間間隔 $[0, t]$ に起こったランダム事象の累積発生回数とする．この時，計数過程 $\{X_t\}$ に従う現象を記述するのに重要な変数としては，1) 事象の起こる回数 X_t と 2) 事象が起こる時間間隔（待ち時間）T_n がある．以下では，事故の発生件数を計数過程 $\{X_t\}$ に従う現象と考え，計数過程の中でも事象の起こり方が最もランダムな場合であるポアソン過程を説明する．

2.1.1 ポアソン過程

ポアソン過程は，計数過程の中で起こり方が最もランダムな場合であり，事故の発生を考える際に非常に重要なモデルである．ポアソン過程の定義は以下の通りである．

定義

計数過程 $\{X_t\}$ が3つの条件：

1. （独立増分）事象の生起は互いに独立である．
2. （定常性）出来事が起きる確率はどの時間帯でも同じである．
3. （希少性）微小時間内にその出来事が2回以上起きる確率はほとんど無視できる．

を満たすとき，$\{X_t\}$ を**ポアソン過程 (Poisson process)** と呼ぶ．また，このような特徴をもつ出来事の到着の仕方をポアソン到着という．

ひとまず離散時間の枠組みから説明を始めよう．時間区間 $[0, t]$ を幅 Δt の微小区間に n 等分する．したがって，$\Delta = t/n$ である．ここで，n が十分大きな正の整数であるとする．i 番目の微小区間で事象の起こる回数を Z_i で表せば，条件1，2より $Z_1, Z_2, \cdots, Z_n$ は同一の分布に従う独立した確率変数列である．さらに，条件3を次のように記述しよう．

$$P(Z_i = 0) = 1 - \lambda \Delta t + o(\Delta t)$$
$$P(Z_i = 1) = \lambda \Delta t + o(\Delta t)$$
$$P(Z_i = 2) = o(\Delta t)$$

λ は微小区間における事象の起こりやすさを表すパラメータであり，強度 (intensity) と呼ばれる．また，$o(\Delta t)$ は Δt が十分に小さいとき，Δt のオーダーに比べて無視できるほど小さい量であることを表し，$P(Z_i = 2) = o(\Delta t)$ は微小区間に事象が2回以上起こる確率はほとんど無視できることを意味す

る. このとき，時間区間 $[0, t]$ において事象が起こる回数は $\sum_{i=1}^{n} Z_i$ と表される. $\Delta t \to 0$（または，$n \to \infty$）の極限をとれば，時刻 t までに起こる事象の回数を表す連続時間の確率過程 $\{X(t)\}$ を

$$X_t = \lim_{\Delta t \to 0} \sum_{i=1}^{n} Z_i \tag{2.1}$$

と表すことができる. いま，離散時間の枠組みにおいて時間区間 $[0, t]$ に事象が k 回起こる確率は，条件 1 より二項分布を用いて

$$P\Big(\sum_{i=1}^{n} Z_i = k\Big) = \binom{n}{k} (\lambda \Delta t)^k (1 - \lambda \Delta t)^{n-k} + o(\Delta t) \tag{2.2}$$

と表される. $\Delta t = t/n$ に留意して極限 $n \to \infty$ をとれば，X_t の分布

$$
\begin{aligned}
P(X_t = k) &= \lim_{\Delta t \to 0} \binom{n}{k} (\lambda \Delta t)^k (1 - \lambda \Delta t)^{n-k} \\
&= \lim_{\Delta t \to 0} \frac{n!}{(n-k)!k!} (\lambda \Delta t)^k (1 - \lambda \Delta t)^{n-k} \\
&= \lim_{n \to \infty} \frac{(\lambda t)^k}{k!} \frac{n(n-1) \cdots (n-k+1)}{n^k} \left(1 - \frac{\lambda t}{n}\right)^{n-k} \\
&= \frac{(\lambda t)^k}{k!} e^{-\lambda t}
\end{aligned}
\tag{2.3}
$$

を得る[*]. すなわち，時刻 t までに起こる事象の回数 X_t は，ポアソン分布 $Po(\lambda t)$ に従う. また，$Po(\lambda t)$ の平均が λt であることから，ポアソン過程の強度 λ は単位時間当たりの平均生起回数を表している.

続いて，事象が起こる時間間隔（待ち時間）T_n が従う分布について考察しよう. 初期時点から時刻 t までに一度も事象が起こらない，すなわち $T_1 > t$ である確率は，

$$
\begin{aligned}
P(T_1 > t) &= P(X_t = 0) \\
&= \lim_{\Delta t \to 0} (1 - \lambda \Delta t)^n = \lim_{n \to \infty} \left(1 - \frac{\lambda t}{n}\right)^n \\
&= e^{-\lambda t}
\end{aligned}
\tag{2.4}
$$

となる[*]. これより，時間間隔 T_1 の分布関数は

---

[*] 公式 $\displaystyle\lim_{x \to \pm\infty} \left(1 + \frac{1}{x}\right)^x = e$ を利用.

$$F(t) = P(T_1 \leq t) = 1 - P(T_1 > t)$$
$$= 1 - e^{-\lambda t} \tag{2.5}$$

となり，確率密度関数は $f(t) = \lambda e^{-\lambda t}$ となる．このことから，T_1 はパラメータ λ の指数分布に従うことがわかる．

　ここで，確率過程を考える上で非常に重要な定常性という概念について説明しておこう．確率過程とは，状態（確率変数）が時間とともに確率的に変化するときの各時刻における状態（確率変数）の系列のことをいう．例えばある交差点におけるある月の事故の発生件数が確率過程であり，1 月の事故の発生件数を確率変数 $X(1)$，2 月の事故の発生件数を確率変数 $X(2)$，$\cdots$ と考えた場合，確率変数 $X(t)$ の系列 $X(1), X(2), \cdots$ を確率過程 $\{X(t)\}$ とよぶ．また，確率変数 $X(t)$ のとりうる値 $x(t)$ の系列 $x(1), x(2), \cdots$ をサンプルパスとよび，実際に観測される観測値 $\bar{x}(1), \bar{x}(2), \cdots$ はサンプルパスの 1 つが実現したものである．ここで，ある月の事故の発生件数のような確率過程 $\{X(t)\}$ に対しては，実際に観測される観測値 $\bar{x}(1), \bar{x}(2), \cdots$ が各月に対してただ 1 つしか得られないことに注意して欲しい．したがって，確率変数 $X(1)$ と $X(2)$ の従う分布が異なるとモデリングが非常に困難になってしまう*．そこで，確率変数 $X(1)$ と $X(2)$ の従う分布が同一であるという前提が必要であり，その前提が定常性である．すなわち定常性とは，時間（あるいは位置）によって事象の発生確率が変化せず，常に同一の確率分布によって表されるという性質である．ポアソン過程は定常性を満足する確率過程（定常過程）であり，いずれの期間においても事故の発生件数に関する確率変数 $X(t)$ が同一の確率分布に従っており，その同一の確率分布がポアソン分布となっている．

ポアソン発生モデル

　事故の発生件数がポアソン過程に従うと仮定して，事故の発生件数を予測する確率モデルを組み立ててみよう．表 2.1 に，ある都市における 1 年間の事故発生件数を示している．表より，都市全域において発生した事故の 1 か月の平均的な到着率（件/月）を，単純に相加平均を用いて算出すると，$\lambda = 72/12 = 6$ となる．したがって，ある都市の事故の発生件数に関する確率モデルは，

---

* 発生確率が変化したとしても，その変化の仕方に規則性がある場合にはモデリングは可能である．ポアソン過程においても到着率が変化するような非定常ポアソン過程という考え方があり，詳細は 2.2 において説明する．

表 2.1 ある都市の 1 年間の事故発生件数

	発生件数（件）			
	都市全域	A 地域	B 地域	C 地域
1 月	8	1	4	3
2 月	2	0	2	0
3 月	12	2	6	4
4 月	3	1	2	0
5 月	7	2	3	2
6 月	7	0	4	3
7 月	5	2	1	2
8 月	4	1	2	1
9 月	9	1	5	3
10 月	4	1	2	1
11 月	7	0	4	3
12 月	4	1	1	2
合計	72	12	36	24

$$P(X_t = k) = \frac{(6t)^k}{k!} e^{-6t} \tag{2.6}$$

となる．また，ある都市は A 地域，B 地域，C 地域の 3 つの地域により構成されており，都市全域において発生した事故のより詳細な内訳が入手できたとしよう．同表にはそれぞれの地域における事故の発生件数が記載されている．この時，都市全域において式 (2.6) の確率モデルを用いて事故の発生件数を予測するよりも，地域ごとに確率モデルを組み立てて事故の発生件数を予測する方が，より柔軟な管理計画を立てる事ができるだろう．地域ごとの到着率（件/月）を計算してみると，A 地域においては $\lambda_A = 12/12 = 1$，B 地域においては $\lambda_B = 36/12 = 3$，C 地域においては $\lambda_C = 24/12 = 2$ となる．したがって，各地域の事故の発生件数に関する確率モデルは，

$$A \text{ 地域}: P_A(X_t = k) = \frac{t^k}{k!} e^{-t} \tag{2.7a}$$

$$B \text{ 地域}: P_B(X_t = k) = \frac{(3t)^k}{k!} e^{-3t} \tag{2.7b}$$

$$C \text{ 地域}: P_C(X_t = k) = \frac{(2t)^k}{k!} e^{-2t} \tag{2.7c}$$

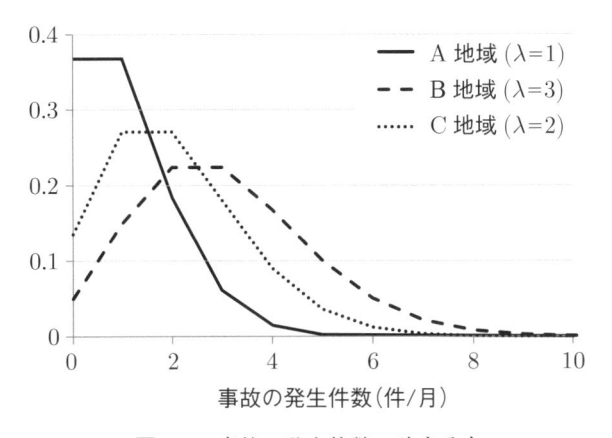

図 2.2 事故の発生件数の確率分布

となる．**図 2.2** には，上式に示した 3 通りに対する事故の発生件数の確率分布を示している．ポアソン過程に従うと仮定していることにより，到着率 λ の値を決めるだけで，事故の発生件数と対応する確率を算出することができる．

以上では，到着率の値を決めて事故の発生件数と確率を対応させる確率モデルを組み立てた．すなわち，A 地域における事故の発生件数に関する確率モデルは P_A，B 地域における事故の発生件数に関する確率モデルは P_B，C 地域における事故の発生件数に関する確率モデルは P_C となる．しかし，個々の現象ごとに，特定の確率モデルを 1 つずつ対応させるだけでは不便である．例えば A 地域においては λ_A，B 地域においては λ_B，C 地域においては λ_C の値を代入するといったように，モデルに幅を持たせて複数の確率モデルを同時に記述できるような方法を考えた方が便利であろう*．

そこで到着率を，

$$\lambda = \exp(a^1\beta^1 + a^2\beta^2 + \cdots + a^J\beta^J) \tag{2.8}$$

のように J 個の説明変数と未知パラメータの積により表した統計モデルを考える．$a^1, a^2, \cdots, a^J$ が説明変数であり，$\beta^1, \beta^2, \cdots, \beta^J$ が未知パラメータである．一例として，到着率の違いを A 地域，B 地域，C 地域といった地域特性により分類したい場合を考えてみよう．説明変数として，

---

* 到着率 λ の値によって，事故の発生件数に対応する確率は異なってくる．λ を母数と呼び，λ のとりうる値全体を母数空間と呼ぶ．このようにして複数の確率モデルを考慮したモデルが統計モデルである．確率モデルは統計モデルにおいて母数空間が一点からなる特殊なケースと考えることができる．

$$a^1 = 1 \tag{2.9a}$$

$$a^2 = \begin{cases} 1 & A \text{ 地域の場合} \\ 0 & \text{それ以外} \end{cases} \tag{2.9b}$$

$$a^3 = \begin{cases} 1 & B \text{ 地域の場合} \\ 0 & \text{それ以外} \end{cases} \tag{2.9c}$$

のような地域特性に関するダミー変数を設定し，$a^1 = 1$ を考慮し，到着率を，

$$\lambda = \exp(\beta^1 + a^2\beta^2 + a^3\beta^3) \tag{2.10}$$

と表す．a^1 は定数項である．この時，$(a^2, a^3) = (1, 0)$ の時に A 地域を，$(a^2, a^3) = (0, 1)$ の時に B 地域を，$(a^2, a^3) = (0, 0)$ の時に C 地域を表現することができ，それぞれの到着率は，

$$\lambda_A = \exp(\beta^1 + \beta^2) \tag{2.11a}$$

$$\lambda_B = \exp(\beta^1 + \beta^3) \tag{2.11b}$$

$$\lambda_C = \exp(\beta^1) \tag{2.11c}$$

と区別して表現することができる．仮に，$\beta^1 = 0.6931$，$\beta^2 = -0.6931$，$\beta^3 = 0.4054$ とすると $\lambda_A = 1$，$\lambda_B = 3$，$\lambda_C = 2$ となり，A 地域，B 地域，C 地域の到着率として設定した値を同時に表現することができている．以上より，事故の発生件数を予測するための統計モデルを組み立てると，

$$P(X_t = k) = \frac{(\lambda t)^k}{k!} e^{-\lambda t}$$
$$= \frac{\{\exp(\beta^1 + a^2\beta^2 + a^3\beta^3)t\}^k}{k!} e^{-\exp(\beta^1 + a^2\beta^2 + a^3\beta^3)t} \tag{2.12}$$

となる．

式 (2.12) を，事故の発生件数を予測するためのポアソン発生モデルと呼ぶ．またこの時，事故の発生件数の期待値と分散は，確率変数 X_t がポアソン分布に従っているため，

$$E[X_t] = \lambda t = \exp(\beta^1 + a^2\beta^2 + a^3\beta^3)t \tag{2.13a}$$

$$V[X_t] = \lambda t = \exp(\beta^1 + a^2\beta^2 + a^3\beta^3)t \tag{2.13b}$$

となる．ポアソン発生モデルでは事故の発生件数の期待値と分散が一致していることに注意しよう．ポアソン分布を用いた分析においては，必ず期待値と分

散が一致してしまうという限界がある．多様な内容を有する事故の発生過程が適切に表現されていないと判断されうる場合には，のちに説明するような混合ポワソン過程を考えることが有用である．

ポアソン発生モデルの最尤推計

ポアソン発生モデルを最尤法を用いて推計してみよう．最尤法の詳細は，たとえば「小林潔司，織田澤利守，確率統計学 AtoZ，電気書院，2012」など統計学の入門書を参照して欲しい．まず，ポアソン発生モデルを用いて尤度関数を定義する．ポアソン発生モデルはある一定期間内に着目する事象が何回起こるかを表現するモデルであった．したがって，ポアソン発生モデルの推計には，ある一定期間 t に着目する事象が x 回起こったという実際の記録が必要となる．いま，ポアソン過程に従って発生している N 個のサンプルに着目しよう．たとえば，N 個の道路区間における交通事故の発生パターンを考えてみればいい．各道路区間ごとに，交通事故という事象がポアソン過程に従って到着する．$n\ (n = 1, \cdots, N)$ 番目のサンプル（道路区間）の交通事故の発生に及ぼすと考えられる J 個の要因を行ベクトル $\boldsymbol{a}_n = (a_n^1, a_n^2, \cdots, a_n^J)$ を用いて表そう．これらの情報を N 個の対象に対して獲得できたとし，n 番目のサンプルに対する情報を $\bar{\xi}_n = (\bar{t}_n, \bar{x}_n, \bar{\boldsymbol{a}}_n)$ としよう．ただし‾は実際に獲得している情報であることを示している．この時，n 番目の情報に対する到着率 λ_n は式 (2.8) より，未知パラメータベクトル $\boldsymbol{\beta} = (\beta^1, \beta^2, \cdots, \beta^J)$ を用いて

$$\lambda_n = \exp\left(\bar{\boldsymbol{a}}_n \boldsymbol{\beta}'\right) \tag{2.14}$$

と表すことができる．なお $'$ は転置操作を表している．以上より，N 個のサンプルに関するすべての情報 $\bar{\Xi} = (\bar{\xi}_1, \cdots, \bar{\xi}_N)$ を同時に獲得できる同時生起確率密度関数を尤度関数 $L(\boldsymbol{\beta}; \bar{\Xi})$ として表現すれば，式 (2.12) を用いて

$$L(\boldsymbol{\beta}; \bar{\Xi}) = \prod_{i=1}^{N} \frac{(\lambda_i \bar{t}_i)^{\bar{x}_i}}{\bar{x}_i!} e^{(-\lambda_i \bar{t}_i)} \tag{2.15}$$

となる．式 (2.15) の両辺の対数を取ると，

$$\log L(\boldsymbol{\beta}; \bar{\Xi})$$

$$= \kappa + \sum_{i=1}^{N} \bar{x}_i(\bar{a}_i^1 \beta^1 + \cdots + \bar{a}_i^J \beta^J)$$

$$- \sum_{i=1}^{N} \exp(\bar{a}_i^1 \beta^1 + \cdots + \bar{a}_i^J \beta^J)\bar{t}_i \tag{2.16}$$

と表せる．また，$\kappa = \sum_{i=1}^{N} (\bar{x}_i \log \bar{t}_i - \log \bar{x}_i!)$ は定数項であり，尤度関数最大化の際には無視できる．

　最尤法は尤度関数 $L(\boldsymbol{\beta}; \bar{\Xi})$ を最大化するように未知パラメータベクトル $\boldsymbol{\beta} = (\beta^1, \beta^2, \cdots, \beta^J)$ の値を決定する問題に帰着する．式 (2.16) を用いれば，尤度関数最大化の条件は

$$\frac{\partial \log L(\boldsymbol{\beta}; \bar{\Xi})}{\partial \beta^j}$$
$$= \sum_{i=1}^{N} \bar{x}_i \bar{a}_i^j - \sum_{i=1}^{N} \bar{a}_i^j \exp(\bar{a}_i^1 \beta^1 + \cdots + \bar{a}_i^J \beta^J) \bar{t}_i = 0 \qquad (2.17)$$
$$(j = 1, \cdots, J)$$

という J 個の式で表される．式 (2.17) は J 個の非線形方程式になっている．最尤法は J 個の式を同時に満足するようなパラメータ値 $\boldsymbol{\beta} = (\beta^1, \beta^2, \cdots, \beta^J)$ を求める問題に帰着する．

2.1.2　混合ポアソン過程

　ポアソン過程は1種類の事象が同一の到着率で繰り返し生起することを前提としている．しかし，事故の原因は様々であり，これらの全ての事故がすべて同一の到着率で生起するとは考えにくい．むしろ，数多くのタイプの事故がランダムに発生する現象と考える方が妥当であろう．いま，数多くのタイプの事故が異なる到着率で生起し，ある期間における到着率が確率分布に従って分布すると考えよう．すなわち，事故の到着率が確率分布すると考える．それと同時に，個々のタイプの事故がポアソン過程に従って発生すると考える．このように到着率が確率分布するようなポアソン過程は混合ポアソン過程と呼ばれる．混合ポアソン過程を用いることにより，ポアソン過程において成立する期待値と分散が等しくなるという制約条件をとり除くことが可能であり，より柔軟性の高い計数過程をモデル化することが可能となる．

　本書では，このような混合ポアソン過程として，到着率の異質性を表す確率分布にガンマ分布を用いる．ガンマ分布を用いた混合ポアソン過程は，混合ポアソン過程の中でも最も簡単な構造を有しており，モデルを解析的に表現できるという利点を持っている．さらに，ある期間中に発生する事故の発生件数を負の2項分布で表現できるという特性を持っている．

混合ポアソン発生モデル

事故の発生件数が混合ポアソン過程に従うと仮定して，ポアソン発生モデル
を組み立てたときと同様に，事故の発生件数を予測する統計モデルを組み立て
てみよう．ある特定のタイプの事故に着目し，そのタイプの事故の発生件数を
確率変数 X_t と表す．さらにそのタイプの事故の発生件数 $\{X_t\}$ がポアソン過
程に従うとする．さらに到着率が確率分布すると考え，到着率の確率誤差項を
ε として事故の到着率を，

$$\lambda = \exp(a^1\beta^1 + a^2\beta^2 + \cdots + a^J\beta^J)\varepsilon$$
$$= \mu\varepsilon \tag{2.18}$$

と表す．式 (2.18) に表現される到着率は，基準とする到着率 μ に対して ε の分
だけ到着率が変動していると考えればよい．この時，初期時点から時刻 t まで
に，着目するタイプの事故が $X_t = k$ 件発生する確率は，

$$P(X_t = k|\varepsilon) = \frac{(\mu\varepsilon t)^k}{k!} e^{-\mu\varepsilon t} \tag{2.19}$$

と表すことができる．式 (2.19) は，ポアソン分布の到着率が確率変数となって
おり混合ポアソン分布と呼ばれる[*]．この時，確率誤差項 ε の従う確率分布を
$F(\varepsilon; \boldsymbol{\phi})$ とし，その確率密度関数を $f(\varepsilon; \boldsymbol{\phi})$ とすると，式 (2.19) は，

$$P(X_t = k) = \int_\varepsilon P(X_t = k|\varepsilon) f(\varepsilon; \boldsymbol{\phi}) \, d\varepsilon \tag{2.20}$$

と書き換えることができる．次に，確率誤差項 ε の従う確率分布 $F(\varepsilon; \boldsymbol{\phi})$ を設
定してみよう．確率分布の設定として，なるべく取り扱いが容易な分布を用い
ることが望ましい．そこで，混合ポアソン分布の中でも最も簡単な構造を有し
ており，解析的に取り扱いが容易であるガンマ分布を取り上げよう．ガンマ分
布は定義域が $[0, \infty)$ であり，任意の ε に対して，基準とする到着率 μ と確率誤
差項 ε の積が正の値をとることが保証される．一般に，ガンマ分布 $G(\varepsilon; \phi_1, \phi_2)$
の確率密度関数 $g(\varepsilon; \phi_1, \phi_2)$ は

$$g(\varepsilon; \phi_1, \phi_2) = \frac{1}{\phi_2^{\phi_1} \Gamma(\phi_1)} \varepsilon^{\phi_1 - 1} \exp\left(-\frac{\varepsilon}{\phi_2}\right) \tag{2.21}$$

---

[*] 混合分布は 2 つの意味 (mixture と compound) で使われることが多い．1 つは，独立
な確率分布をある比率をもって混ぜ合わせた場合で，もう 1 つは，確率分布を特徴づけ
るパラメータが確率変数となっている場合である．式 (2.19) でいう混合分布は後者の意
味である．

と定義される．ガンマ分布 $G(\varepsilon; \phi_1, \phi_2)$ の平均は $\phi_1\phi_2$ で，分散は $\phi_1\phi_2^2$ である．ただし，$\Gamma(\phi)$ はガンマ関数であり，

$$\Gamma(\phi) = \int_0^\infty t^{\phi-1} e^{-t}\, dt \tag{2.22}$$

の積分で定義される関数である．ガンマ分布の概形を図 **2.3** に示す．

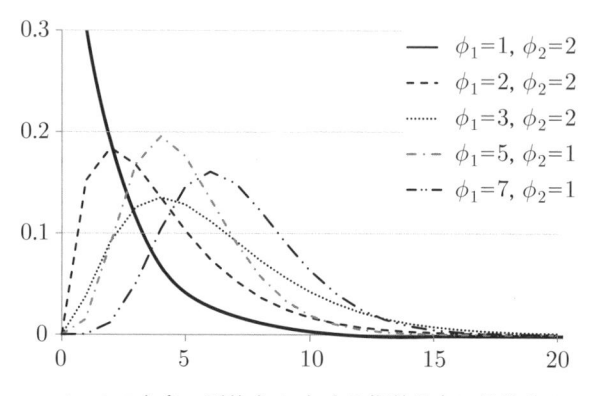

$\phi_1=1$ のとき，平均を ϕ_2 とする指数分布に帰着する．
$\phi_1=n/2$ のとき，自由度 n のカイ2乗分布に帰着する．

図 2.3　ガンマ分布

　さらに，確率誤差項 ε の平均を 1 とすると，平均 $\phi_1\phi_2 = 1$ より，$\phi_2 = \phi_1^{-1}$ とすれば平均 1，分散 ϕ_1^{-1} のガンマ分布となる．このように設定したガンマ分布はパラメータが 1 つであり，より容易な取り扱いが可能となる．またこの時，基準とする到着率 μ は平均到着率となることにも留意して欲しい．以上より，確率誤差項 ε の従う確率分布として，平均 1，分散 ϕ^{-1} のガンマ分布 $G(\varepsilon; \phi, \phi^{-1})$ を設定する．さて，設定したガンマ分布の確率密度関数 $g(\varepsilon; \phi)$ は，

$$g(\varepsilon; \phi) = \frac{\phi^\phi}{\Gamma(\phi)} \varepsilon^{\phi-1} \exp(-\phi\varepsilon) \tag{2.23}$$

と表される．したがって，式 (2.20) により示される混合ポアソン分布は，

$$\begin{aligned} P(X_t = k) &= \int_0^\infty P(X_t = k \mid \varepsilon) g(\varepsilon; \phi)\, d\varepsilon \\ &= \int_0^\infty \frac{\phi^\phi}{\Gamma(\phi)} \frac{(\mu\varepsilon t)^k}{k!} \exp(-\mu\varepsilon t) \varepsilon^{\phi-1} \exp(-\phi\varepsilon)\, d\varepsilon \end{aligned}$$

$$= \frac{\phi^\phi}{k!\Gamma(\phi)} \int_0^\infty (\mu t)^k \varepsilon^{k+\phi-1} \exp\{-(\mu t + \phi)\varepsilon\}\, d\varepsilon \quad (2.24)$$

と表すことができる．後は式 (2.24) を計算していけば，事故の発生件数を，期待値と分散が一致するというポアソン分布の限界を取り除いて確率的に予測することができるようになる．

では残りの計算を進めていこう．まず，$u = (\mu t + \phi)\varepsilon$ と置き，$du = (\mu t + \phi)d\varepsilon$ を考慮して確率密度関数の変数変換を行えば，

$$P(X_t = k) = \frac{\phi^\phi}{k!\Gamma(\phi)} \frac{(\mu t)^k}{(\mu t + \phi)^{k+\phi}} \int_0^\infty u^{\phi+k-1} \exp(-u)\, du \quad (2.25)$$

となり，ガンマ関数の定義式 (2.22) と式 (2.25) を見比べると，$\int_0^\infty u^{\phi+k-1} \exp(-u)\, du = \Gamma(\phi + k)$ であることがわかる．したがって，初期時点から時刻 t までに事故が $X_t = k$ 件発生する確率は，平均到着率を μ，到着率の変動が従う確率分布のパラメータを ϕ として，

$$\begin{aligned} P(X_t = k) &= \frac{\phi^\phi}{k!\Gamma(\phi)} \frac{\Gamma(\phi + k)(\mu t)^k}{(\mu t + \phi)^{k+\phi}} \\ &= \left(\frac{\phi}{\mu t + \phi}\right)^\phi \left(\frac{\mu t}{\mu t + \phi}\right)^k \frac{\Gamma(\phi + k)}{k!\Gamma(\phi)} \end{aligned} \quad (2.26)$$

となる．ここまで来るとあともう一息である．上式は一見複雑な計算式のように感じられるが，さらなる変形により，より簡単な表現へと書き換えることができる．さてここで，ガンマ関数の性質

$$\begin{aligned} \Gamma(\phi) &= \int_0^\infty t^{\phi-1}(-e^{-t})'\, dt \\ &= \left[-t^{\phi-1}e^{-t}\right]_0^\infty + (\phi - 1) \int_0^\infty t^{\phi-2}e^{-t}\, dt \\ &= (\phi - 1)\Gamma(\phi - 1) \end{aligned} \quad (2.27)$$

に着目し，また，

$$\begin{aligned} \Gamma(\phi + k) &= (\phi + k - 1)\Gamma(\phi + k - 1) \\ &= (\phi + k - 1)(\phi + k - 2)\Gamma(\phi + k - 2) \\ &\vdots \\ &= (\phi + k - 1)(\phi + k - 2)\cdots\phi\Gamma(\phi) \end{aligned} \quad (2.28)$$

であることに注意すると，

$$\frac{\Gamma(\phi + k)}{k!\Gamma(\phi)} = \frac{(\phi + k - 1)(\phi + k - 2)\cdots\phi}{k!}$$

$$= {}_{\phi+k-1}C_k \tag{2.29}$$

が成立する. さらに $p = \phi/(\mu t + \phi)$ と置けば式 (2.26) は,

$$P(X_t = k) = p^\phi (1-p)^k \frac{\Gamma(\phi+k)}{k!\Gamma(\phi)}$$
$$= {}_{\phi+k-1}C_k p^\phi (1-p)^k \tag{2.30}$$

と変形できる. ただし, $k = 0$ のとき $P(X_t = 0) = p^\phi$ である. 式 (2.30) は成功数 ϕ, 失敗数 k, 成功の生起確率 p の負の 2 項分布である. したがって, 期待値と分散も容易に計算することができ,

$$E[X_t] = \frac{\phi(1-p)}{p} = \mu t \tag{2.31a}$$

$$V[X_t] = \frac{\phi(1-p)}{p^2} = \frac{\mu t(\mu t + \phi)}{\phi} \tag{2.31b}$$

となる. 混合ポアソン過程においては期待値と分散が一致しないことが一目でわかるだろう. 図 2.4 に到着率の変動を考慮した混合ポアソン分布を示している.

　同図は, 基準となる到着率を $\mu = 2$ と固定し, 確率誤差項 ε が従うガンマ分布の分布の分散 ϕ^{-1} を 0.25, 0.33, 0.5, 1.0 と変化させた時の, 事故発生件数と対応する確率をグラフ化したものである. また, 到着率の変動を考慮しないポアソン分布も同図に記載している. 到着率の変動を考慮すると, 到着率の期

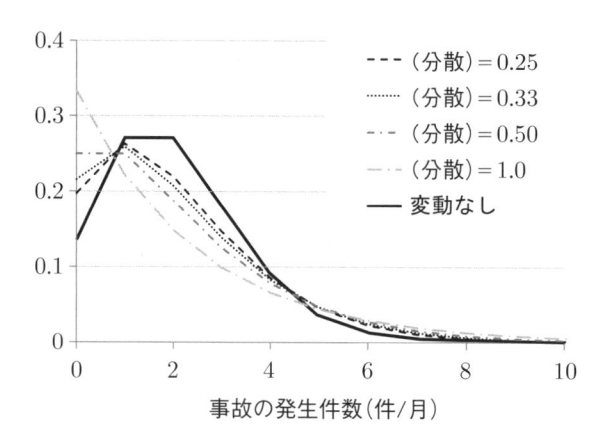

図 2.4　混合ポアソン分布とポアソン分布

待値が同じであったとしても，グラフの形がなだらかになっていくことがわかる*.

さて，事故の発生過程を表現する統計モデルとして，ポアソン発生モデルと混合ポアソン発生モデルを説明してきた．ポアソン発生モデルの限界として，事故の発生件数の分布の期待値と分散が一致することを述べた．しかし，事故の原因は様々であり，これらの全ての事故がすべて同一の到着率で生起するとは考えにくいことから，事故の発生件数の分布の分散が期待値と一致するとは言い難く，到着率の変動を考慮できるような混合ポアソン発生モデルを紹介した．ここで，読者は 1 つの疑問を抱くかもしれない．事故の原因をより詳細に分析し，説明変数を用いて区別をすることにより到着率の変動を小さくすれば，混合ポアソン発生モデルを用いる必要はないのでは？ と．確かにその通りである．比較的簡易なモデルにより現象を表現することができれば，それほど素晴らしいことはない．私たちはモデルを検討する際，より簡易なモデルを用いることから始めればよい．そして，簡易なモデルでは現象を表現することが困難である場合にはじめて複雑なモデルへと踏み込むのである．混合ポアソン発生モデルは，その意味ではポアソン発生モデルより複雑なモデルであると言える．しかし，実現象の多くは説明変数を用いて表現できるものばかりではなく，表現できるものであったとしても観測値として得られていない場合も多い．そのような要因を到着率が確率分布することにより表現する機会は少なくないだろう．

前節までに説明したモデルを実際に推計してみよう．以下では，最尤法を用いてモデルを推計する方法を説明する．さらに，実際に当該モデルが用いられている事例を確認し，獲得したデータセットをどのように利用するのか，また，推計したモデルを用いてどのような分析を実施することができるのかを見ていこう．

混合ポアソン発生モデルの最尤推計

ポアソン発生モデルと同様にして混合ポアソン発生モデルの尤度関数も定義してみよう．必要な情報はポアソン発生モデルと同じであり，N 個の全てのサ

---

* 負の 2 項分布を式 (2.30) の形としてみれば，成功数である ϕ は正の整数となる必要がある．図 **2.4** に示した分散の値はいずれも成功数が正の整数となるように設定しているが，数学的な拡張を考えると実際の計算においては ϕ が正の整数でなく正の実数であっても計算は可能である．

ンプルに関する情報 $\bar{\Xi} = (\bar{\xi}_1, \cdots, \bar{\xi}_N)$ が獲得されたとして説明を進める. 混合ポアソン発生モデルでは,n 番目のサンプルに対する到着率 λ_n が式 (2.18) より,未知パラメータベクトル $\boldsymbol{\beta}$ を用いて

$$
\begin{aligned}
\lambda_n &= \exp\left(\bar{\boldsymbol{a}}_n \boldsymbol{\beta}'\right) \varepsilon \\
&= \mu_n \varepsilon
\end{aligned}
\tag{2.32}
$$

と表すことができる. ただし,

$$
\mu_n = \exp(\bar{a}_n^1 \beta^1 + \cdots + \bar{a}_n^J \beta^J)
\tag{2.33}
$$

である. したがって,混合ポアソン発生モデルにおける尤度関数は式 (2.26) を用いて,

$$
\begin{aligned}
& L(\boldsymbol{\beta}, \phi; \bar{\Xi}) \\
&= \prod_{i=1}^{N} \left(\frac{\phi}{\mu_i \bar{t}_i + \phi}\right)^{\phi} \left(\frac{\mu_i \bar{t}_i}{\mu_i \bar{t}_i + \phi}\right)^{\bar{x}_i} \frac{\Gamma(\phi + \bar{x}_i)}{\bar{x}_i! \Gamma(\phi)}
\end{aligned}
\tag{2.34}
$$

となる. 式 (2.34) の両辺の自然対数を取ると,

$$
\begin{aligned}
& \log L(\boldsymbol{\beta}, \phi; \bar{\Xi}) \\
&= \sum_{i=1}^{N} \left\{ \left[\log \frac{\Gamma(\phi + \bar{x}_i)}{\Gamma(\phi)} \right] + \bar{x}_i \log(\mu_i \bar{t}_i) \right. \\
&\quad \left. - (\bar{x}_i + \phi) \log(\mu_i \bar{t}_i + \phi) + \phi \log \phi - \log \bar{x}_i! \right\}
\end{aligned}
\tag{2.35}
$$

と表せる. ここで,ガンマ関数に関して,

$$
\begin{aligned}
\log \left\{ \frac{\Gamma(\phi + \bar{x}_i)}{\Gamma(\phi)} \right\} &= \log \left\{ \frac{(\phi + \bar{x}_i - 1)(\phi + \bar{x}_i - 2) \cdots \phi \Gamma(\phi)}{\Gamma(\phi)} \right\} \\
&= \log(\phi + \bar{x}_i - 1) + \log(\phi + \bar{x}_i - 2) + \cdots + \log(\phi) \\
&= \sum_{j=0}^{\bar{x}_i - 1} \log(\phi + j)
\end{aligned}
\tag{2.36}
$$

が成立する. ただし,$\bar{x}_i = 0$ が成立する場合,$\sum_{j=0}^{\bar{x}_i-1} \log(\phi + j) = 0$ と定義する. したがって,対数尤度関数は,

$$
\begin{aligned}
& \log L(\boldsymbol{\beta}, \phi; \bar{\Xi}) \\
&= \sum_{i=1}^{N} \left\{ \sum_{j=0}^{\bar{x}_i - 1} \log(\phi + j) + \bar{x}_i \log(\mu_i \bar{t}_i) \right.
\end{aligned}
$$

$$- (\bar{x}_i + \phi) \log(\mu_i \bar{t}_i + \phi) + \phi \log \phi - \log \bar{x}_i! \Big\} \tag{2.37}$$

と書き換えることができる．最尤法を用いて混合ポワソン発生モデルを推計する場合，式 (2.37) に示す対数尤度関数を最大化にするような未知パラメータベクトル $\boldsymbol{\beta}$ とガンマ分布の未知パラメータ ϕ を求めればいい．最適化条件の導出に関して読者に委ねたい．

2.1.3 モデルの推計事例

　実際にポアソン発生モデル，混合ポアソン発生モデルを推計した事例として，貝戸等[8] による研究事例がある．事例の概要を簡単に説明しよう．貝戸等は，私たちが普段使う道路の障害物（ダンボールなどの落下物）の発生過程に対してポアソン過程を仮定した．また，道路の管理者は通常，定期的に道路を巡回し道路の障害物を取り除いている．したがって，私たちは障害物の発生に関する情報を道路巡回記録によって獲得することができる．図 **2.5** に，障害物の発生過程と道路巡回により獲得できる記録の関係を示している．まず，n $(n = 1, \cdots, N)$ 番目の道路区間に着目し，その特徴を説明変数ベクトル $\boldsymbol{a}_n$ で表そう．時刻 τ_A に道路巡回が実施され障害物が全て取り除かれる．時刻 $\tau_1, \tau_2, \cdots, \tau_i$ に障害物が発生し，τ_B に実施される道路巡回により全ての障害物が取り除かれ，その個数 x_n が記録される．したがって獲得できる情報は，ある一定期間 $t = \tau_B - \tau_A$，発生した障害物の個数 x_n，障害物が発生した道路区間の特徴 $\boldsymbol{a}_n$ であり，ポアソン発生モデル，混合ポアソン発生モデルを用い

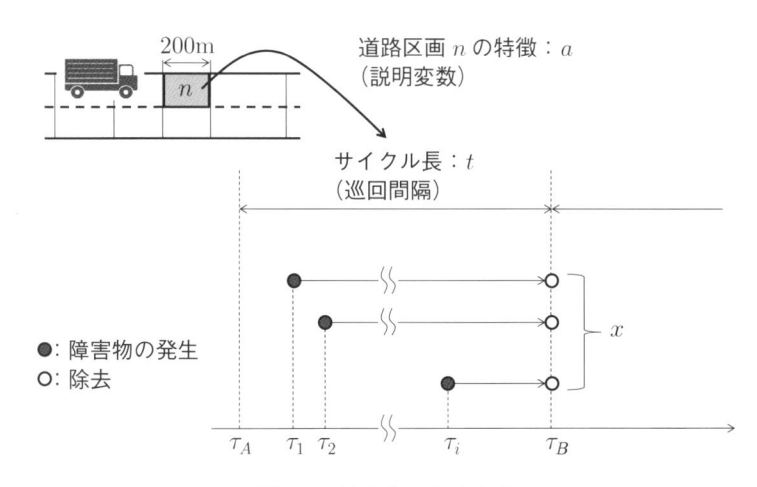

図 **2.5**　障害物の発生過程

て障害物の発生過程を記述できる．また，モデルを推計した結果，ポアソン発生モデル，混合ポアソン発生モデルの到着率 λ_n の説明変数として，

a_n^2：区間延長 (km)

a_n^3：平日 24 時間自動車交通量（台）

が用いられている．さらに，モデルの推計結果を用いると，ある一定期間 t を与件として障害物が 1 個以上発生する確率である累積発見確率を算出することができる．具体的には，全確率 1 から障害物が発生しない（0 個発生する）確率を減算することと等価であり，累積発見確率は，

$$P(X_t \geq 1) = 1 - P(X_t = 0) \tag{2.38}$$

と定義される．この累積発生確率と巡回間隔の関係を分析することにより，道路の障害物が発見される確率が巡回間隔によりどのように変化するかを分析することができる．

図 **2.6** に推計したポアソン発生モデル，混合ポアソン発生モデルの累積発見確率と巡回間隔の関係を分析した結果を示している．ある 3 つの道路区間を対象として分析し，ポアソン発生モデルを用いた分析結果を実線で，混合ポアソン発生モデルを用いた分析結果を破線で示している．3 つの道路区間いずれにおいても，巡回間隔が同じであれば，混合ポアソン発生モデルの方が累積発見確率が小さい．このことから，ポアソン発生モデルを用いると障害物の発生個数を過大に評価してしまうため，混合ポアソン発生モデルを用いる方が良いと結論付けてよいだろうか？　一方で，より複雑なモデルを用いたとしても累積

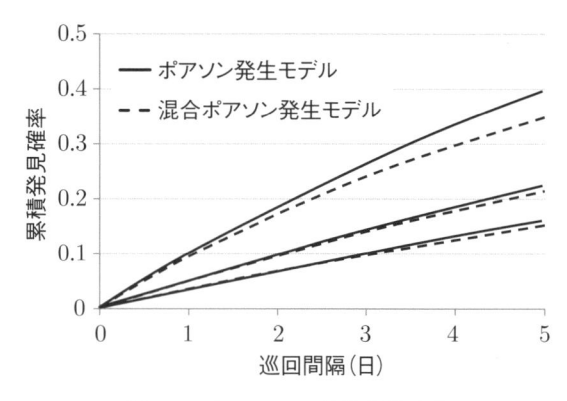

図 **2.6**　各モデルの累積発見確率

発見確率の差はごくわずかであるため，過大評価と言えど安全側にリスクを見
積もる分には問題ないと考え，比較的簡単なモデルであるポアソン発生モデル
を用いる方が良いと判断する読者もいるかもしれない．ここで，なぜ混合ポア
ソン発生モデルを組み立てる必要があったのかを思い出してみよう．道路の障
害物には，ダンボール，動物の死骸，街路樹の枝など様々なタイプが存在する．
このような様々なタイプの障害物が同一の到着率で発生するとは考えがたい．
そこで，到着率がある確率分布に従うとし，混合ポアソン発生モデルを組み立
てた．さらに，混合ポアソン発生モデルを用いることにより，ポアソン発生モ
デルの限界であった確率分布の期待値と分散が等しくなるという制約条件を取
り除くことができ，より柔軟性の高いモデルを組み立てることが可能となっ
た．さて，図 2.6 のどこを見れば，両モデルの違いを評価することができるだ
ろう？ あるいは，図 2.6 では評価できないとすると，どのような分析が必要だ
ろうか？ 実は，図 2.6 の分析のみでは混合ポアソン発生モデルの利点を評価す
ることはできない．そのことを説明するために，図 2.7 を見て欲しい．図 2.7
は，ある巡回間隔において発生する障害物の個数の確率分布を示している．混
合ポアソン発生モデルを用いることにより，分散が大きくなり，グラフがなだ
らかになり，分布の裾も長くなっていることを読み取れるだろう．さてここで，
図 2.6 で用いた累積発見確率はどのように計算されているかグラフから考えて
みよう．累積発見確率は $1 - P(X_t = 0)$ によって計算されるため，直ちに，y
軸上の点を 1 から減算した値であると理解できる．同時に，累積発見確率では，
苦労して推計したモデルを最大限に活かせていないと気がつくだろう．累積発

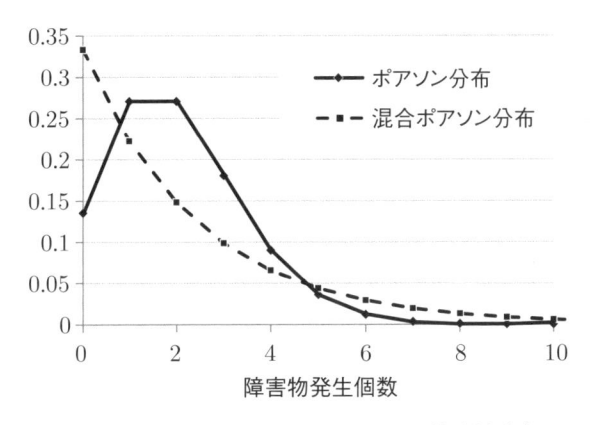

図 2.7 混合ポアソン発生モデルの累積発見確率

見確率では障害物が1つ以上発生することを問題視しており，どの程度の個数発生するかは議論に挙げていないのである．したがって，混合ポアソン発生モデルを採用することの利点，「到着率の分散を考慮することにより，障害物の発生リスクを明示的に分散パラメータ ϕ を用いて推計できる点」，を活かすためには別の視点からの評価が必要となる．具体的な評価方法は 2.3 において説明するが，図 2.7 が重要なヒントであるため，その評価方法を一度自分なりに考えてみて欲しい．

2.2 災害（地震）の発生過程

本節では災害の中でも地震に着目し，その発生過程をモデル化する．さて，地震の発生が定常性を満たし独立かつランダムである場合は，地震の発生過程をポアソン過程により表現することができる．例えば，私たちが日常生活において発生を感じない，あるいは感じたとしても気に留めることがないような地震活動の系列である．一方で，地震の発生が定常性を満たさない場合には，前節で説明したポアソン過程により表現することができない．例えば，大規模な地震が発生した後には余震がしばらく続き，地震活動は非定常状態であると言えるだろう．このような非定常状態（時間あるいは位置によって事象の発生確率が変化するような状態）においては，ポアソン過程における到着率が時間あるいは位置によって規則的に変化するような非定常ポアソン過程としてモデル化する必要がある．

また，私たちの興味は先に説明したような日常的な地震や大規模な地震後の余震ではなく，大規模な地震そのものの発生タイミングであるかもしれない．いや，むしろリスクマネジメントを考える上では，阪神大震災や東日本大震災クラスの大規模な地震の発生タイミングを予測することが重要となるだろう．大規模な地震として，表 2.2 に示すような南海地震を例にとって特徴を見ていこう．

表には，南海地震の発生年月日と発生間隔，平均発生間隔を示している．南海地震のようなプレート間地震は，巨大な岩盤であるプレートが別のプレートの下に沈み込もうとした時にひずみが生じて強いエネルギーが蓄えられ，そのひずみに対してプレートが耐えられなくなり強いエネルギーが解放されることにより発生すると考えればイメージしやすいだろう．また，このようなメカニズムにより発生する地震であるため，表を見ても分かるように，南海地震は周期的に発生していると考えることができる．当然，プレートが時間とともに少

表 **2.2** 南海地震の発生年と発生間隔

地震発生年月日	発生間隔
684年11月29日	–
887年 8月26日	202.7 年
1099年 2月22日	211.5 年
1361年 8月 3日	262.4 年
1498年 7月 9日	136.9 年
1605年 2月 3日	106.6 年
1707年10月28日	102.7 年
1854年12月24日	147.2 年
1946年12月21日	92.0 年
平均発生間隔	157.8 年

（地震調査研究推進本部 地震調査委員会[9]）

しずつ沈み込んでエネルギーが蓄えられていくと考えると，時間が経過するにつれて地震の発生確率が高くなること，また，一度，地震が発生すると発生確率が低下するといった現象をモデル化すればよい．この現象は，非定常なポアソン過程としてモデル化することが可能である．それはなぜか？ と思う読者もいるかもしれない．ここで，**2.1** において，計数過程 $\{X_t\}$ に従う現象を記述するのに重要な変数として挙げた変数を思い出してほしい．それは，1) 事象の起こる回数 X_t と 2) 事象が起こる時間間隔（待ち時間）T_n であった．これまで説明してきたポアソン過程に対する統計モデルは，いずれもある期間内に発生する事象の「個数」に着目してきた．しかし，大規模な地震に対する統計モデルでは，ある期間内の事象の「個数」ではなく，事象が起こる「時間間隔」に着目すると考えれば，その事象が起こる時間間隔（待ち時間）をポアソン過程に対応する指数分布ではなく，非定常なポアソン過程に対応する何かしらの分布を選択すればよいということがわかる．

2.2.1 非定常ポアソン過程

私たちは，非定常ポアソン過程の中でも特に到着率が時間的に非一様である場合に興味がある．そこでまず，ポアソン過程の定義を一般化しよう．

定義

計数過程 $\{X_t\}$ が3つの条件：

1. $X_0 = 0$
2. X_t は独立増分である.
3. $X_{t+s} - X_t$ は平均 $\int_t^{t+s} \lambda(r)\,dr$ のポアソン分布である.

を満たすとき, $\{X_t\}$ をパラメータ $\lambda(r)$ の**非定常ポアソン過程**と呼ぶ. この時,
事象が起こる時間間隔 T_n は指数分布ではなく, 独立でもない. 到着率が時間
的に一様である場合, **3.** の条件は「$X_{t+s} - X_t$ は平均 λs のポアソン分布であ
る.」となる. すなわち, 時刻 t から時刻 $t+s$ までの期間 s に起こる事象の回
数はポアソン分布 $Po(\lambda s)$ に従うということであり, これは, これまで説明し
てきたポアソン過程そのものである. さて, 条件 **3.** より非定常ポアソン過程に
おいては次式

$$P(X_{t+s} - X_t = k) = \frac{\left\{\int_t^{t+s} \lambda(r)\,dr\right\}^k}{k!} e^{-\int_t^{t+s} \lambda(r)\,dr} \tag{2.39}$$

が成立する. 式 (2.39) はポアソン分布を拡張し, 到着率の時間的な非一様性を
考慮した分布となっている. また, $\int_t^{t+s} \lambda(r)\,dr$ は, 期間 $[t, t+s]$ における平
均的な到着率を意味している.

　続いて, ポアソン過程の場合と同様に, 事象が起こる時間間隔（待ち時間）
T が従う分布についても考察しておこう. 初期時点から時刻 t までに一度も事
象が起こらない, すなわち $T_1 > t$ である確率は,

$$P(T_1 > t) = P(X_t = 0) = e^{-\int_0^t \lambda(r)\,dr} \tag{2.40}$$

となる. これより, 時間間隔 T_1 の分布関数は

$$F(t) = P(T_1 \leq t) = 1 - P(T_1 > t)$$
$$= 1 - e^{-\int_0^t \lambda(r)\,dr} \tag{2.41}$$

となり, 確率密度関数は

$$f(t) = \lambda(t) e^{-\int_0^t \lambda(r)\,dr} \tag{2.42}$$

となる. 定常性を有するポアソン過程と異なり, 時間間隔 T_1 が従う分布は指
数分布にはならない.

非定常ポアソン発生モデル

　地震の発生回数が非定常ポアソン過程に従うと仮定して, 地震の発生回数を
予測する統計モデルを簡単に紹介しよう. いま, 地震の発生回数を確率変数 X_t

とし，$\{X_t\}$ が非定常ポアソン過程に従うとする．さらに，時刻 t までに発生した地震の記録として，発生した時刻 t_i とその時のマグニチュード M_i が入手可能であるとする．先述したように，私たちが日常生活において発生を感じない，あるいは感じたとしても気に留めることがないような定常性を持つ地震をモデル化するのであれば，到着率が時間的に変化せず一定であるように設定すればよい．一方で，非定常状態においては，到着率が時間的な変化を伴うように設定すればよい．例えば，到着率が時間のべき乗に比例すると考えて，

$$
\begin{aligned}
\lambda(t) &= \exp(a^1\beta^1 + a^2\beta^2 + \cdots + a^J\beta^J)pt^{p-1} \\
&= \mu pt^{p-1}
\end{aligned}
\tag{2.43}
$$

と設定することが考えられる．ただし，μ は J 個の説明変数と未知パラメータの積によって表される到着率の基準値であり，式 (2.43) に示されるパラメータ p が到着率の時間的な変化を表している．このとき，初期時点から時刻 t までに地震が $X_t = k$ 回発生する確率は，

$$
\begin{aligned}
P(X_t = k) &= \frac{\left\{\int_0^t \lambda(r)\,dr\right\}^k}{k!} e^{-\int_0^t \lambda(r)\,dr} \\
&= \frac{(\mu t^p)^k}{k!} e^{-\mu t^p}
\end{aligned}
\tag{2.44}
$$

と表すことができる．パラメータ p の値が 1 であるとき，到着率は時間に依存しないポアソン発生モデルに帰着する．また，$p > 1$ であるときは時間の経過とともに到着率が増加していき，$p < 1$ であるときは時間の経過とともに到着率が減少していく．さらに，期待値と分散は，

$$
E[X_t] = \mu t^p
\tag{2.45a}
$$

$$
V[X_t] = \mu t^p
\tag{2.45b}
$$

となり，ポアソン発生モデルの時と同様に，発生回数の期待値と分散は一致する．

　対象とする地震を余震と限定すれば，余震の減衰法則を用いることができ，その到着率を，

$$
\lambda(t) = \frac{K}{(t+c)^p}
\tag{2.46}
$$

の様に設定すればよいことが知られている．上式は改良大森の公式と呼ばれている．詳細は，たとえば「地震調査研究推進本部 地震調査推進委員会，余震の確率的評価手法について [10]」などを参照して欲しい．

　また，本震による余震の数が増えるに従い，余震の余震などが観測されはじめるため，単純な本震・余震の系列が実際には少ないことや，本震と余震の区別をつけることが困難となることがわかるだろう．しかし，このような複雑な地震活動も，どのような地震もその規模（マグニチュード）に見合った余震活動の重ね合わせであるという考えにより，改良大森の公式の重ね合わせを用いて表現されることが多く，到着率は，

$$\lambda(t) = \mu + \sum_{t_i < t} \frac{K e^{\alpha(M_i - M_0)}}{(t - t_i + c)^p} \tag{2.47}$$

と表される．ただし，総和 $\sum$ は時刻 t 以前に発生した全ての地震 i について本震と余震の区別を問わずに取り，μ は余震の重ね合わせでは説明出来ない地震活動（Background seismicity）の地震発生率を表す定数である．また，M_0 は考慮している地震の閾値となるマグニチュードであり，M_0 以上の規模の地震のみ考慮していることを表している．式 (2.47) は ETAS (Epidemic Type Aftershock Sequence) モデル [11)] と呼ばれ，地震活動計測の「ものさし」として世界各国で用いられている標準的なモデルである．ETAS モデルを用いることにより，地震活動の異常な変化を検出することができる．

2.2.2　地震の発生予測モデル

　先述したように，大規模な地震の発生予測においては，ある一定期間に地震が「何回」発生するのかではなく，地震が「いつ」発生するかが重要である．それではどのようにして地震の発生時期を予測すればよいのだろうか．実は，これまで説明してきた非定常ポアソン過程によるモデル化の枠組みで予測することが可能である．これまでは，一定期間に発生する地震の「回数」に着目してきたが，地震の発生する「時間間隔」に着目すればよい．私たちは既に，ポアソン過程において事象が起こる時間間隔 t が，式 (2.5) を用いてパラメータ λ の指数分布 $f(t) = \lambda e^{-\lambda t}$ に従うことを示している．では，指数分布を用いて地震の発生時期を予測してよいだろうか？　事象の起こる時間間隔（以下では，待ち時間分布と呼ぶ）が指数分布に従うとすると，地震の発生確率が無記憶性を持つことになる．これは，「すでに x 年間地震が発生しなかったという条件のもとで，さらに x' 年間地震が発生しない確率は，x' 年間地震が発生しない確率に等しい」ということであり，次の数式により示される．t 年間地震が発生しない確率は式 (2.4) に示しているように $P(t) = e^{-\lambda}$ であるから，

$$\begin{aligned}
P(t \geq x + x' | t \geq x) &= \frac{P(t \geq x + x')}{P(t \geq x)} \\
&= \frac{e^{-\lambda(x+x')}}{e^{-\lambda(x)}} \\
&= e^{-\lambda x'} \\
&= P(t \geq x') \quad (2.48)
\end{aligned}$$

またこのことは,「すでに x 年間地震が発生しなかったという条件のもとで, その後限りなく短い期間 Δx において地震が発生する確率が x によらず一定値となる」ということでもあり, こちらは次の数式により示される.

$$\begin{aligned}
\lim_{\Delta x \to 0} \frac{P(x \leq t < \Delta x \mid t \geq x)}{\Delta x} &= \lim_{\Delta x \to 0} \frac{1}{\Delta x} \frac{P(x \leq t < \Delta x)}{P(t \geq x)} \\
&= \frac{f(x)}{P(t \geq x)} \\
&= \frac{\lambda e^{-\lambda(x)}}{e^{-\lambda(x)}} \\
&= \lambda \quad (2.49)
\end{aligned}$$

1 段目において, 条件付きの発生確率は時間 Δx に依存するため, Δx で割り, 単位時間当たりの量に変換していることに注意して欲しい. さて, 式 (2.49) は瞬間的な地震発生確率が時間に依存せず一定値を取ることを表している. したがって, 待ち時間分布として指数分布を選択した場合には, プレート間地震に代表されるような, 時間が経過するにつれて発生確率が高くなるような地震を表現するモデルとしては適切ではないことがわかるだろう. 一方, 非定常ポアソン過程では, 式 (2.40), (2.42) を用いて,

$$\begin{aligned}
\lim_{\Delta x \to 0} \frac{P(x \leq t < \Delta x \mid t \geq x)}{\Delta x} &= \lim_{\Delta x \to 0} \frac{1}{\Delta x} \frac{P(x \leq t < \Delta x)}{P(t \geq x)} \\
&= \frac{f(x)}{P(t \geq x)} \\
&= \frac{\lambda(t) e^{-\int_0^t \lambda(r)\, dr}}{e^{-\int_0^t \lambda(r)\, dr}} \\
&= \lambda(t) \quad (2.50)
\end{aligned}$$

となる. したがって, 待ち時間分布を適切に設定してやることにより, 地震の発生過程を表現することができる. 非定常ポアソン過程においては, 地震到着

の時間間隔は独立ではないと述べた．しかし，大規模な地震の発生メカニズム
を考慮すると，1度地震が発生すれば状態は初期化されると考える方が自然で
ある．すなわち，非定常ポアソン過程の考え方において，事象が1回発生する
までの時間間隔のみを利用すればよい．このような考え方は再生過程と呼ばれ，
ポアソン過程を一般化した確率過程として知られている[*]．

　以下では再生過程を考え，待ち時間分布としてどのような分布を選択すれば
大規模な地震の発生予測モデルとして適切であるかを見ていこう．大規模地震
の発生過程をモデル化する時の待ち時間分布として，ワイブル分布，対数正規
分布，BPT 分布などが提案されている．

ワイブル分布

　それでは実際に待ち時間分布の候補を見ていこう．待ち時間分布の候補の選
択にあたっては，到着率を時間的な変化を伴うように設定した後に式 (2.40)～
式 (2.42) を用いて分布を特定する方法，あるいは直接分布を指定する方法があ
る．まず，到着率が式 (2.43) に示したような時間のべき乗に比例すると考えて
みよう．到着率は，

$$\lambda(t) = \mu p t^{p-1} \tag{2.51}$$

である．この時，待ち時間分布の確率密度関数 $f(t)$，分布関数 $F(t)$ および t 年
間地震が発生しない確率 $\tilde{F} = 1 - F(t)$ はそれぞれ，

$$
\begin{aligned}
f(t) &= \lambda(t) \exp\left[-\int_0^t \mu p u^{p-1}\, du\right] \\
&= \lambda(t) \exp\left(-[\mu u^p]_0^t\right) \\
&= \mu p t^{p-1} \exp(-\mu t^p)
\end{aligned} \tag{2.52a}
$$

$$
\begin{aligned}
F(t) &= 1 - \exp\left(-\int_0^t \mu p u^{p-1}\, du\right) \\
&= 1 - \exp(-\mu t^p)
\end{aligned} \tag{2.52b}
$$

$$
\begin{aligned}
\tilde{F}(t) &= 1 - F(t) \\
&= \exp(-\mu t^p)
\end{aligned} \tag{2.52c}
$$

となる．式 (2.52a) の確率密度関数をもつ確率分布をワイブル分布という．ワ
イブル分布は生存時間解析，信頼性解析など，寿命の長さを記述する分布とし

---

[*]　地震到着の時間間隔が独立で同一の指数分布に従うとした場合をポアソン過程と呼び，
独立で同一ではあるが指数分布以外も考慮可能とした場合を再生過程と呼ぶ．

て用いられることが多い．このような寿命の予測のための生存時間解析については4章で改めて詳細に説明することとする．また，ワイブル分布における到着率 $\lambda(t)$ の μ は尺度を，p は形状を表すパラメータである．**図2.8** に示すように，ワイブル分布は t 年間地震が発生しない確率として多様な $\tilde{F}(t)$ を与えている．また，到着率は順応性に富んだ形となっており，形状パラメータ p の大小により形状が大きく異なることがわかるだろう．**図2.9** の到着率が示すように，到着率は

$p < 1$ のとき，時間が経過するにつれて減少する

$p = 1$ のとき，時間の経過に関わらず一定

$p > 1$ のとき，時間が経過するにつれて増加する

といった特性を持ち，比較的簡単な関数であることから，よく利用されている分布である．また，$p = 1$ の時は指数分布に他ならない．

対数正規分布

続いて，待ち時間分布が対数正規分布に従う場合を考えてみよう．対数正規分布は，確率変数 t の対数 $x = \log t$ が平均 μ，分散 σ^2 の正規分布 $N(\mu, \sigma^2)$ に従う分布である．このとき，確率変数 x の確率密度関数 $g(x)$ は

$$g(x) = \frac{1}{\sqrt{2\pi}\sigma} \exp\left\{-\frac{(x-\mu)^2}{2\sigma^2}\right\} = \frac{1}{\sigma}\phi\left(\frac{x-\mu}{\sigma}\right) \tag{2.53}$$

と表される．ただし，$\phi(\cdot)$ は標準正規分布の確率密度関数を表す．ここで，$dx/dt = 1/t$ であることに留意すると，対数正規分布の確率密度関数は

$$\begin{aligned} f(t) &= g(x)\frac{dx}{dt} \\ &= \frac{1}{\sqrt{2\pi}\sigma t} \exp\left\{-\frac{(\log t - \mu)^2}{2\sigma^2}\right\} \\ &= \frac{1}{\sigma t}\phi\left(\frac{\log t - \mu}{\sigma}\right) \end{aligned} \tag{2.54}$$

と表される．また，分布関数は

$$F(t) = \int_0^t f(u)\,du = \int_{-\infty}^{\log t} g(u)\,du = \Phi\left(\frac{\log t - \mu}{\sigma}\right) \tag{2.55}$$

となる．ただし，$\Phi(\cdot)$ は標準正規分布の分布関数を表す．したがって，待ち時間分布を対数正規分布とした場合，到着率 $\lambda(t)$ と，t 年間地震が発生しない確率 $\tilde{F}(t)$ はそれぞれ

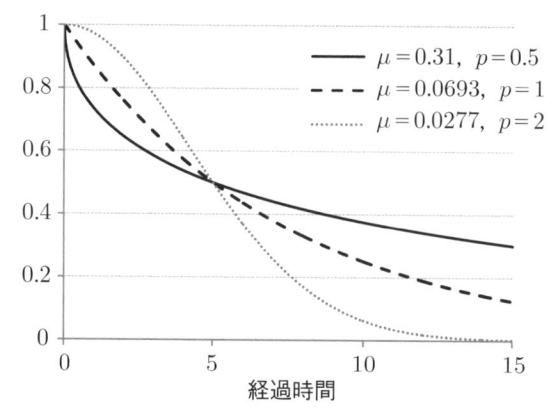

メディアン（中央値）が5となるようにパラメータを設定している.

図 **2.8**　ワイブル分布における t 年間地震が発生しない確率

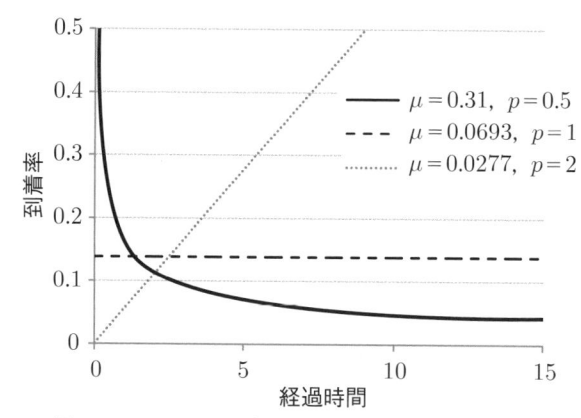

図 **2.9**　ワイブル分布における到着率の時間的変化

$$\lambda(t) = \frac{f(t)}{1 - F(t)} = \frac{\phi\left(\frac{\log t - \mu}{\sigma}\right)}{\sigma t \left\{1 - \Phi\left(\frac{\log t - \mu}{\sigma}\right)\right\}} \tag{2.56a}$$

$$\tilde{F}(t) = 1 - F(t) = \Phi\left(\frac{\mu - \log t}{\sigma}\right) \tag{2.56b}$$

となる. ただし $\lambda(t)$ の算出のために, 式 (2.41) および式 (2.42) を用いている. $\lambda(t)$, $\tilde{F}(t)$ のいずれも先述したワイブル分布とは違い複雑な形をしているため, 数式のみではその特性を容易に理解できないだろう. そこで, この対数正規分布はどのような特徴を持っているのかを, グラフにプロットして視覚的に理解してみよう. 図 **2.10** に示すように, 到着率の振る舞いとして, 時間ととも

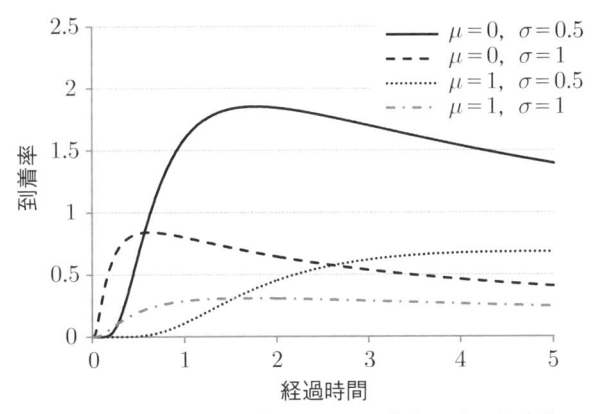

図 **2.10**　対数正規分布における到着率の時間的変化

に増大した後に漸減する傾向が見られる．先ほどのワイブル分布では，形状パラメータ p の値に応じて到着率が単調増加，一定，単調減少のいずれかのみしか表現することができなかった．しかし，対数正規分布においては増加と減少を同時に考慮したような現象を表現することができる．生存時間解析という意味（生物の生死に関わるという意味）では，生存時間 t が大きくなると到着率が減少していくという現実ではありそうもない振る舞いではあるが，機械の破壊寿命分布，電子部品の故障分布など，信頼性解析や故障解析という意味においては現象をうまく表現できる分布となっている．

BPT 分布

最後に，待ち時間分布が Brownian Passage Time 分布（以下では BPT 分布と呼ぶ）に従うとした場合を説明する．本節では，ブラウン運動に関する知識をもっておられる読者を想定している．ブラウン運動に不案内な読者は，**2.2.3** へ進んでほしい．BPT 分布は，プレート間地震が発生するメカニズムを確率過程モデルとして表現した時に地震発生の時間間隔が従う分布である．具体的なBPT 分布の確率密度関数を示す前に，地震が発生する確率過程を考えてみよう．図 **2.11** には，プレートに蓄積されるひずみエネルギーのイメージを示している．縦軸が蓄積されているひずみエネルギーの状態，横軸は経過時間である．初期状態 x_0 から時間の経過とともにひずみエネルギーがランダムに蓄積され，ある閾値 x_f に到達すると地震が発生し，ひずみエネルギーは再び初期状態 x_0 に戻る．ここで，ある時点 t におけるひずみエネルギーの状態を $X(t)$ と表し，

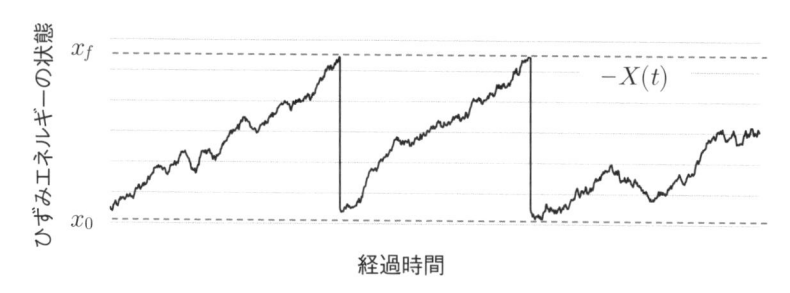

図 **2.11**　ひずみエネルギーのイメージ図

$$X(t) = \gamma t + \sigma W(t) \tag{2.57}$$

に従う確率過程としよう．ただし，γ は単位時間当たりの平均的な蓄積量を，$W(t)$ は標準的なブラウン運動を表し，σ は拡散係数と呼ばれる．ブラウン運動を表す $W(t)$ は，次の 4 つの条件を満たしている．

1. $W(0) = 0$ を満たす．（出発地点が原点である）
2. 任意の 2 時点 $s, t (0 \le s < t)$ において，$W(t) - W(s)$ は平均が 0，分散が $t - s$ の正規分布に従う．
3. 任意の n 個の点 $0 = t_0 < t_1 < \cdots < t_n$ において，$W(t)$ は独立増分を持つ．
4. 任意のサンプルパスは，t について連続である．

ひずみエネルギーの状態 $X(t)$ が式 (2.57) に従うとき，地震発生の待ち時間分布は以下の BPT 分布に従う．

$$f(t) = \left(\frac{\mu}{2\pi\alpha^2 t^3}\right)^{1/2} \exp\left\{-\frac{(t-\mu)^2}{2\mu\alpha^2 t}\right\} \tag{2.58}$$

$$\mu = \frac{x_f - x_0}{\gamma}$$

$$\alpha = \frac{\sigma}{\sqrt{\gamma(x_f - x_0)}}$$

BPT 分布は，逆ガウス分布，あるいはワルド分布とも呼ばれる．分布関数は

$$F(t) = \int_0^t f(u)\, du = \Phi[u_1(t)] + \exp\left(\frac{2}{\alpha^2}\right)\Phi[-u_2(t)] \tag{2.59}$$

$$u_1(t) = \alpha^{-1}\left[\sqrt{\frac{t}{\mu}} - \sqrt{\frac{\mu}{t}}\right]$$

$$u_2(t) = \alpha^{-1}\left[\sqrt{\frac{t}{\mu}} + \sqrt{\frac{\mu}{t}}\right]$$

となる．待ち時間分布を BPT 分布とした場合の到着率 $\lambda(t)$，および t 年間地震が発生しない確率 $\tilde{F}(t)$ はそれぞれ非常に複雑な形となるために省略するが，

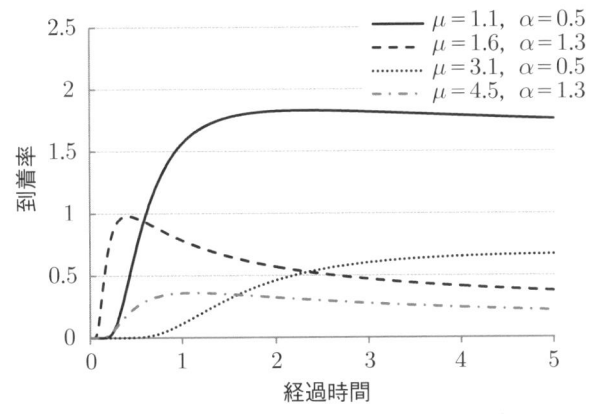

比較のため，各線における平均と分散は，図 **2.10** に示す各線と同じ値と
している．

図 **2.12**　BPT 分布における到着率の時間的変化

$\lambda(t) = f(t)/\{1 - F(t)\}$，$\tilde{F}(t) = 1 - F(t)$ により算出することができる．さ
て，この BPT 分布の到着率はどのような特徴をもっているか先程までと同様
に見て行こう．図 **2.12** には BPT 分布における到着率の時間的変化を示してい
る．BPT 分布の到着率は対数正規分布の到着率と同様に，時間とともに増大
した後に漸減する傾向が見られる．また，分布の形がよく似ているため，対数
正規分布と BPT 分布のどちらの分布が適しているかを現象の特徴をもとにし
て単純に判断することは難しい．したがって，待ち時間分布の選択をする際に
は両分布を比較し，慎重な判断が必要となる．

2.2.3　地震の発生予測モデルの最尤推計

　地震が発生した時刻をサンプルとして尤度関数を定義しよう．地震発生の有無
が調査されはじめた時刻を初期時点 $\bar{t}_0$ とし，現在時点 T までに時点 $t_1, \cdots, t_N$
において地震が発生したとする．この時，N 個のサンプルが獲得され，n 番目
のサンプルに対する情報を $\bar{\xi}_n = \bar{t}_n$ とする．地震の発生が再生過程にしたがう
と仮定し，地震の発生する時間間隔が独立で同一な確率分布 $f_{\boldsymbol{\theta}}(t)$ にしたがう
と仮定しよう．また，これまでの議論と同様に，t 年間地震が発生しない確率
を $\tilde{F}_{\boldsymbol{\theta}}(t)$ としよう．ただし，$\boldsymbol{\theta}$ は未知パラメータベクトルを表す．この時，す
べてのサンプルに関する情報 $\bar{\Xi} = (\bar{\xi}_1, \cdots, \bar{\xi}_N)$ が獲得される同時生起確率密度
関数を尤度関数 $L(\boldsymbol{\theta}; \bar{\Xi})$ として表現すれば，

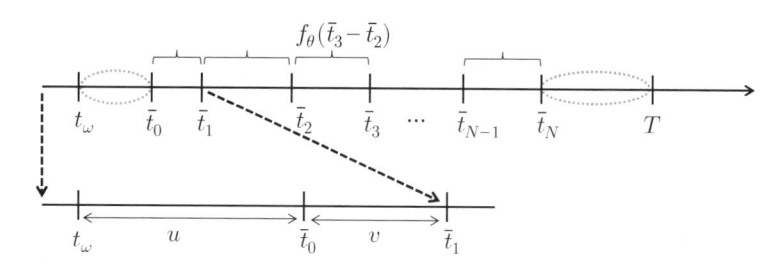

図 2.13　尤度関数を考えるための図解

$$L(\boldsymbol{\theta};\bar{\Xi}) = \prod_{n=1}^{N} f_{\boldsymbol{\theta}}(\bar{t}_n - \bar{t}_{n-1}) \tag{2.60}$$

と表すことができる．しかし，式 (2.60) で示される尤度は，1) 調査され始めた時点 $\bar{t}_0$ まで地震が発生していなかったという情報，および 2) 最後に地震が発生した時点 $\bar{t}_N$ から現在時点 T までの間地震が発生していないという情報を用いていない（**図 2.13** 中の点線楕円の情報）．したがって，サンプルの個数 N が小さい場合，推計結果に大きな差が生じる可能性がある．そこで，1), 2) を含めた尤度関数を考えよう．まず，1) に関して情報を整理すると，時点 $\bar{t}_1$ に発生した地震の時間間隔が $\bar{t}_1 - \bar{t}_0$ ではなく，調査された時点 $\bar{t}_0$ より前に地震が発生した時点 t_ω を基準とし，$\bar{t}_1 - t_\omega$ を地震発生の時間間隔とする必要があるということを意味している．そこで，時間 $u = \bar{t}_0 - t_\omega$ にわたって地震が発生しない確率を確率変数 u を用いて，時間 $v = \bar{t}_1 - \bar{t}_0$ 経過時点で地震が発生する確率を確率変数 v を用いて表現し，確率変数 v の確率分布 $f'(v)$ を算出することを考えよう[*]．まず，時間 u にわたって地震が発生せず，その後，時間 v 経過時点で地震が発生する条件付き確率 $f'(v|u)$ は，

$$f'(v|u) = \frac{f(u + v)}{\tilde{F}(u)} \tag{2.61}$$

と表すことができる．$f(\cdot)$, $\tilde{F}(\cdot)$ の添え字 $\boldsymbol{\theta}$ は省略している．したがって，確率変数 v, u の同時確率密度関数は，

$$f'(v, u) = f'(v|u)g(u)$$
$$= \frac{f(u + v)}{\tilde{F}(u)}g(u) \tag{2.62}$$

---

[*]　$f'(v)$ は地震発生時点ではないある時点から次に地震が発生するまでの経過時間（前方再帰時間；Forward Recurrence Time と呼ばれる）の確率密度関数である．

となる．$g(u)$ は確率変数 u の従う確率分布である．次に確率分布 $g(u)$ がどのような形を取るか見ていこう．$u = k$ となる確率は，時間 k にわたって地震が発生しない確率であるため $g(u = k) = \tilde{F}(k)$ となる．したがって，確率変数 u が $u \geq 0$ を満たすことを考慮し確率分布 $g(u)$ を導出すると，

$$
\begin{aligned}
g(u) &= \frac{\tilde{F}(u)}{\int_0^\infty \tilde{F}(u)\, du} \\
&= \frac{\tilde{F}(u)}{\mu_s}
\end{aligned}
\tag{2.63}
$$

となる．$\mu_s = \int_0^\infty \tilde{F}(u)\, du$ は $g(u)$ を確率分布とするための規格化定数である．したがって，式 (2.62) は，

$$
f'(v, u) = \frac{f(u + v)}{\mu_s}
\tag{2.64}
$$

と変形でき，u に関して積分し，周辺確率密度関数を算出すると，

$$
\begin{aligned}
f'(v) &= \int_0^\infty f'(v, u)\, du \\
&= \frac{\int_0^\infty f(u + v)\, du}{\mu_s} \\
&= \frac{\tilde{F}(v)}{\mu_s}
\end{aligned}
\tag{2.65}
$$

となる．

次に 2) に関しては地震が $T - \bar{t}_N$ 時間発生していなかったと考え，単純に $\tilde{F}_{\boldsymbol{\theta}}(T - \bar{t}_N)$ により表すことができる．以上より，サンプル $\bar{\Xi} = (\bar{\xi}_1, \cdots, \bar{\xi}_N)$ が獲得される同時生起確率密度関数，すなわち尤度関数 $L(\boldsymbol{\theta}; \bar{\Xi})$ は，

$$
L(\boldsymbol{\theta}; \bar{\Xi}) = f'_{\boldsymbol{\theta}}(\bar{t}_1 - \bar{t}_0) \times \prod_{n=2}^{N} f_{\boldsymbol{\theta}}(\bar{t}_n - \bar{t}_{n-1}) \times \tilde{F}_{\boldsymbol{\theta}}(T - \bar{t}_N)
\tag{2.66}
$$

となる．さらに，対数尤度関数は，

$$
\begin{aligned}
\log L(\boldsymbol{\theta}; \bar{\Xi}) = {}& \log \tilde{F}_{\boldsymbol{\theta}}(\bar{t}_1 - \bar{t}_0) - \log \mu_s \\
& + \sum_{n=2}^{N} \log f_{\boldsymbol{\theta}}(\bar{t}_n - \bar{t}_{n-1}) + \log \tilde{F}_{\boldsymbol{\theta}}(T - \bar{t}_N)
\end{aligned}
\tag{2.67}
$$

となる．

モデルの比較事例

　ワイブル分布，対数正規分布，BPT 分布を実際のモデル推計事例に基づい
て比較してみよう．比較事例として，「地震調査研究推進本部 地震調査委員会，
長期的な地震発生確率の評価手法について [9]」を用いる．本事例においては，
表 2.2 に示した南海地震の発生時刻をサンプルとし，最尤法を用いて各モデル
のパラメータを推定している．**表 2.3** にパラメータの推定結果を示す．さらに，
図 2.14，**図 2.15** に南海地震に対する各モデルの確率密度関数 $f(t)$ と地震が t

表 2.3　各モデルのパラメータの推定値

ワイブル分布	対数正規分布	BPT 分布
$\mu = 1.92 \times 10^{-7}$	$\mu = 4.996$	$\mu = 157.8$
$p = 2.99$	$\sigma = 0.358$	$\alpha = 0.367$

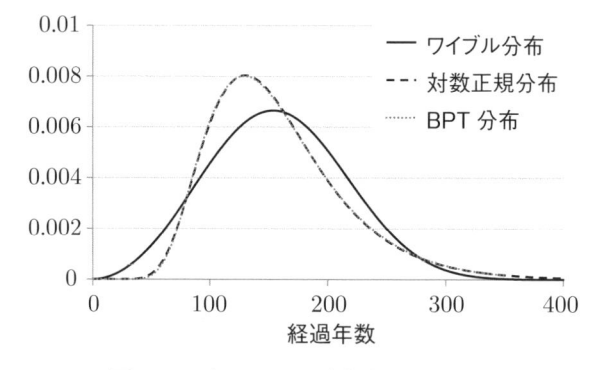

図 2.14　各モデルの確率密度関数 $f(t)$

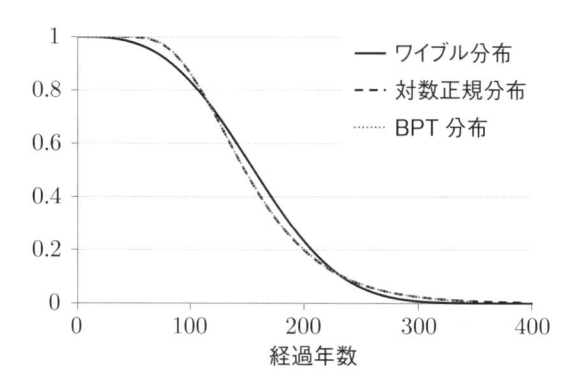

図 2.15　各モデルの地震が t 年間発生しない確率 $\tilde{F}(t)$

年間発生しない確率 $\tilde{F}(t)$ を示している．パラメータの推定の結果，各モデル間においてモデルの選択基準として用いられる AIC（赤池情報量基準）に有意な差がなく，モデルによる明確な違いは見られなかった．それでは，具体的にどのようにしてモデルを選択していけばよいのであろうか．本事例ではモデルの良否の判断基準として，「物理的解釈あるいは統計的解釈が容易であること」を挙げている．物理的解釈が容易であるという点では，BPT 分布はプレート間地震が発生するメカニズムを確率過程モデルとして表現したモデルであるため，ワイブル分布と対数正規分布より優れている．一方，統計的解釈が容易であるという点では，正規分布を対数変換した対数正規分布がワイブル分布と BPT 分布より優れている．したがって，対数正規分布と BPT 分布のいずれかが本事例において採用されるモデルである．次の段階の判断基準として，「異常なデータの混入等があっても安定してパラメータが求まること」，および「分布の裾の部分で物理的に理解しにくい現象が発現しにくいこと」を挙げている．前者に関しては，対数正規分布，BPT 分布のどちらも当てはまる*．後者に関して，図 2.16 に示した到着率の時間的変化を見て考えてみよう．$f(t)$，$\tilde{F}(t)$ では見られなかった 2 つの分布の違いがはっきりと読み取れる．図 2.16 に示す到着率は，地震が発生するであろう平均的な経過年数（158 年）付近までは両分布とも大きく変わらないが，地震発生までの平均的な経過年数を大きく超えて

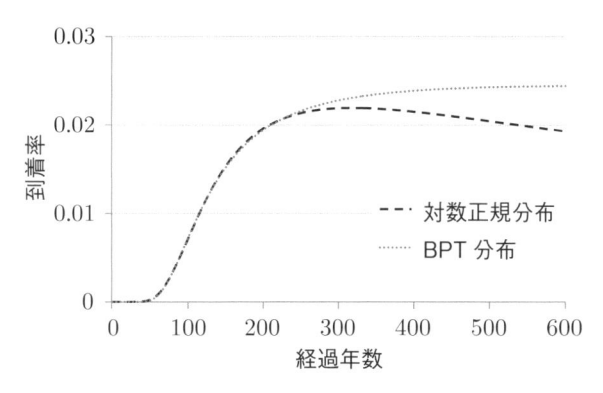

図 2.16 各モデルの到着率 $\lambda(t)$

---

* 本書では取り上げていないが，事例においては再生過程のモデルとして二重指数分布 $f(t) = a\exp\{a(1 - e^{bt})/b + bt\}$ を挙げており，二重指数分布はその関数の形を見てわかるようにデータ $\bar{t}$ が異常な値を取ると $f(\bar{t})$ が大きく変動し，パラメータの推定値が大きく変化する．

くると，対数正規分布の到着率はBPT分布の到着率より顕著な低下を見せて
くる．このため，BPT分布の方が総合的に本事例のモデルとして優れている
と判断できるであろう．以上より，本事例では，大規模地震の発生予測モデル
として当面BPT分布を採用していくことが妥当であると結論付けている．

BPT分布を用いた地震の発生確率の計算

　BPT分布を用いて実際に南海地震が起きる確率を計算してみよう．南海地
震は南海トラフの地震活動を構成する1つの地震活動であり，先程の比較事例
においては南海地域における地震の発生確率を評価した．しかし近年，東海地
域，南海地域と，領域ごとに規模や発生確率を評価するだけでは十分ではな
く，領域全体を1つとして見る必要があるのではないかとの考えから，南海ト
ラフの地震活動の分析が進められている．ここでは，分析の結果として推定さ
れたBPT分布のパラメータを用いて，地震の発生確率を計算する方法を説明
する．さて，BPT分布のパラメータの推定値として $\mu = 88.2$，$\alpha = 0.24$ が与
えられ，BPT分布の確率密度 $f(t)$ と地震が t 年間発生しない確率 $\tilde{F}(t)$ が表
2.4 のように与えられているとしよう．この時，地震の発生する確率はどのよ
うにして求められるのだろうか．例えば，t 年以内に地震が発生する確率 $F(t)$

表 2.4　t 年経過時の $f(t)$ と $\tilde{F}(t)$ の値

経過年 t	確率密度 $f(t)$	t 年間地震が発生しない確率 $\tilde{F}(t)$
10	3.6×10^{-27}	1.0
20	2.0×10^{-11}	1.0
30	1.4×10^{-6}	1.0
40	2.0×10^{-4}	1.0
50	2.5×10^{-3}	0.99
60	9.1×10^{-3}	0.93
70	1.7×10^{-2}	0.80
80	2.2×10^{-2}	0.63
90	2.0×10^{-2}	0.42
100	1.5×10^{-2}	0.25
110	8.9×10^{-3}	0.13
120	4.8×10^{-3}	0.064

は $F(t) = 1 - \tilde{F}(t)$ によって簡単に計算できる．30 年以内に地震が発生する確率は $F(30) = 0$ であり，70 年以内に地震が発生する確率は $F(70) = 0.20$，100 年以内に地震が発生する確率は $F(100) = 0.75$ である．しかし，ここで気を付けるべきことは，今計算した地震の発生する確率は，最後に地震が起こった時点を基準として，そこから t 年経過後の議論をしているということである．南海トラフの地震活動が最後に起こったのは 1946 年とされている．この時，現時点 (例えば 2016 年) を基準として，t' 年以内に地震が起こる確率はどのように計算するべきだろう？ 数式によるアプローチから始めよう．求めるべき確率 $p(t')$ は，70 年間地震が発生しなかったという条件のもとで，t' 年以内に地震が起こる確率であるから，

$$
\begin{aligned}
p(t') &= P(70 < t < 70 + t' | t > 70) \\
&= \frac{P(70 < t < 70 + t')}{P(t > 70)} \\
&= \frac{\int_{70}^{70+t'} f(t)\,dt}{\int_{70}^{\infty} f(t)\,dt} \\
&= \frac{F(70 + t') - F(70)}{F(\infty) - F(70)} \\
&= \frac{\tilde{F}(70) - \tilde{F}(70 + t')}{\tilde{F}(70)}
\end{aligned}
\tag{2.68}
$$

と表すことができる．したがって，今後 30 年以内に地震が発生する確率は $p(30) = (0.80 - 0.25)/0.80 = 0.69$ となる．現時点まで（70 年間）地震が起こらなかったという情報を用いる事により，表 2.4 から計算される 100 年以内に地震が発生する確率 $F(100) = 0.75$ と値が異なってくることに気を付けよう．表 2.5 に，今後 10 年〜50 年以内に地震が発生する確率を示しているので参考にして欲しい．さて，数式によるアプローチではなく，確率密度関数 $f(t)$ のグラフを用いたアプローチも説明しておこう．図 2.17 に確率密度関数 $f(t)$ の概形を示している．今，t 年経過時点の状況をグラフ上で読み取ってみよう．t 年経過時点を点線で示し，点線と確率密度関数 $f(t)$ と x 軸とで囲まれる領域に着目しよう．点線の左側の領域面積（濃く塗りつぶされている部分）は累積分布関数の値を示しており，これは t 年以内に地震が発生している確率 $F(t)$ である．また，点線の右側の領域面積（薄く塗りつぶされている部分）は累積分布関数を総面積 1 から引いたものであり，t 年間地震が発生しない確率 $\tilde{F}(t)$ に他ならない．点線を左右に動かすとそれぞれの領域も変化し，t

表 **2.5**　70 年経過した時点から，今後 t' 年以内に地震が発生する確率

今後 10 年以内に地震が発生する確率	0.21
今後 20 年以内に地震が発生する確率	0.48
今後 30 年以内に地震が発生する確率	0.69
今後 40 年以内に地震が発生する確率	0.84
今後 50 年以内に地震が発生する確率	0.92

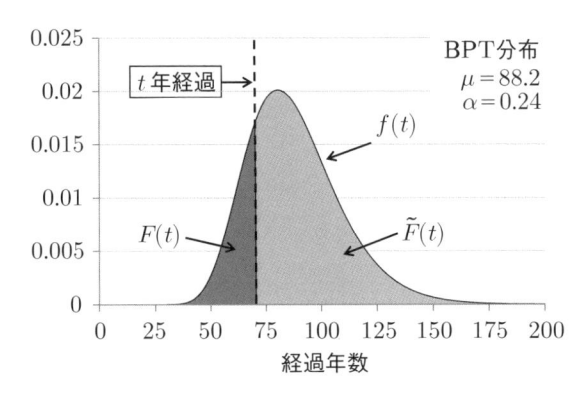

図 **2.17**　t 年後における $f(t)$，$\tilde{F}(t)$，$F(t)$ の関係

年経過時点の状況が変わってくるが，点線が定義域内 $(t>0)$ のどこに動こうと $F(t)+\tilde{F}(t)=1$ を満たしていることに注意して欲しい．さて，本題に入ろう．現時点 $(t=70)$ を基準として，その後 t' 年以内に地震が起こる確率の計算である．この条件下において点線はもはや自由に動くことはできず，$t>70$ という制限がつく．グラフの $t=70$ に大きな壁があると想像すればよい（先程は $t=0$ に大きな壁があった考えよう）．しかし，点線は先程と同様に $t>70$ であれば自由に動くことができ，今度は $t=70$ の大きな壁と点線と確率密度関数 $f(t)$ と x 軸とで囲まれる領域に着目すればよい．**図 2.18** に状況を示している．点線の左側の領域面積は図より $F(70+t')-F(70)$ ということがわかるだろう．また，点線の右側の領域面積は $\tilde{F}(70+t')$ となる．当然ではあるが $\{F(70+t')-F(70)\}+\tilde{F}(70+t')=\tilde{F}(70)$ であり，領域面積がそのまま確率とはなっていない．したがって，領域面積を $1/\tilde{F}(70)$ 倍することにより，領域面積をそのまま確率として扱うことができるようになる．以上より，式 (2.68) を導くことができる．

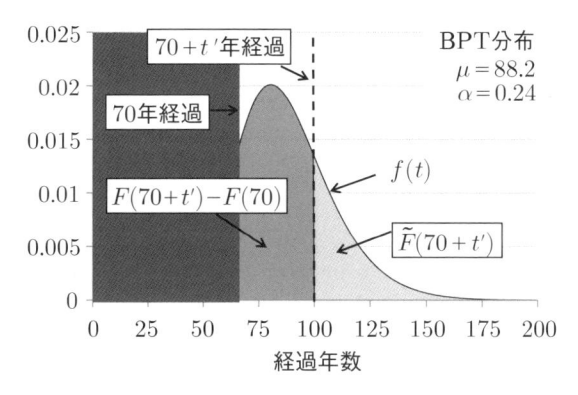

図 **2.18** 70 年経過時点から t' 年後における $f(t)$, $\tilde{F}(t)$, $F(t)$ の関係

2.3 リスク評価のための指標

本章において，いくつかの統計モデル，およびその推計方法を紹介してきた．また同時に，実際にモデルが用いられている事例を紹介し，推計したモデルがどのように用いられるかを説明してきた．ここでは，モデルを推計することによって得られる確率分布に対して，期待値だけでなく分散を活用してリスク管理に役立てることを考えていく．

2.3.1 VaR (Value at Risk)

事故の発生件数がポアソン過程に従うと仮定してポアソン発生モデルを推計した結果，ポアソン発生モデルのパラメータが $\lambda = 3.00$ と推定されたとしよう．この時，単位期間中 $(t = 1)$ に事故が k 回発生する確率 $P(X = k)$ はポアソン分布 $Po(\lambda t = 3.00)$ によって計算することができる．**表 2.6** に計算結果を示している．この時，単位期間中に事故がどの程度の件数発生すると考えればよいだろうか？ すぐに思いつくのは，発生回数 k とその確率 $P(X = k)$ がわかっているのだから，期待値 $E[X = k]$ を計算する方法であろう．期待値は，

$$E[X = k] = \sum_{k=0}^{\infty} kP(X = k) = 3.00 \tag{2.69}$$

であるから，単位期間中に 3 件程度の事故が発生するだろうと考えることができる．しかし，実際に事故の発生件数を考慮して何かしらの意思決定を行う時，事故の発生件数を 3 件と想定してよいのだろうか？ この 3 件という数字は事故の平均的な発生件数を表している．すなわち，少し考えてみればわかること

表 **2.6**   ポアソン分布 $Po(\lambda t = 3.00)$

発生件数 k	確率 $P(X = k)$	累積確率 $F(X \leq k)$
0	0.050	0.050
1	0.149	0.199
2	0.224	0.423
3	0.224	0.647
4	0.168	0.815
5	0.101	0.916
6	0.050	0.966
7	0.022	0.988
8	0.008	0.996
9	0.003	0.999
10	0.001	1.000
11	0.000	1.000
平均 $E[X = k] = 3.00$		
分散 $V[X = k] = 3.00$		

ではあるが，1 件しか発生しないときもあれば，5 件発生するときもある．しかも，5 件発生する確率は 10%，6 件以上発生する確率は 8.4% と決して小さい値ではない．単純に平均的な発生件数である 3 件を用い，3 件程度の事故が発生するだろうと想定して意思決定を行うと，重大な誤りを犯してしまう可能性がある．問題は期待値を用いていることであり，確率分布の分散を考慮していないことにある．イメージしやすい簡単な例として，サイコロの出目を考えてみよう．サイコロを繰返し何度も振った時の出目の期待値は 3.5 である．しかし，出目が 4 以上となる確率は 50%，5 以上となる確率は 33%，6 となる確率は 16% と，4 以上がでる確率は無視できるほど小さくないことから，期待値を用いた想定が十分であるとは言えないことが理解できるだろう．確率分布の形状によって，分布の期待値を用いるだけでは十分ではなく，分布の分散を考慮したうえで事象の発生回数を想定しなければならない．特に，分布の分散が大きく，分布の裾の部分を無視できないような確率分布において，分布の期待値を用いた意思決定を行ってしまうと，重大な誤りを犯すことになるだろう．

　それでは，どのような指標を用いて確率分布を評価すればよいのかを説明していこう．確率分布を評価するためのものさしとして，分布の分散自体を考え

ることもできるが，ここでは，金融機関で最も広く使われているリスク尺度である VaR (Value at Risk) を紹介しよう．VaR とは，「ある一定の確率で発生する将来の損失の最大値」である．例えば，注目する確率分布が**表 2.6** に挙げたポアソン分布であったとすると，ある一定の確率で発生する事故発生件数の最大値である．すなわち，ある一定の確率が 95% であれば，VaR は 95% の確率で発生する事故発生件数の最大値であり，言い換えると，事故発生件数が VaR の値を上回る確率が 5% という意味である．したがって，VaR は事故の発生件数 $k = 5$ と $k = 6$ の間にあることが理解できるだろう．また，**図 2.19** に概略図を示しているので参考にして欲しい[*].

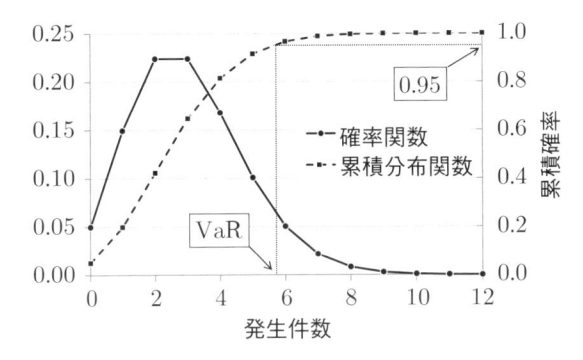

図 2.19 ポアソン分布 $Po(\lambda t = 3.00)$ を用いた VaR の例

それでは VaR を数式を用いて表現しよう．まず，先程ある一定の確率として 95% を挙げたが，この 95% は信頼水準と呼ばれ，ω を用いて表される．すなわち，信頼水準 ω の VaR とは，損失（先の例では事故の発生件数）が VaR の値を上回る確率が $100 \times (1 - \omega)\%$ であることを意味し，VaR_ω と表記する．また，一般的には ω の値として 0.95，0.99 が用いられる．したがって，ある確率変数 X の確率密度関数 $f(x)$，累積分布関数 $F(x)$ とすると，

$$P(x \leq VaR_\omega) = \int_{-\infty}^{VaR_\omega} f(x)\,dx = F(VaR_\omega) = \omega \tag{2.70}$$

が満たされる．**図 2.20** に，VaR の概念図を示している．同図には，$VaR_{0.95}$ の他に，期待値と中央値を併記している．図を見てわかるように，VaR は確率論の用語でいうと，損失の確率分布の分位点（パーセンタイル）であり，信頼水準

---

[*] ポアソン分布は離散分布であるため，実際にはグラフのような曲線が得られるわけではないが，イメージしやすいように曲線で表現している．

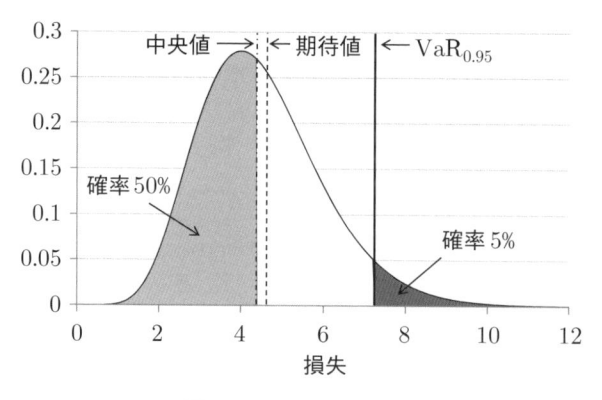

図 **2.20**　VaR の概念図

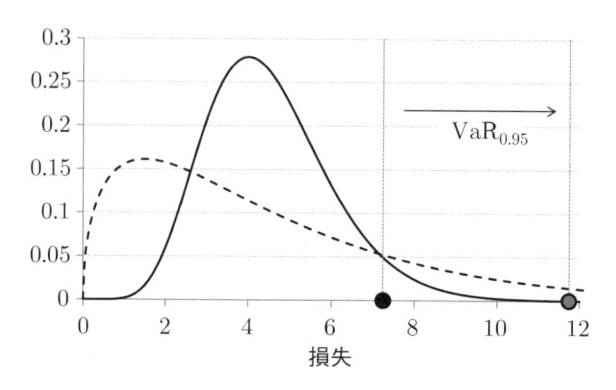

図 **2.21**　期待値が等しく分散が異なる 2 つのグラフ

0.5 の VaR の値は確率分布の中央値に他ならない．また，**図 2.21** には，期待値が等しく，分散が異なる 2 つのグラフを示している．同図を見ると，$VaR_{0.95}$ の値は 7.25 から 11.75 へと増加し，その差は 4.5 にもなっている．これは，期待値のみを用いて意思決定を行うことの危険性を示している．このように，推計したモデルの確率分布を評価する際には，分布の期待値のみの議論ではなく，分布の分散を考慮した VaR_ω の議論が必須といえるだろう．

2.3.2　C-VaR (Conditional Value at Risk)

VaR の考え方は広く使われているリスク評価指標ではあるが，その定義により，信頼水準 ω の VaR は，確率 $100 \times (1 - \omega)\%$ 以下で発生する損失の大きさについての情報を与えない．したがって，大規模地震といった巨大災害による損失分布のように，損失額の分布の裾を無視できない時，リスクを過小評

価してしまう可能性がある．このような場合には，VaR と密接な関係をもつ C-VaR (Conditional Value at Risk) をリスク評価指標として用いることが一般的である．C-VaR は，「損失が VaR_ω を超えた時に被る損失の期待値」として定義され，信頼水準 ω の C-VaR は，

$$\mathrm{C\text{-}VaR}_\omega = E[x|x \geq \mathrm{VaR}_\omega]$$

$$= \frac{1}{1-\omega} \int_{\mathrm{VaR}_\omega}^{\infty} x f(x)\,dx \tag{2.71}$$

と表される．図 2.20 の確率 5% と記して塗りつぶしている領域の損失が発生したとき，その損失の期待値が C-VaR である．VaR はある分位点における損失の大きさを表すのに対し，C-VaR はある分位点以上の損失をすべて考慮するリスク尺度となっている．また，C-VaR と VaR の定義より，C-VaR $\geq$ VaR が常に成り立つ．

演習問題

1. ポアソン発生モデル，混合ポアソン発生モデルの期待値と分散が，それぞれ式 (2.13a), (2.13b)，および式 (2.31a), (2.31b) で表せることを示せ．

2. 混合ポアソン発生モデルのパラメータを最尤法で推計するときの対数尤度関数が式 (2.37) で与えられるとき，対数尤度関数を最大化するための最適化条件を導出せよ．

3. 表 2.5 は，直近の地震から 70 年経過した時点を基準に今後 t' 年経過した時点における地震の発生確率を求めたものである．さらに，この時点から 10 年間地震が発生せずに時間が経過したと考えよう．すなわち，直近の地震から 80 年経過した時点を基準にして，将来時点における地震の発生確率を求めよ．

第**3**章

事故や災害による損失の予測をしよう

3.1 事故による損失の予測

　2章において事故の発生過程を統計モデルによって表現したが，次に私たちはどのような事を考えるべきであろうか？　私たちは事故の発生確率を計算し，事故の発生を予測することができるようになった．将来的に事故の発生確率が無視できないほどであれば，私たちは事故の発生に備えて損害保険などに加入することができ，また，保険の売り手であれば，事故の発生頻度に応じて保険金額を設定することできる．しかし，事故の発生が私たちにどの程度の影響を与えるかを知らなければ保険に加入すべきか否かの適切な判断ができず，また，保険の売り手であれば適切な保険金額を設定することは不可能であろう．すなわち，事故が発生したときの損失額に関する考察を行わなければならないのである．

　損失額の分布を考える際には，事故の発生確率を予測したときと異なり，現象をモデル化した上で損失額の分布を推定することは現実的ではない．したがって，損失額の分布を推定するためには，過去に実際に事故が生じたときの損失額，あるいは保険金の請求額のデータを使い，データによく適合する確率分布を見つけるという手法が採用される．このようにして推定された損失額の確率分布を $g(y)$ としよう．損失額の確率分布が与えられれば，ある一定期間内における損失の総額を予測することができる．いま，時刻 t までに発生する事故の件数を X_t とし，$n\ (n = 1, \cdots, X_t)$ 件目の事故による損失額を Y_n としよう．X_t は，2章で見てきたようにポアソン過程，あるいは混合ポアソン過程に従う確率変数であると仮定しよう．一方，損失額 Y_n は確率分布 $g(y)$ に従って

いるとしている．この時，時刻 t までに発生する損失の総額 $S(t)$ は

$$S(t) = \sum_{n=1}^{X_t} Y_n \tag{3.1}$$

と表現できる*.

本節では，実際のデータから損失額の分布 $g(y)$ を推定するために必要な知識と，損失総額 $S(t)$ を計算する方法を説明していく．

3.1.1 損失額の分布

ある都市において図 **3.1** に示すような過去 2 年分の事故の発生時点とその時の損失額に関するデータが得られたとしよう．横軸は観測を開始した時点 0 からの経過時間を表しており，縦軸は事故が発生した時の損失額を表している．図中の白丸プロットは 1 つ 1 つの事故の発生を表している．横軸の情報により，事故の発生件数が従うポアソン過程，あるいは混合ポアソン過程におけるパラメータを推定することができる．続いて，縦軸の情報を用いて損失額の分布を推定していこう．手順は，1) 損失額の従う分布を探す，2) 分布のパラメー

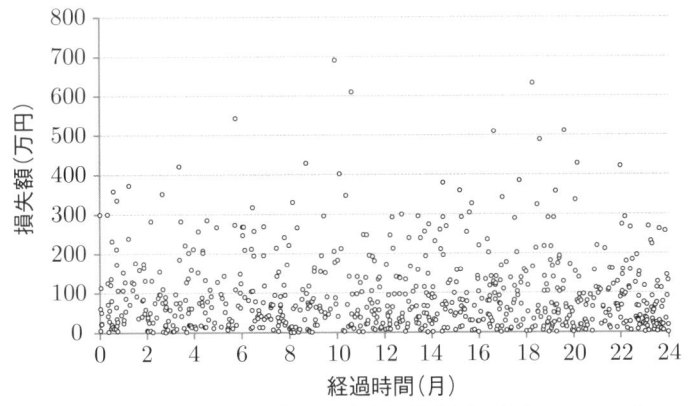

図 3.1 ある都市における事故の発生と損失額に関するデータその 1

タを推定して損失額の従う分布を特定化する，である．損失額の従う分布の形状を知る最も単純な方法は，データが示す実際の損失額をプロットすることである．ヒストグラムや後述する経験分布関数がそれにあたる．**図 3.2** にヒストグラムを示している．ヒストグラムを用いると，図中破線で示すように，分布

---

* X_t と Y_n は互いに独立と仮定している．また，Y_n $(n = 1 \cdots , X_t)$ は互いに独立で同一の確率分布 $g(y)$ に従っている．

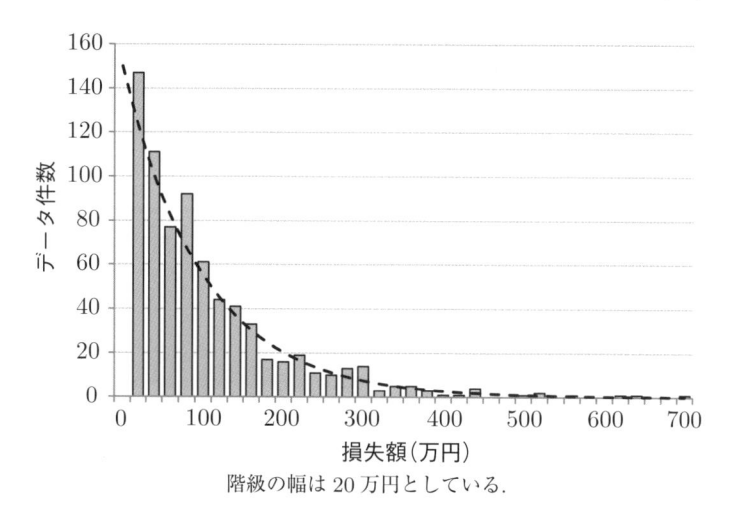

階級の幅は 20 万円としている.

図 **3.2**　損失額のヒストグラムその 1

の形状を直感的に掴むことができ，損失額の分布は指数分布に従うのではないかと考えることができる．次に，**図 3.3** で示されるデータが得られたとしよう．先程と同様にヒストグラムを作成してみると**図 3.4** のようになった．損失額のピークは先程の 20 万円から 40 万円の階級ではなく，40 万円から 60 万円の階級となっている．このようなピークを持つ分布は指数分布ではなく破線で示すようなガンマ分布ではないかと考えるかもしれない．いずれにせよ，ヒストグラムのみのデータ分析では私たちの判断に委ねられる部分が大きく，必ずしもデータに適合する分布が得られるというわけではない.

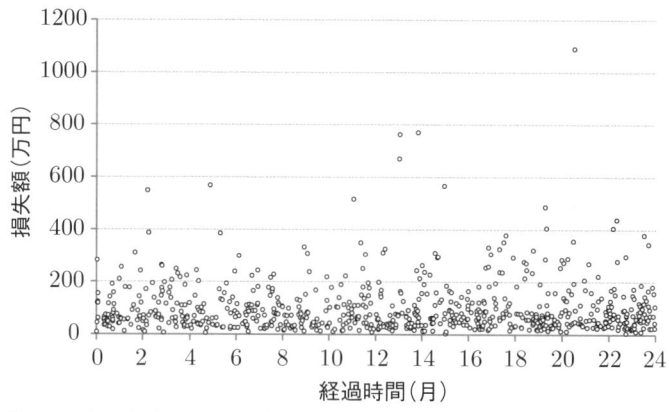

図 **3.3**　ある都市における事故の発生と損失額に関するデータその 2

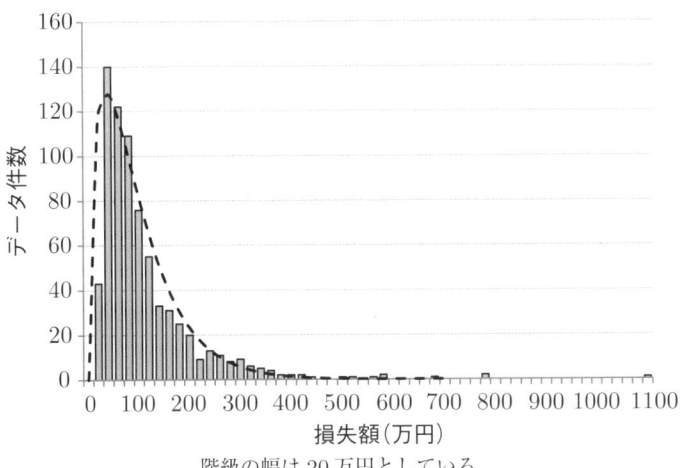

階級の幅は 20 万円としている.

図 3.4 損失額のヒストグラムその 2

　もう 1 つのデータ分析の方法を見ていこう. 損失額に関する標本観測値 $\bar{y}_1, \cdots, \bar{y}_N$ が得られ, n 個目の観測値を $\bar{y}_n$ としよう. この時, N 個の標本観測値を用いて作成した経験的な分布関数は,

$$F(y) = \frac{\#\{\bar{y}_n \leq y\}}{N} \tag{3.2}$$

と表すことができる. ただし, $\#\{\bar{y}_n \leq y\}$ は, 論理式 $\bar{y}_n \leq y$ が成立する標本観測値の総数である. 式 (3.2) を経験分布関数と呼ぶ. 当然のことながら, 経験分布関数は分布関数の性質

$$0 \leq F(y) \leq 1 \tag{3.3a}$$

$$F(-\infty) = 0 \tag{3.3b}$$

$$F(\infty) = 1 \tag{3.3c}$$

を満たしている. **図 3.5** にデータその 1 の経験分布関数を示している. この経験分布関数を用いて損失額のデータによく適合する確率分布を探すことができ, その方法は **QQ プロット**（Quantile - Quantile Plot; 分位点プロット）と呼ばれている. QQ プロットは 2 つの確率分布を視覚的に比較する方法であり, 経験分布関数と損失額の確率分布の候補を比較対象の 2 つの確率分布として分析すればよい. ここでは具体的に, 損失額の確率分布の候補を $g(y)$ としたとき, 任意の損失額 $\bar{y}_n$ $(n = 1, \cdots, N)$ に対する分位点 q_n と, 確率分布の候補 $g(y)$ において分位点が q_n となるような y_n を算出し, 損失額 $\bar{y}_n$ と y_n をプロット

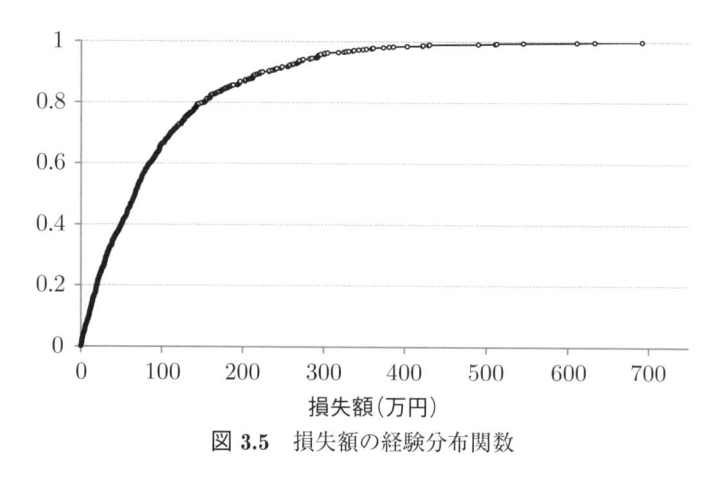

図 3.5　損失額の経験分布関数

することにより，損失額のデータと確率分布の候補を比較することができる．
図 3.6 を用いて QQ プロットの考え方を詳しく見ていこう．図中の実線を損失
額の経験分布関数 $F(y)$ とし，破線を損失額の確率分布の候補としよう．候補
の密度関数を $g(y)$，分布関数を $G(y)$ とおく．いま，黒丸で示される n 個目の
観測値 $\bar{y}_n$ に着目しよう．事故による損失額が $\bar{y}_n$ となるときの経験分布関数の
値 $F(\bar{y}_n)$ は q_n 分位点[*]となっている．この時，確率分布の候補とどの様に比
較すれば良いのかを考える．1 つの方法として，白丸で示される $G(\bar{y}_n)$ を計算

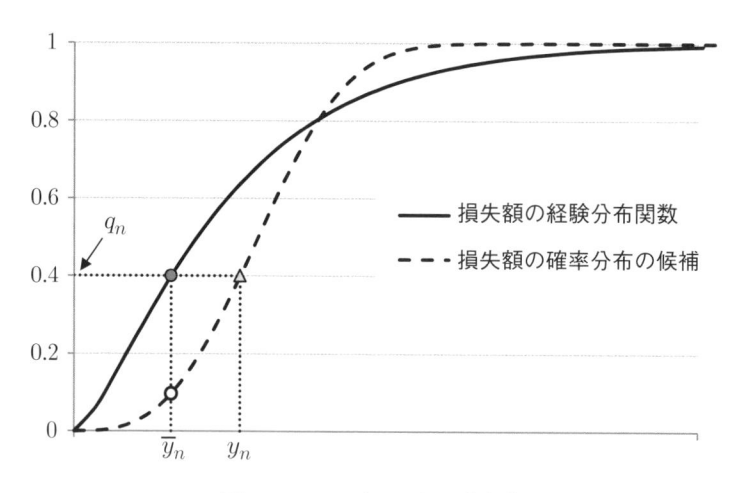

図 3.6　QQ プロットの考え方

---

[*]　q_n 分位数，$q_n \times 100$ パーセント点，$q_n \times 100$ パーセンタイルとも呼ぶ．

し，$F(\bar{y}_n)$ と $G(\bar{y}_n)$ を比較する方法が考えられる[*]．しかし，実際に $g(y)$ を設定し，手を動かして計算してみればすぐに気が付くことではあるが，$g(y)$ の設定として横軸のスケールを調節しなければならないため，非常に不便である．もう 1 つの方法は，図中の三角で示される $G(y_n) = q_n$ となるような y_n を計算する方法である．分布関数は $0 \le F(y) \le 1$ を満たす性質をもっているため，スケールを調節する必要がなく，$\bar{y}_n$ と y_n を比較することによって，確率分布の候補 $g(y)$ が損失額のデータに適合しているかを判断することができる．損失額のデータが確率分布 $g(y)$ に従う標本であれば，点 $(y_n, \bar{y}_n)$ $(n = 1, \cdots, N)$ は直線 $\bar{y} = y$ 上に並び，損失額のデータが確率分布 $g(y)$ を線形変換した分布に従う標本であったとしても，直線上に並ぶことに変わりはない．分位点 q_n および点 $(y_n, \bar{y}_n)$ $(n = 1, \cdots, N)$ の算出方法を導こう．いま，$\bar{y}_n$ の順序統計量を $\bar{y}_{(1)} \le \cdots \le \bar{y}_{(N)}$ とする．$\bar{y}_{(n)}$ の分位点 $q_{(n)}$ に関して，

$$q_{(n)} = F(\bar{y}_{(n)}) = \frac{n}{N}(n = 1, \cdots, N) \tag{3.4}$$

が成立する．$G(y_{(n)}) = q_{(n)}$ となるような $y_{(n)}$ の計算においては，$q_{(n)}$ をそのまま用いても良いが，

$$G(y_{(n)}) = \frac{n}{N + 1} \tag{3.5}$$

を満たすような $y_{(n)}$ を計算することが多い[**]．したがって，$y_{(n)}$ は $G(y)$ の逆関数 $G^{-1}(y)$ を用いて，

$$y_{(n)} = G^{-1}\left(\frac{n}{N + 1}\right) \tag{3.6}$$

により計算することができ，N 個の点 $(y, \bar{y}) = (y_{(n)}, \bar{y}_{(n)})$ $(n = 1, \cdots, N)$ を求めることができる．

　図 3.1 のデータと確率分布の候補 $g(y)$ の QQ プロットを図 3.7〜図 3.9 に示す．ただし，確率分布の候補 $g(y)$ として指数分布，ガンマ分布，対数正規分布を考えている．図より，損失額の分布として指数分布を選択すれば良いことが読み取れる．一方，図 3.3 のデータでは，図 3.10〜図 3.12 に示すように指数分布やガンマ分布ではなく対数正規分布を選択すれば良いことが読み取れる．また，QQ プロットからは分布の裾に関する重要な情報を読み取ることができ

---

[*]　PP プロット (Percentage - Percentage Plot) と呼ばれる．PP プロットは多変量分布を比較する際に用いられる．

[**]　$(n - 0.5)/N$ を用いる方法，$(n - 0.3)/(n + 0.4)$ を用いる方法など多数ある．

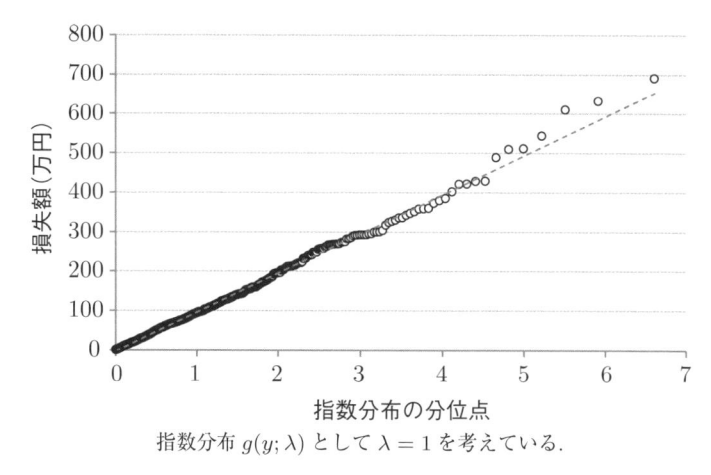

指数分布 $g(y; \lambda)$ として $\lambda = 1$ を考えている.

図 3.7 データその1と指数分布の QQ プロット

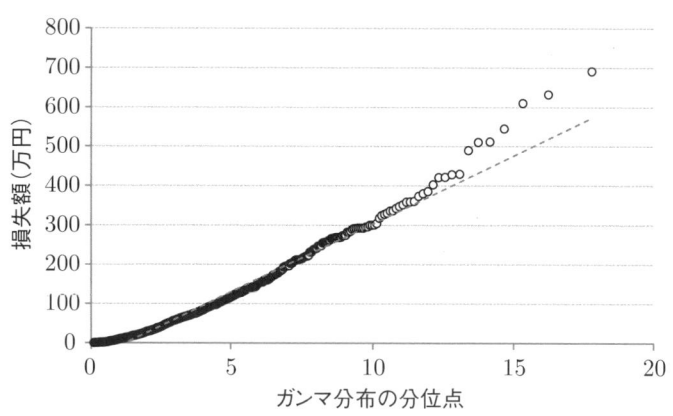

ガンマ分布 $g(y; \phi_1, \phi_2)$ として $(\phi_1, \phi_2) = (0.5, 0.5)$ を考えている.

図 3.8 データその1とガンマ分布の QQ プロット

る. QQ プロットにおいて図 3.9 のように曲線が右下に曲がる場合には,実際の損失額よりも候補として考えている分布の方が大きな値を多数持つということである. したがって,候補として考えている分布を選択すると,損失額の過大評価に繋がってしまう. 一方,図 3.10 のように曲線が右上に曲がる場合には,候補として考えている分布よりも実際の損失額の方が大きな値を多数持つということである. したがって,候補として考えている分布を選択すると,損失額を過小評価してしまうことになる. 損失額の過小評価には特に注意をしなければならないだろう.

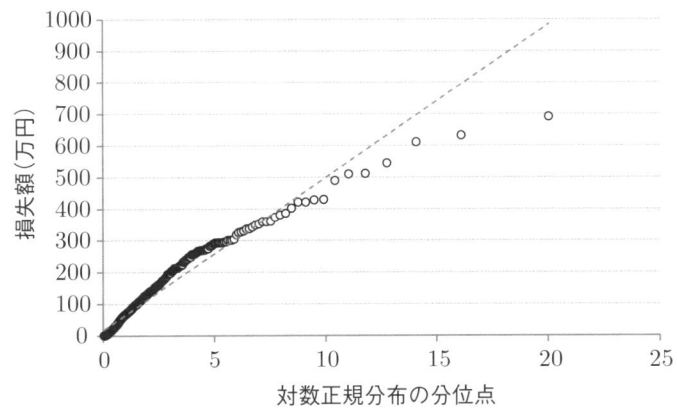

対数正規分布 $g(y; \mu, \sigma^2)$ として $(\mu, \sigma^2) = (0, 1)$ を考えている.

図 3.9 データその 1 と対数正規分布の QQ プロット

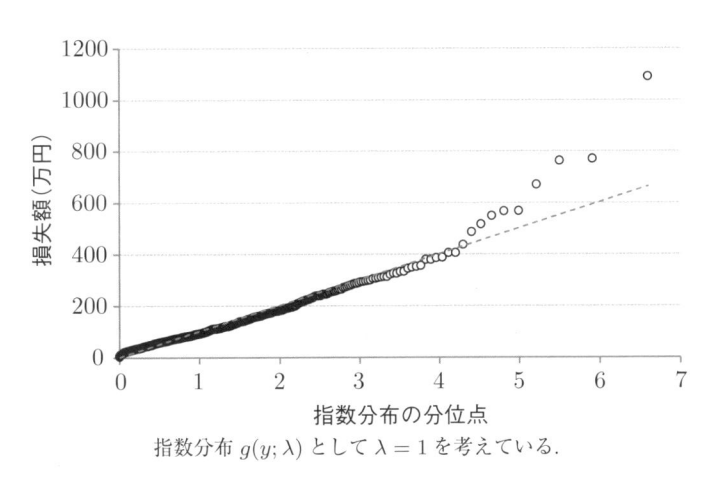

指数分布 $g(y; \lambda)$ として $\lambda = 1$ を考えている.

図 3.10 データその 2 と指数分布の QQ プロット

損失額のデータが従う分布 $g(y; \phi)$ を見つけることができれば, 損失額 $\bar{\boldsymbol{y}} = (\bar{y}_1, \cdots, \bar{y}_N)$ が観測される尤度関数 $\mathcal{L}(\phi; \bar{\boldsymbol{y}})$ を

$$\mathcal{L}(\phi; \bar{\boldsymbol{y}}) = \prod_{n=1}^{N} g(\bar{y}_n; \phi) \tag{3.7}$$

と定式化し, パラメータ ϕ を推定してやればよい.

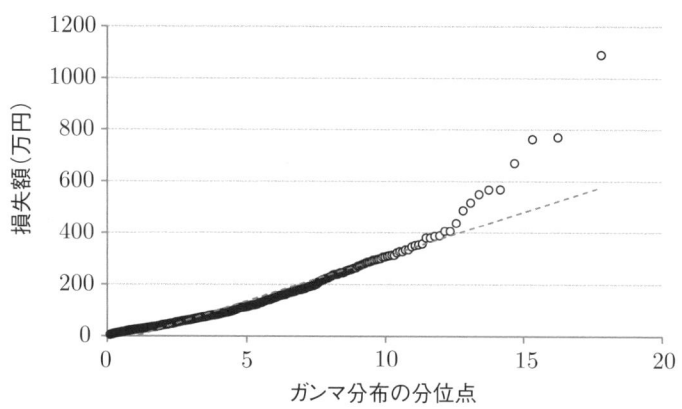

ガンマ分布 $g(y; \phi_1, \phi_2)$ として $(\phi_1, \phi_2) = (0.5, 0.5)$ を考えている.

図 3.11 データその 2 とガンマ分布の QQ プロット

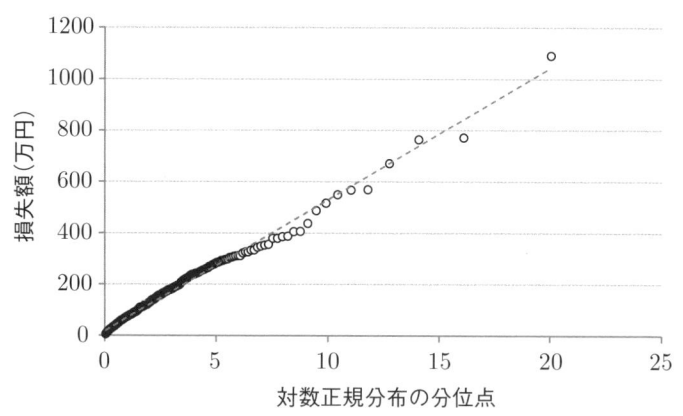

対数正規分布 $g(y; \mu, \sigma^2)$ として $(\mu, \sigma^2) = (0, 1)$ を考えている.

図 3.12 データその 2 と対数正規分布の QQ プロット

3.1.2 損失総額の予測

　損失額の確率分布 $g(y)$ を推定できれば，ある一定期間内における損失の総額を予測することができる．繰り返しになるが前提を確認しておこう．まず，時刻 t までに発生する事故の件数を X_t とし，n $(n = 1, \cdots, X_t)$ 件目の事故による損失額を Y_n としよう．X_t は，2 章で見てきたようにポアソン過程，あるいは混合ポアソン過程に従う確率変数であり，そのパラメータを推定できているとする．Y_n $(n = 1, \cdots, X_t)$ を互いに独立な確率変数であるとし，損失額 Y_n の従う分布 $g(y)$ も推定できているとする．また，X_t と Y_n は互いに独立であ

るとしよう．この時，期間 $[0,t]$ に発生する損失の総額

$$S(t) = \sum_{n=1}^{X_t} Y_n \tag{3.8}$$

を求めることが目的となる．いま，$X_t = x$ の時の損失総額の部分和 $S_x(t)$ $(x = 0, 1, 2, \cdots)$ を

$$S_0(t) = 0 \tag{3.9a}$$

$$S_x(t) = Y_1 + \cdots + Y_x \tag{3.9b}$$

とすると，損失総額 $S(t)$ の分布関数は，

$$P(S(t) \le s) = \sum_{x=0}^{\infty} P(S_x(t) \le s) P(X_t = x) \tag{3.10}$$

と表される．このように，損失総額 $S(t)$ の分布関数は非常に複雑な構造をしており，全ての部分和 $S_x(t)$ に関する分布関数を計算することは容易ではなく，損失総額 $S(t)$ の分布を正確に計算することは現実的ではない．本書では，損失総額 $S(t)$ を計算する方法として，期待値と分散を求める方法，およびシミュレーションにより分布を近似する方法を紹介しよう．

（1）　期待値と分散の計算

損失総額 $S(t)$ の期待値 $E[S(t)]$，および分散 $V[S(t)]$ を算出することを考えよう．まず，損失総額の期待値 $E[S(t)]$ は，

$$E[S(t)] = \sum_{x=0}^{\infty} E[S(t)|X_t = x] \cdot P(X_t = x) \tag{3.11}$$

と表せる．ただし，$P(X_t = x)$ は時刻 t までに発生する事故の件数 X_t が x 件となる確率を表す．ここで，$X_t = x$ のとき $S(t) = Y_1 + \cdots + Y_x$ より

$$E[S(t)|X_t = x] = xE[Y_n] \tag{3.12}$$

が成立する．よって式 (3.11) は

$$\begin{aligned} E[S(t)] &= \sum_{x=0}^{\infty} xE[Y_n] \cdot P(X_t = x) \\ &= E[X_t]E[Y_n] \end{aligned} \tag{3.13}$$

と変形できる．従って，損失総額の期待値は，事故の発生件数の期待値と損失額の期待値の積によって算出することができる．次に，損失総額の分散 $V[S(t)]$ を求めよう．分散 $V[S(t)]$ は，

$$V[S(t)] = E[S^2(t)] - E[S(t)]^2 \tag{3.14}$$

と表される．ここで，

$$\begin{aligned}
E[S^2(t)|X_t = x] &= V[S(t)|X_t = x] + E[S(t)|X_t = x]^2 \\
&= (V[Y_1] + \cdots + V[Y_x]) + (xE[Y_n])^2 \\
&= xV[Y_n] + x^2 E[Y_n]^2
\end{aligned} \tag{3.15}$$

が成立することに注意すると，

$$\begin{aligned}
E[S^2(t)] &= \sum_{x=0}^{\infty} E[S^2(t)|X_t = x] \cdot P(X_t = x) \\
&= \sum_{x=0}^{\infty} \left(xV[Y_n] + x^2 E[Y_n]^2 \right) \cdot P(X_t = x) \\
&= E[X_t]V[Y_n] + E[X_t^2]E[Y_n]^2
\end{aligned} \tag{3.16}$$

となる．従って，損失額の分散 $V[S(t)]$ は，

$$\begin{aligned}
V[S(t)] &= E[S^2(t)] - E[S(t)]^2 \\
&= E[X_t]V[Y_n] + E[X_t^2]E[Y_n]^2 - E[X_t]^2 E[Y_n]^2 \\
&= E[X_t]V[Y_n] + \left(E[X_t^2] - E[X_t]^2 \right) E[Y_n]^2 \\
&= E[X_t]V[Y_n] + V[X_t]E[Y_n]^2
\end{aligned} \tag{3.17}$$

と算出することができる．時刻 t までに発生する事故の件数 X_t が到着率 λ のポアソン過程に従うとした場合，損失総額 $S(t)$ は混合ポアソン過程に従い，ある一定の期間 $[0, t]$ における損失総額 $S(t)$ の分布は混合ポアソン分布に従う．その期待値および分散は，$E[X_t] = \lambda t$ かつ $V[X_t] = \lambda t$ が成立することに注意して，

$$E[S(t)] = \lambda t E[Y_n] \tag{3.18a}$$

$$\begin{aligned}
V[S(t)] &= \lambda t \left(V[Y_n] + E[Y_n]^2 \right) \\
&= \lambda t E[Y_n^2]
\end{aligned} \tag{3.18b}$$

と表される．

（2） モンテカルロ法を用いた数値計算

損失総額 $S(t)$ の期待値と分散はそれぞれ式 (3.13) と式 (3.17) を用いて計算できる．また，事故の件数 X_t がポアソン過程に従うとき，損失総額 $S(t)$ の期待値と分散は混合ポアソン分布を用いることにより容易に計算することができる．しかし，損失総額の分布を求めているのではないことに注意しよう．損失総額の期待値，分散のみではより詳細なリスク分析を実施することができない．ここでは，損失総額 $S(t)$ の分布を求める方法として，モンテカルロ法を用いた数値計算によって損害総額の分布を近似的に算出する方法を紹介しよう．モンテカルロ法は，簡単に述べると乱数列を用いた数値計算手法のことであり，1) 乱数列の生成，2) 乱数列を用いた計算，の 2 つの部分に分けて考えることができる．

モンテカルロ法により損失総額 $S(t)$ の確率分布を求める場合，以下の 3 つのステップを経て標本を求めることになる．事故の発生件数 X_t の確率分布と損失額 Y_n の確率分布がわかっているとしよう．まず，1) X_t の確率分布に従う m 個目の $X_{t,m}$ の標本を求める．つぎに，2) 損失額 Y_n の分布に従う $X_{t,m}$ 個の標本 $Y_{n,m}$ $(n = 1, \cdots , X_{t,m})$ を生成し，3) 生成した標本を用いて損失総額 $S(t)$ の m 個目の複製 $S_m(t)$ を

$$S_m(t) = \sum_{n=1}^{X_{t,m}} Y_{n,m} \tag{3.19}$$

により計算することができる．複製した $S_m(t)$ $(m = 1, \cdots , M)$ の相対頻度を用いて損失総額の分布を近似すればよい．複製数 M を大きくすればするほど近似の精度は向上する．

（3） 損失総額の計算例

時刻 t までに発生する事故の件数 X_t の従うポアソン過程の到着率が $\lambda_x = 1$ と推定され，$n(n = 1, \cdots , X_t)$ 件目の事故による損失額 Y_n はパラメータ $\lambda_y = 0.01$ の指数分布に従っていることが推定されたとする．このとき，損失総額 $S(t)$ を計算してみよう．

損失総額 $S(t)$ の期待値と分散は，混合ポアソン分布の期待値 (3.18a) と分散 (3.18b) の式を用いて容易に計算することができる．$E[Y_n] = 1/\lambda_y = 100$, $V[Y_n] = 1/\lambda_y^2 = 10000$ に注意すると，

$$E[S(t)] = \lambda_x t \frac{1}{\lambda_y}$$

$$= 100t \tag{3.20a}$$

$$V[S(t)] == \lambda_x t \left\{ \frac{1}{\lambda_y^2} + \left(\frac{1}{\lambda_y} \right)^2 \right\}$$

$$= 20000t \tag{3.20b}$$

となる. モンテカルロ法を用いた数値計算による近似も実施し, 損失総額 $S(t)$ の分布も確認しておこう. $t = 30$, 複製数 $M = 100000$ として損失総額の複製 $S_m(30)$ を作成の後, 階級の幅を 25 としてヒストグラムを作成した結果を図 **3.13** に示す. 数値計算による損失総額の期待値は 2996, 分散は 599789 であり, 混合ポアソン分布を用いて計算した理論値と大きく違わないことがわかる. また, 分布形を特定することにより, VaR や C-VaR を用いた詳細なリスク分析が可能となる.

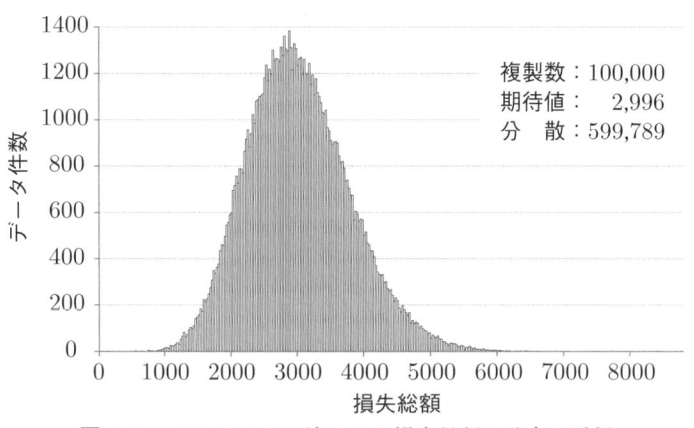

図 **3.13**　モンテカルロ法による損失総額の分布の近似

3.2　災害による損失の予測

　地震や水害に代表される自然災害による損失の計算においては, 前述までの計算ではうまくいかないことが多い. 地震, 台風, 豪雨などによる損失はそれぞれ, 地震動の規模, 最大風速, 降雨量や降雨強度など, 損失をもたらす自然現象の規模によって大きく異なってくる. 発生した自然現象がある程度以上の規模を持っていれば多くの国民が損失を被り, そうでなければ損失はほとんど生じないだろう. そのため, 自然災害によって生じる損失の大部分は小さな損失として記録に残ることになる. このことは, 標本の大部分が損失額が小さな

データであることを意味し，損失額が大きくなるような分布の裾を適切に推定することが困難となる．一方で，損失の総額を考えるときには，ごく一部の自然災害によって生じる多大な損失に大きな影響を受けることになる．すなわち，損失総額の計算においては損失額が大きくなる分布の裾に大きな影響を受けるため，損失額の分布の裾を適切に推定できていない場合，被害の大きさを過小評価してしまうことになる．一般的に，自然災害による損失を考える際には損失額の分布を直接推定するのではなく，規模 α の自然現象が生じる確率，規模 α の自然現象が生じた時に損失が生じる確率を考えて損失額を予測することが多い．自然災害による損失として主に構造物の破壊を対象とすると，規模 α に応じてその破壊の程度が大きく異なると考えることは合理的だろう．次節では，災害一般を対象とした災害による損失の予測方法を説明するが，のちに，**3.3** において，地震を対象とした損失予測の事例を紹介しよう．

災害リスク曲線

　災害による損失は，「規模 α の災害が発生する確率 $P_A(\alpha)$」，「規模 α の災害が発生した時の損失の規模 $D(\alpha)$」の積を，規模 α に関して積分することによって表される．後者はさらに損失の程度 j $(j = 1, \cdots, J)$ の発生確率 $p_j(\alpha)$ とその時の損失の規模 d_j を用いて

$$D(\alpha) = \sum_{j=1}^{J} p_j(\alpha) \times d_j \tag{3.21}$$

によって表される．ただし，$\sum_{j=1}^{J} p_j = 1$ である．すなわち，損失の予測として大きく，$P_A(\alpha)$ で表される災害の発生確率を予測する部分，$D(\alpha)$ で表される災害による損失の規模を予測する部分の 2 つ* にわけられ，$D(\alpha)$ はさらに $p_j(\alpha)$ $(j = 1, \cdots, J)$ を予測する部分へと分解される．規模 α の関数と見ることにより，$D(\alpha)$ は災害損失関数として定義される．また，$p_j(\alpha)$ は後述する災害フラジリティ曲線を用いて計算される．さらに，$P_A(\alpha)$ を「規模 α の災害が 1 年以内に発生する確率 $P_B(\alpha)$（年超過確率）」へと変換することにより，災害ハザード曲線 $P_B(\alpha)$ が定義される．

　災害による損失の予測において用いる災害ハザード曲線 $P_B(\alpha)$ と災害損失関数 $D(\alpha)$ は，ともに α の関数として表される．そこで，**図 3.14** に示すよう

---

　* $P_A(\alpha)$ は災害の危険度を表しており，$D(\alpha)$ は構造物やシステムの脆弱性を表している．

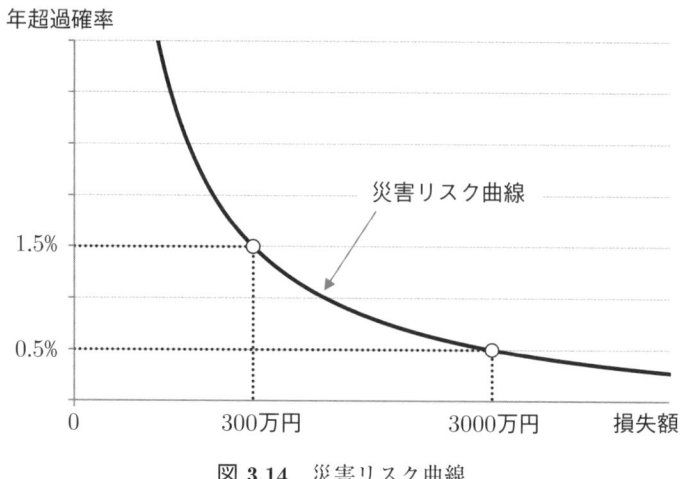

年超過確率

1.5%

0.5%

0 300万円 3000万円 損失額

災害リスク曲線

図 **3.14** 災害リスク曲線

に，α を仲介として，直接，年超過確率と損失の規模の関係性をグラフ化した **災害リスク曲線**を描くことができる．災害リスク曲線を用いることにより，図 **3.14** に示すように災害による損失の大きさと損失が生じる確率を直接的に求めることができる．また，災害の規模 α といった自然災害を特徴付ける項目を消去しているため，他の自然災害に対しても同様にしてリスク曲線を算出することにより比較，合算することが可能となる．

災害ハザード曲線

災害の規模 α を確率変数として考え，災害の発生記録を用いて α の確率密度関数 $f_\alpha(x)$，分布関数 $F_\alpha(x)$ を推定することを考えよう[*]．その際，**3.1** で示したように確率分布をあてはめる方法が考えられるが，災害の発生記録の大部分が日常生活において感じることのないほど微弱な規模の発生記録であることを考えると，分布の裾を正確に推定することは困難であろう．そこで，ある一定期間内において生じた災害の中でも最大の規模をもつ災害のデータ，あるいは災害の中でも比較的大きな災害のデータのみを用いて分布を推定することが考えられる．データを抜き出して分布を推定することに不安を覚えるかもしれないが，理論的に確立されている分析方法であるので安心して読み進めて欲しい．

---

[*] **2章**では規模が α と固定されたような災害に関して詳細に分析していたことになる．α が非常に大きいような災害に関しては，個別に分析した上で災害リスク曲線上にプロットし，曲線を修正していけばよい．

ブロック最大値法によるモデリング

　ある一定期間に発生した自然現象の件数を N とし，n $(n = 1, \cdots, N)$ 件目の自然現象の規模（以下，単純に規模と呼ぶ）を同一分布に従う独立な確率変数 Y_n $(n = 1, \cdots, N)$ としよう[*]．期間内に発生した規模 Y_n の中で最も大きな規模

$$M_N = \max\{Y_1, \cdots, Y_N\} \tag{3.22}$$

に焦点を当てる．N 個の規模のデータが 1 年間に得られた観測値である場合，M_N は 1 年間に発生した規模の最大値である．さて，M_N の分布関数は，確率変数 Y_n の分布関数 $F(x)$ を用いて

$$
\begin{aligned}
P(M_N \le x) &= P(Y_1 \le x, \cdots, Y_N \le x) \\
&= \prod_{n=1}^{N} P(Y_n \le x) \\
&= \{F(x)\}^N
\end{aligned}
\tag{3.23}
$$

となる．分布関数 $F(x)$ がわかれば M_N の分布関数を算出することができる．分布関数 $F(x)$ を求める方法としては，観測値から基本的な統計テクニックを利用することが考えられる．しかし，$F(x)$ を推定した際の小さな誤差が，$\{F(x)\}^N$ においては非常に大きな誤差となってしまうため，$F(x)$ を求めることは現実的ではない．そこで，$F(x)$ が未知であることを受け入れ，最大値のデータのみに基づいて $\{F(x)\}^N$ を推定できるような近似的なモデル族を探すことにする．これは，観測値データの平均の分布を中心極限定理を用いて標準正規分布で近似するという考え方と同様である．まず，$\{F(x)\}^N$ に関して，N の極限に関する挙動を見てみよう．N を 0 に近づけると $\{F(x)\}^N$ は 1 となり，N を ∞ に近づけると $\{F(x)\}^N$ は 0 となる．よって，分布は退化してしまう[**]．特に，データ数 N が大きくなると M_N の分布関数が 0 に退化していくという性質は望ましくない．そこで，パラメータ $a_N > 0$，b_N を用いて

$$\tilde{M}_N = \frac{M_N - b_N}{a_N} \tag{3.24}$$

---

[*]　災害の規模 α と同等の確率変数である．ここでは災害の規模に限定せず一般的な自然現象の規模に対してモデリングを行うため，α ではなく Y を用いている．

[**]　確率変数が 1 つの値のみを取るような確率分布を退化分布という．すべての目が同じ値となっているサイコロを振ったとき，出る目の確率分布は退化分布である．

と標準化しよう. a_N, b_N $(N = 0, 1, \cdots)$ は実数の数列である. 適切な数列 a_N, b_N を選択することにより $\tilde{M}_N$ は安定し, $\tilde{M}_N$ の極限の分布が

$$\lim_{N \to \infty} P \left\{ \frac{M_N - b_N}{a_N} \le x \right\} = \lim_{N \to \infty} \{ F(a_N x + b_N) \}^N = G(x) \quad (3.25)$$

のような非退化分布 $G(x)$ に収束することが知られている. この非退化分布 $G(x)$ は極値分布と呼ばれ, 以下の3つのタイプとして表現される.

$$
\begin{aligned}
\mathrm{I}: \quad & G(x) = \exp\left[-\exp\left\{ -\left(\frac{x-b}{a} \right) \right\} \right] \\
\mathrm{II}: \quad & G(x) = \begin{cases} 0 & (x \le b \text{ のとき}) \\ \exp\left\{ -\left(\frac{x-b}{a} \right)^{-\alpha} \right\} & (x > b \text{ のとき}) \end{cases} \\
\mathrm{III}: \quad & G(x) = \begin{cases} \exp\left[-\left\{ -\left(\frac{x-b}{a} \right)^{\alpha} \right\} \right] & (x < b \text{ のとき}) \\ 1 & (x \ge b \text{ のとき}) \end{cases}
\end{aligned} \quad (3.26)
$$

タイプIはガンベル型, タイプIIはフレシェ型, タイプIIIはワイブル型と呼ばれ, 各分布は位置パラメータ b, 尺度パラメータ a の2つのパラメータを含み, さらに, フレシェ型とワイブル型は形状パラメータ α を含んでいる. 分布関数 $F(x)$ に関わらず, $\tilde{M}_N$ の極限の分布は上記3つのタイプのいずれかに収束するということが注目すべき点であり, 先述した中心極限定理との類似点である. さらに, 3つのタイプの分布型を1つにまとめた一般化極値分布 (GEV分布) の分布関数は,

$$
G(x; \xi, \mu, \sigma) = \begin{cases} \exp\left[-\left\{ 1 + \xi\left(\frac{x-\mu}{\sigma} \right) \right\}^{-1/\xi} \right] & (\xi \ne 0 \text{ のとき}) \\ \exp\left[-\exp\left\{ -\left(\frac{x-\mu}{\sigma} \right) \right\} \right] & (\xi = 0 \text{ のとき}) \end{cases}
$$

$$(3.27)$$

と表現される. ただし, x は $1 + \xi(x-\mu)/\sigma > 0$ を満たす値を取り, 各パラメータは $-\infty < \mu < \infty$, $\sigma > 0$, $-\infty < \xi < \infty$ を満たす. 一般化極値分布は, 位置パラメータ μ, 尺度パラメータ σ, 形状パラメータ ξ をもつ分布族であり, $\xi > 0$ のときにはフレシェ型, $\xi = 0$ のときにはガンベル型, $\xi < 0$ のときにはワイブル型に一致する. GEV分布を用いることにより, ξ の推定を通して, 得られた観測値データがどのタイプの極値分布であるかを先見的な判断ではなくデータ自身によって判断することができる.

さて，これまでの議論において，ある一定期間における規模の最大値が GEV 分布に従うことを説明した．次に，観測開始時点 $t = 0$ から現時点 $t = T$ までに得られる実際の規模のデータ $\bar{y}_n (n = 1, \cdots, N)$ を用いて GEV 分布を推定する方法を考えよう．分布を推定するためには，規模の最大値を繰り返して観測する必要があることは明らかであり，期間 $[0, T]$ をいくつかの期間に分割しなければならないことは容易に理解できるだろう．そこで，期間長を T/m とする m 個の期間 $[0, T/m), [T/m, 2T/m), \cdots, [(m-1)T/m, T)$ に分割し，規模のデータを発生時期に応じて期間 $r = [(r-1)T/m, rT/m)$ $(r = 1, \cdots, m)$ に振り分ける．その結果，期間 r において，N_r 個の規模の観測値が得られ，それぞれの規模のデータを $\bar{y}_{1,r}, \cdots, \bar{y}_{N_r, r}$ と書き換えよう．このとき，

$$\sum_{r=1}^{m} N_r = N \tag{3.28}$$

であることに注意しよう．また，期間 r における規模の最大値のデータは $\bar{M}_{N_r} = \max\{\bar{y}_{1,r}, \cdots, \bar{y}_{N_r, r}\}$ によって表される．GEV 分布の確率密度関数 $g(x; \xi, \mu, \sigma)$ は $\xi \neq 0$ のとき

$$g(x; \xi, \mu, \sigma)$$
$$= \frac{1}{\sigma} \left\{ 1 + \xi \left(\frac{x - \mu}{\sigma} \right) \right\}^{-(1+1/\xi)} \exp\left[-\left\{ 1 + \xi \left(\frac{x - \mu}{\sigma} \right) \right\}^{-1/\xi} \right] \tag{3.29}$$

と表されるため，各期間において規模の最大値のデータ $\bar{M} = (\bar{M}_{N_1}, \cdots, \bar{M}_{N_m})$ が観測される対数尤度関数 $\log \mathcal{L}(\xi, \mu, \sigma; \bar{M})$ は

$$\log \mathcal{L}(\xi, \mu, \sigma; \bar{M}) = \sum_{r=1}^{m} g(\bar{M}_{N_r}; \xi, \mu, \sigma)$$
$$= -m \log \sigma - \left(1 + \frac{1}{\xi} \right) \sum_{r=1}^{m} \log \left\{ 1 + \xi \left(\frac{\bar{M}_{N_r} - \mu}{\sigma} \right) \right\}$$
$$- \sum_{r=1}^{m} \left\{ 1 + \xi \left(\frac{\bar{M}_{N_r} - \mu}{\sigma} \right) \right\}^{-1/\xi} \tag{3.30}$$

と表すことができる．この対数尤度関数を，$\sigma > 0$，かつすべての $\bar{M}_{N_r}$ に対して

$$1 + \xi \left(\frac{\bar{M}_{N_r} - \mu}{\sigma} \right) > 0 \tag{3.31}$$

を満たすという制約条件の下で最大化すればよい．

　観測値データを m 個のブロックに分割し，それぞれのブロックにおける最大値 M_{N_m} を用いて GEV 分布にあてはめているため，ブロック最大値法によるモデリングと呼ぼう．ただし，式 (3.30) を用いて最尤推定する場合，尤度関数が特殊な形をしている（一般的な正則条件を満たさない）ため，既往のコンピュータプログラム用いて推定結果を自動的に得られないことがあるので注意して欲しい．しかし，$\xi > -0.5$ の場合には最尤推定量を容易に求めることができ，推定量は一致性，漸近有効性を満たすことが知られている．

　期間の数 m と各期間 r $(r = 1, \cdots, m)$ に含まれるデータの数 N_r の関係 (3.28) を考えると，ブロック最大値法によるモデリングではバイアスと分散のトレードオフがあることがわかる．すなわち，m として大きな値をとると，パラメータの推定値の分散が小さくなる一方で，N_r の値が小さくなるために GEV 分布による規模の分布の近似精度が悪くなる．m として小さな値をとると，推定に用いるためのデータが少なくなり推定値の分散が大きくなる一方で，N_r の値が大きくなるために GEV 分布による規模の分布の近似がより正確なる．一般的に，期間の分割には 1 年における最大値など，注目している期間において自然な方法で分割することが望ましい．

閾値超過によるモデリング

　ブロック最大値法によるモデリングでは，期間を m 個に分割した後，各期間における規模の最大値しか利用しておらず，多くのデータを無駄にしていると感じられるだろう．そこで，ある一定水準の大きさを超える規模のデータをすべて利用するモデルを紹介しよう．ある一定水準の大きさとして閾値 u を考えると，閾値 u の超過分布

$$F_u(x) = P(Y_n - u < x \mid Y_n > u) \tag{3.32}$$

は，u が大きいときに一般化パレート分布 (GPD) に従うことが知られている[*]．GPD の分布関数は

$$H(x; \xi, \beta) = \begin{cases} 1 - \left(1 + \dfrac{\xi x}{\beta}\right)^{-1/\xi} & (\xi \neq 0 \text{ のとき}) \\ 1 - \exp\left(-\dfrac{x}{\beta}\right) & (\xi = 0 \text{ のとき}) \end{cases} \tag{3.33}$$

---

[*] 厳密に GPD に従うわけではないため，GPD による近似である．

と与えられる. β は尺度パラメータ, ξ は形状パラメータであり, $1 + \xi x/\beta > 0$ を満足する必要がある. また, $\xi = 0$ のときは指数分布となる. GPD の確率密度関数は,

$$h(x; \xi, \beta) = \begin{cases} \dfrac{1}{\beta} \left(1 + \dfrac{\xi}{\beta}x\right)^{-1/\xi - 1} & (\xi \neq 0 \text{ のとき}) \\[3mm] \dfrac{1}{\beta} \exp\left(-\dfrac{x}{\beta}\right) & (\xi = 0 \text{ のとき}) \end{cases} \tag{3.34}$$

であり, 平均は $\xi < 1$ の時に定義され

$$E[X] = \frac{\beta}{1 - \xi} \tag{3.35}$$

と表される.

　観測開始時点 $t = 0$ から現時点 $t = T$ までに得られる実際の規模のデータ $\bar{y}_n \ (n = 1, \cdots, N)$ を用いて GPD を推定する方法を考えよう. ブロック最大値法によるモデリングの時と異なり期間を分割する必要は無く, ある一定水準の大きさ u を超える規模のデータを整理し, GPD に当てはめれば良い. いま, 閾値 u を超える規模のデータのみを取り出し, $\bar{y}'_1, \cdots, \bar{y}'_{N_u}$ が得られたとする. 閾値 u の超過分布が GPD に従うことにより, 超過規模 $\bar{U}_r = \bar{y}'_r - u(r = 1, \cdots, N_u)$ を考える. このとき, 超過規模 $\bar{U} = (\bar{U}_1, \cdots, \bar{U}_{N_u})$ が観測される対数尤度関数 $\log \mathcal{L}(\xi, \beta; \bar{U})$ は

$$\begin{aligned} \log \mathcal{L}(\xi, \beta; \bar{U}) &= \sum_{r=1}^{N_u} \log h(\bar{U}_r; \xi, \beta) \\ &= -N_u \log \beta - \left(1 + \frac{1}{\xi}\right) \sum_{r=1}^{N_u} \log \left(1 + \frac{\xi \bar{U}_r}{\beta}\right) \end{aligned} \tag{3.36}$$

と定式化できる. この対数尤度関数を, $\beta > 0$, かつすべての $\bar{U}_r$ に対して

$$1 + \frac{\xi \bar{U}_r}{\beta} > 0 \tag{3.37}$$

を満たすという制約条件の下で最大化すればよい. 以上を閾値超過によるモデリングと呼ぶ.

　閾値の選択においては, 平均超過関数

$$e(u) = E(Y - u | Y > u) \tag{3.38}$$

を用いて判断する. 閾値 u に対する超過規模の分布が GDP の分布関数 $H(x; \xi, \beta)$ に従うとすると, 平均超過関数 $e(u)$ は $H(x; \xi, \beta)$ の平均を u の

関数として表していることになる. いま, 閾値を u として u の超過分布 $F_u(x)$ に $H(x; \hat{\xi}, \hat{\beta})$ を当てはめたとしよう. このとき, u よりも高い閾値 v に対して, $\tilde{F}_v(x) = 1 - F_v(x)$ として

$$
\begin{aligned}
\tilde{F}_v(x) &= \frac{\tilde{F}(v + x)}{\tilde{F}(v)} \\
&= \frac{\tilde{F}_u(x + v - u)}{\tilde{F}_u(v - u)} \\
&= \frac{\tilde{H}(x + v - u; \hat{\xi}, \hat{\beta})}{\tilde{H}(v - u; \hat{\xi}, \hat{\beta})} \\
&= \tilde{H}(x; \hat{\xi}, \hat{\beta} + \hat{\xi}(v - u))
\end{aligned}
\tag{3.39}
$$

となる[*]. したがって, より高い閾値に対しても超過分布は GPD のままであり, パラメータ ξ は変わらず β のみが閾値 v に対して線形に増大していく. また, 平均超過関数は式 (3.35), 式 (3.38), 式 (3.39) を用いて

$$
e(v) = \frac{\xi v}{1 - \xi} + \frac{\beta - \xi u}{1 - \xi}
\tag{3.40}
$$

と表される. すなわち, データが閾値超過によるモデリングを支持するのであれば, 閾値の値が大きくなるにつれて平均超過関数 $e(u)$ は線形となるはずである. そこで, 閾値を選択するため, 標本観測値 $\bar{y}_n \ (n = 1, \cdots, N)$ を用いて経験的な平均超過関数を

$$
e(u) = \frac{\sum_{r=1}^{N_u} \bar{U}_r}{N_u}
\tag{3.41}
$$

によって表した上で, 経験平均超過関数 $e(u)$ をグラフ上にプロットする[**]. その後, 線形部分の出発点を閾値 u として選択すればよい.

　ブロック最大値法によるモデリングでは, 標本観測値の最大値の分布を GEV 分布により近似して規模の分布を分析しているのに対して, 閾値超過によるモデリングでは, 超過規模の分布を GPD により近似して規模の分布の裾の部分を詳細に分析していることに留意しよう.

モデルの推計事例

　図 **3.15** は, 1883 年 1 月 1 日から 2018 年 12 月 31 日までの大阪市における 1 日の降水量 [mm] を表している. データ数 49673 個のうち欠測値は 3 個であっ

---

　[*]　$\tilde{H}(x) = 1 - H(x)$ としている.
　[**]　平均超過プロットと呼ばれる.

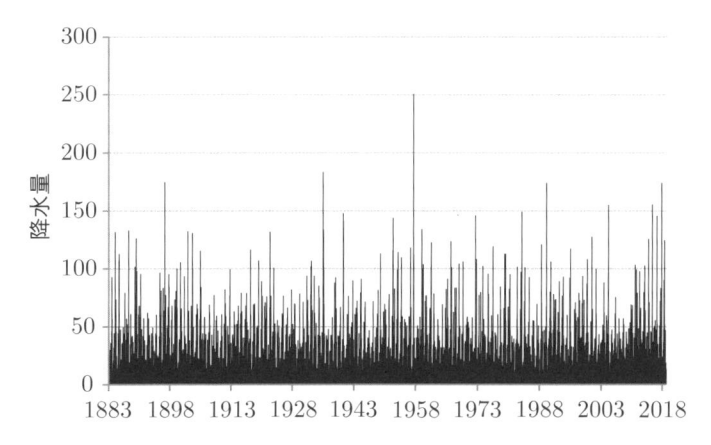

図 **3.15** 1883 年〜2018 年の大阪市における 1 日の降水量 [mm]

た．欠測値に関しては降水量を 0 [mm] とし，先述した 1) ブロック最大値法によるモデリングと 2) 閾値超過によるモデリングを行おう．

1) において，期間の分割として 1 年を選択し，最大値のデータを抜き出して図 **3.16** に示すように整理した．136 年分のデータであるため，サンプルサイズは 136 となった．モデルを推計したところ，GEV 分布 $G(x; \xi, \mu, \sigma)$ のパラメータは $\hat{\xi} = 0.05685, \hat{\mu} = 77.48, \hat{\sigma} = 24.45$ と推定された．モデルの推計に用いたデータの経験分布関数と GEV 分布 $G(x; \hat{\xi}, \hat{\mu}, \hat{\sigma})$ を比較した結果を図 **3.17**

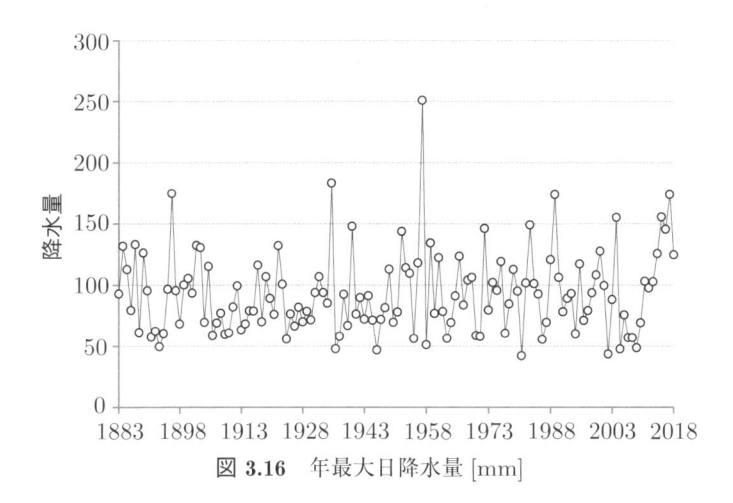

図 **3.16** 年最大日降水量 [mm]

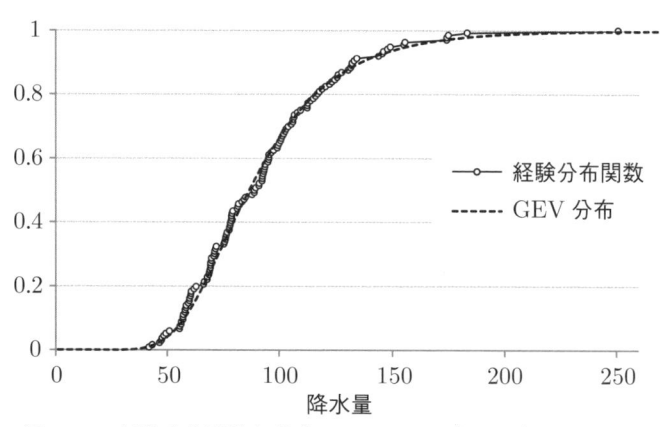

図 3.17　経験分布関数と推定した GEV 分布の分布関数の比較

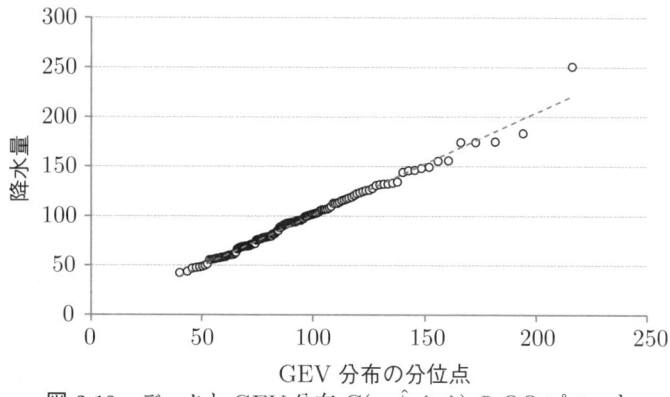

図 3.18　データと GEV 分布 $G(x; \hat{\xi}, \hat{\mu}, \hat{\sigma})$ の QQ プロット

に，データと GEV 分布の QQ プロットを**図 3.18** に示している[*]．両図より，1 年における最大の日降水量の分布を GEV 分布によって近似できていることがわかる．

　2) において，閾値 u を選択するために，経験平均超過関数を計算し，経験平均超過プロットを実施した．**図 3.19** に示すように，右端の方では少数のデータに対して平均を取っているため，線形とはならないことがほとんどである．

---

[*]　QQ プロットは 2 つの確率分布を視覚的に比較する手法であるため，データに適合する分布を探す以外にも，推定した分布がデータに適合しているかを確認する際にも用いられる．

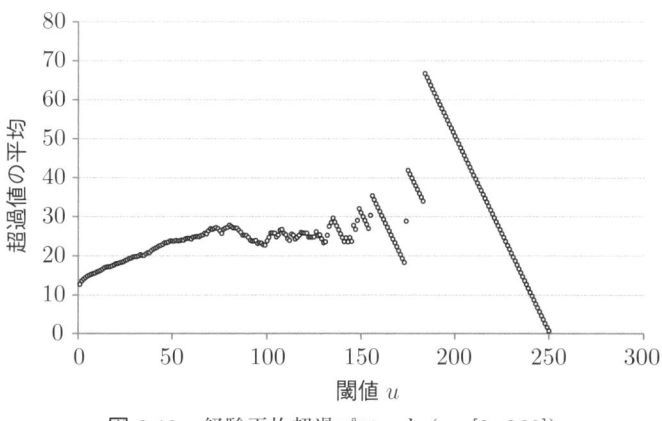

図 3.19　経験平均超過プロット (u=[0, 260])

降水量 200 [mm] を超えるデータは 1 個，降水量 100 [mm] を超えるデータは
65 個であり，データ数が十分ではないと考えられる．そこで，**図 3.20** に示す
ようにデータ量が十分であるような区間を拡大し，線形であるか否かを判断す
る．図より，おおよそ全区間にわたって線形であり傾きが正であることから，
正の形状パラメータ ξ をもつ GPD が全データに当てはまると考えられる．し
かし，$u = 35$ 付近において傾きが 0 となり，その後線形への復帰が見られるこ
とから，閾値として $u = 35$ を選択した[*]．GPD を推定するためのサンプルサ

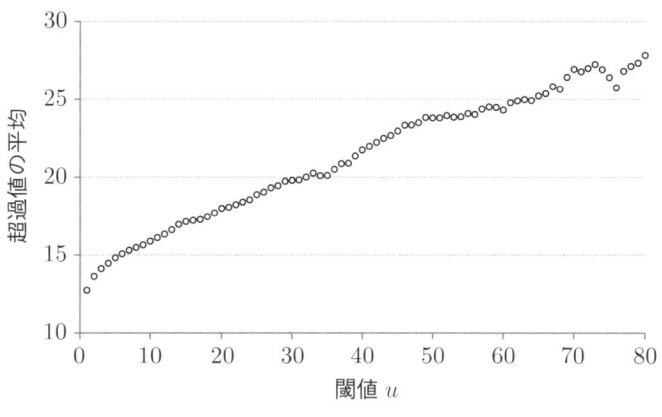

図 3.20　経験平均超過プロット (u=[0, 80])

---

[*]　平均超過プロットを読み解くことは難しいため，いくつかの閾値を選択して分析をし，
　結果を比較してみると良いだろう．

イズは 1125 となり，全データのうち 2 ％程度が閾値を超過している計算とな
る．モデルを推計したところ，GPD のパラメータは $\hat{\xi} = 0.1622, \hat{\beta} = 16.90$ と
推定された．モデルの推計に用いたデータの経験分布関数と GPD を比較した
結果を図 3.21 に，データと GPD の QQ プロットを図 3.22 に示している．両
図より，日降水量が 35 [mm] を超えた時の超過分布が GPD によって近似でき
ていることがわかる．

　推定した 2 つの分布の使い方を見ていこう．GEV 分布は同一分布に従う独
立な標本に対して最大値の従う分布であった．GEV 分布においてよく用いら
れる指標として再現期間 (return period) と再現水準 (return level) がある．再
現期間は事象の大きさを固定したときの事象の生起頻度であり，再現水準は事

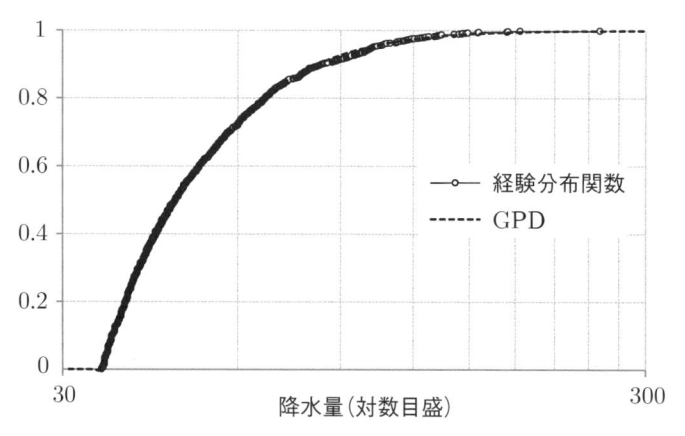

図 3.21　経験分布関数と推定した GPD の分布関数の比較

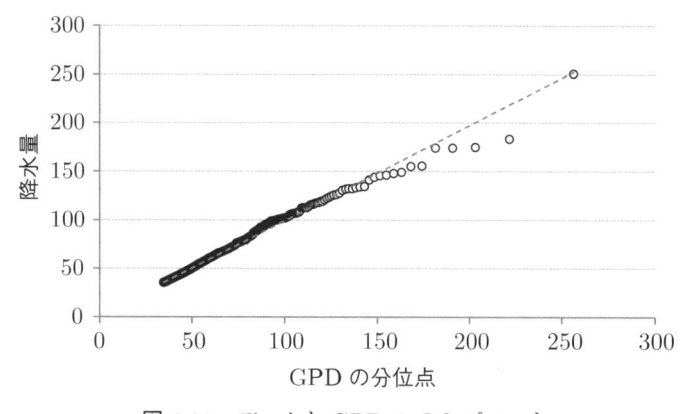

図 3.22　データと GPD の QQ プロット

象の生起頻度を固定したときの事象の大きさである．事象の生起頻度 t と事象の大きさ y には

$$G(y; \hat{\xi}, \hat{\mu}, \hat{\sigma}) = 1 - \frac{1}{t} \tag{3.42}$$

の関係が成立している．上式は，t に1度現れるような値が y であるという意味である[*]．したがって，式 (3.42) を変形して，再現期間 t° と再現水準 y° を

$$t^\circ = \frac{1}{1 - G(y; \hat{\xi}, \hat{\mu}, \hat{\sigma})} \tag{3.43a}$$

$$y^\circ = G^{-1}\left(1 - \frac{1}{t}; \hat{\xi}, \hat{\mu}, \hat{\sigma}\right)$$

$$= \begin{cases} \hat{\mu} + \dfrac{\hat{\sigma}}{\hat{\xi}}\left[\left\{-\log\left(1 - \dfrac{1}{t}\right)\right\}^{-\hat{\xi}} - 1\right] & \xi \neq 0 \text{ のとき} \\[2ex] \hat{\mu} + \hat{\sigma}\left[-\log\left\{-\log\left(1 - \dfrac{1}{t}\right)\right\}\right] & \xi = 0 \text{ のとき} \end{cases} \tag{3.43b}$$

のように表すことができる．ただし，$G^{-1}(\cdot)$ は関数 $G(\cdot)$ の逆関数を意味している．具体的に年最大日降水量が 150 [mm] となるような再現期間を計算してみると 16 年に1度だということがわかり，50 年に1度経験するような再現水準を計算してみると 184 [mm] ということがわかる．また，年超過確率は $1/t$ によって計算されるため，GEV 分布を用いるとハザード曲線 $P_B(y)$ は規模 y の関数として，

$$P_B(y) = 1 - G(y; \hat{\xi}, \hat{\mu}, \hat{\sigma}) \tag{3.44}$$

と表すことができる．

GPD はある一定水準 u の超過規模の分布 $F_u(x)$ を近似している分布であった．このことは，規模の分布 $F(x)$ を既知とした上で，分布 $F(x)$ の裾を詳細に分析するために裾のモデリングを実施していることを意味する．よって，GPD においては VaR や C-VaR を計算して評価することが一般的である．いま，$x \geq u$ に対して

$$\tilde{F}(x) = \tilde{F}(u)\tilde{F}_u(x - u)$$

$$= \tilde{F}(u)\left(1 + \xi\frac{x - u}{\beta}\right)^{-1/\xi} \tag{3.45}$$

---

[*] t 個の期間考えたとき，ただ1つ期間のみが超えるであろう水準が y である．

が成立していることに留意しよう. $\tilde{F}(u) = 1 - F(u)$ がわかれば信頼水準 ω における VaR_ω を，式 (3.45) の $\tilde{F}(x)$ に $1 - \omega$ を，x に VaR_ω を代入して変形することにより，

$$\mathrm{VaR}_\omega = u + \frac{\beta}{\xi} \left\{ \left(\frac{1-\omega}{\tilde{F}(u)} \right)^{-\xi} - 1 \right\} \tag{3.46}$$

と表すことができる. $\mathrm{C\text{-}VaR}_\omega$ は，式 (3.38)，式 (3.40) を用いると容易に計算でき，

$$\begin{aligned}
\mathrm{C\text{-}VaR}_\omega &= \mathrm{VaR}_\omega + E[X - \mathrm{VaR}_\omega \mid X > \mathrm{VaR}_\omega] \\
&= \mathrm{VaR}_\omega + e(\mathrm{VaR}_\omega) \\
&= \frac{\mathrm{VaR}_\omega}{1-\xi} + \frac{\beta - \xi u}{1-\xi}
\end{aligned} \tag{3.47}$$

と表せる. 以上より，$\tilde{F}(u)$ さえわかれば，パラメータの推定値 $\hat{\xi}$ と $\hat{\beta}$ を用いて，$x \geq u$ となる裾の部分の確率，VaR_ω，$\mathrm{C\text{-}VaR}_\omega$ を計算することができる. $\tilde{F}(u)$ に関しては，利用可能なデータから計算できる単純な推定量 N_u/N を用いればよい[*]. 実際に $\mathrm{VaR}_{0.99}$ と $\mathrm{C\text{-}VaR}_{0.99}$ を計算してみると，$\tilde{F}(u) = 1125/49673 = 0.9774$ として，$\mathrm{VaR}_{0.99} = 49.77$，$\mathrm{C\text{-}VaR}_{0.99} = 72.79$ となる. 年超過確率の計算には少し工夫がいる. 年超過確率は信頼水準 ω を用いて

$$P_B(y(\omega)) = 1 - \omega^{365} \tag{3.48}$$

と表すことができる. ω は日降水量が $y(\omega)$ を超えない確率であるため，1 年を 365 日と考え，全確率 1 から 365 日すべての日において日降水量が $y(\omega)$ を超えない確率を引き算しているのである. 一方，$y(\omega)$ は VaR_ω のことであるため，日降水量が VaR_ω の時の年超過確率が $P_B(\mathrm{VaR}_\omega)$ によって計算される. 両者は信頼水準である ω によって結びついており，ω を消去することによって規模 y と年超過確率の関係を導出することができる. したがって，式 (3.46)，式 (3.48) より，$\omega > 1 - N_u/N$ を満たす範囲の中で

$$P_B(y) = 1 - \left[1 - \tilde{F}(u) \left\{ (y-u)\frac{\hat{\xi}}{\hat{\beta}} + 1 \right\}^{-1/\hat{\xi}} \right]^{365} \tag{3.49}$$

---

[*] $\omega > 1 - N_u/N$ の部分に対してのみ VaR_ω と $\mathrm{C\text{-}VaR}_\omega$ を考えることができる.

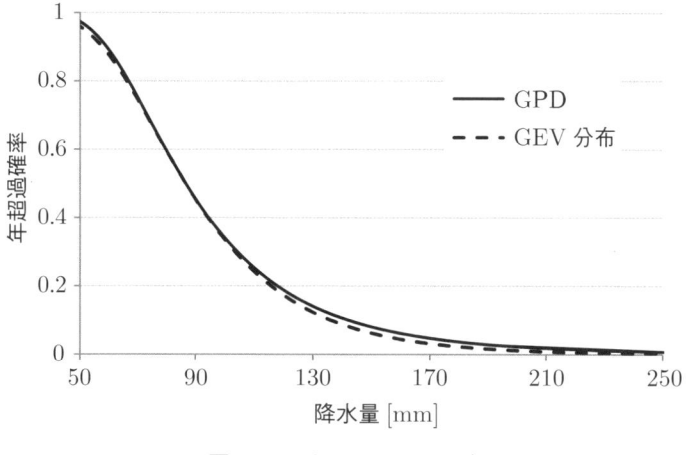

図 **3.23** 降雨ハザード曲線

となる. $\omega > 1 - N_u/N$ を満たすような y の範囲は $y = [35.00, \infty)$ であった. 参考までに GEV 分布と GPD を用いて近似したハザード曲線を図 **3.23** に示すので, 違いを見比べて欲しい.

3.3 地震による損失予測の事例

地震損失関数と地震フラジリティ曲線

地震損失関数 (Damage Function; DF) は地震が発生したときの損失の規模を表し, 地震の強さ α の関数として表される. 損傷の規模として損失率(構造物が全損したときに 1 を取る), あるいは損失額(復旧するための費用)が用いられる. DF の関数形の 1 つとして, 強さ α の地震が発生したときに構造物が受ける損傷の程度とその時の損失率を計算することによって表現する形があり,

$$D(\alpha) = \sum_{j=1}^{J} p_j(\alpha) \times d_j \tag{3.50}$$

のように表される. ただし, j は構造物の損傷の程度(小破, 大破など)を表し, $p_j(\alpha)$ は地震の強さが α の時に損傷の程度が j となる確率を, d_j は損傷の程度が j となった時の構造物の損失率を表している. $p_j(\alpha)$ は構造物の耐力, 脆弱性を表現した確率であり, α の関数として考えた時に地震フラジリティ曲線 (Seismic Fragility Curve; SFC) を用いて計算される. SFC は, 損傷の程度が状態 j 以上となる確率の分布関数であり, 例えば, 損傷の程度として損傷無

し $(j=1)$, 小破 $(j=2)$, 中破 $(j=3)$, 大破 $(j=4)$ の 4 つの状態を考えると SFC を 3 本引くことができ[*], SFC_2 は損傷の程度が小破以上となる確率を, SFC_3 は損傷の程度が中破以上となる確率を, SFC_4 は損傷の程度が大破以上となる確率を表す曲線となる. 図 **3.24** に 3 つの $\mathrm{SFC}_j (j=2,3,4)$ を示している. SFC を 1 つのグラフに同時にプロットすることにより, 損傷の程度が j となる確率 $p_j(\alpha)$ を簡単に計算することができることがわかるだろう. たとえば, 損傷無しとなる確率は 1 から小破以上となる確率を引けばよく, 小破となる確率は小破以上となる確率から中破以上となる確率を引けばよい. すなわち, 図 **3.24** は各損傷の程度が発生する確率分布図となっているのである. 地震の強さが $\bar{\alpha}$ のときに着目すると, 損傷無しの確率 $p_1(\bar{\alpha})$ は 0.10, 小破する確率 $p_2(\bar{\alpha})$ は 0.18, 中破する確率 $p_3(\bar{\alpha})$ は 0.70, 大破する確率 $p_4(\bar{\alpha})$ は 0.02 となり, 合計は 1 となる. 損傷の程度に応じた損失率 d_j を設定すると地震損失関数を導出することができる. 損傷無しのときには当然のことながら損失率 $d_1 = 0$ となる. その他の状態に対して損失率を $d_2 = 0.2$, $d_3 = 0.5$, $d_4 = 1$ とすると, 図 **3.25** に示すような DF が得られる. 地震の強さが $\bar{\alpha}$ のときには, $D(\bar{\alpha}) = 0.406$ となっていることを確認して欲しい.

　SFC や DF を推定する方法に対して篠塚等は, 1) 専門家による判断, 2) 準静的で示方書に準拠した分析, 3) 過去の地震被災データの利用, 4) 動的解析に基づく構造物の地震応答数値シミュレーション, の 4 つの方法に大別されるとしている [12]. 以下では, 過去のデータを用いて SFC を推定する方法と, その

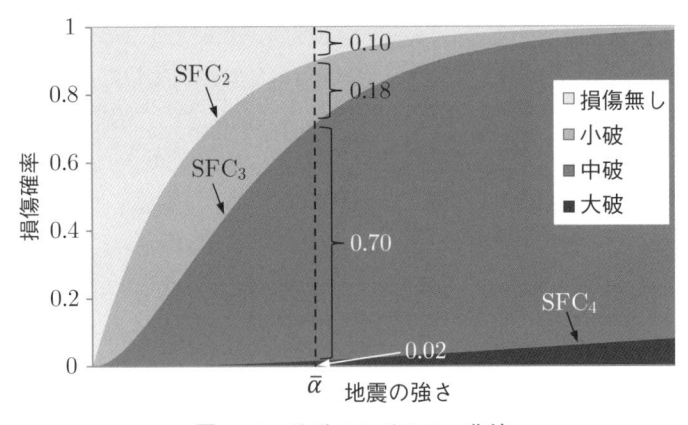

図 **3.24** 地震フラジリティ曲線

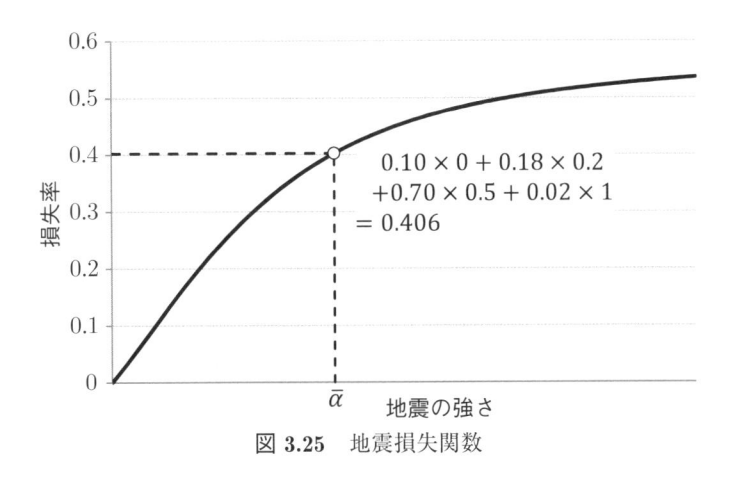

図 **3.25** 地震損失関数

事例を合わせて紹介する．DF は損失率 d_j を外生的に与える事によって SFC から容易に推定できる一方で，SFC を経由せずに過去の損失率のデータから直接推定する方法もあるが，本書では SFC 推定の記述までに留めておく．

地震フラジリティ曲線の推定例

望月と中村 [13] は，SFC の関数形を解析的な観点から対数正規分布として表すことができるとした上で，対数正規分布のパラメータを統計的手法によって推定した．

まず，SFC が対数正規分布として表現できることを見ていこう．構造物の損傷確率を表す SFC は，構造物の耐力 C と地震が発生したときの構造物の応答 A によって記述することができる．C と A を確率変数と置くと，損傷確率 P_f は応答が耐力を超える確率として

$$P_f = P(C < A) = P\left(\frac{C}{A} < 1.0\right) \tag{3.51}$$

のように表すことができる．耐力 C，応答 A はいずれも対数正規分布によって近似されることが一般的である．このとき，耐力と応答の比 $X = C/A$ の従う分布を考える．いま，$\log C$ の従う正規分布のパラメータを (μ_c, σ_c^2)，$\log A$ の従う正規分布のパラメータを (μ_a, σ_a^2) としよう*．このとき，$\log C - \log A = \log(C/A)$ はパラメータを $(\mu_c - \mu_a, \sigma_c^2 + \sigma_a^2)$ とする正規分布に従う．よって，$X = C/A$ の対数 $\log(C/A)$ が正規分布に従うことから確率変数 X は対数正規分布に従う

---

* 対数正規分布の概要は **2 章**で記述している．

ことがわかる. X の従う確率密度関数 $f(x)$ は

$$f(x) = \frac{1}{\sigma_x x} \phi \left(\frac{\log x - \mu_x}{\sigma_x} \right) \tag{3.52}$$

となる. ただし, $\phi(\cdot)$ は標準正規分布の確率密度関数を表し, $\mu_x = \mu_c - \mu_a$, $\sigma_x = \sqrt{\sigma_c^2 + \sigma_a^2}$ である. したがって, 損傷確率は式 (3.51) に従って式 (3.52) を区間 $[0, 1]$ に関して積分することによって算出することができる. また, 一般的にはパラメータとして μ の代わりに対数正規分布の中央値 $m = e^\mu$ が用いられるため, $\mu = \log m$ として損傷確率 P_f を定式化すると,

$$P_f = \int_0^1 \frac{1}{\sigma_x x} \phi \left(\frac{\log(x m_a) - \log m_c}{\sigma_x} \right) dx \tag{3.53}$$

となる. さらに $z = m_a x$ と変数変換すると, 損傷確率は地震の強さを表す応答の中央値 m_a の関数となる*. 同時に, $dz = m_a dx$ に注意して式 (3.53) を変形すると, 損傷確率は

$$P_f(m_a) = \Phi \left(\frac{\log m_a - \log m_c}{\sigma_x} \right) \tag{3.54}$$

のように標準正規分布の分布関数として表すことができる. $\Phi(\cdot)$ は標準正規分布の分布関数であり, SFC のパラメータは m_c と σ_x である.

望月と中村は, SFC のパラメータを推定するにあたって多項反応モデルを考えた. 損傷の状態として J 個の状態を考えると SFC は $J - 1$ 本引くことができる. また, 状態 1 を損傷なしの状態, 状態 $j + 1$ は状態 j よりも損傷の程度が大きいとし, 状態 J を大破 (全損) と考えよう. SFC が損傷の程度が状態 j 以上となる確率を表していることを考えると, 状態が j となる確率 $p_j(m_a)$ は,

$$p_j(m_a) = \begin{cases} 1 - \Phi \left(\dfrac{\log m_a - \log m_{c,2}}{\sigma_{x,2}} \right) & (j = 1 \text{ のとき}) \\[2ex] \Phi \left(\dfrac{\log m_a - \log m_{c,j}}{\sigma_{x,j}} \right) - \Phi \left(\dfrac{\log m_a - \log m_{c,j+1}}{\sigma_{x,j+1}} \right) \\[1ex] \hspace{4cm} (j = 2, \cdots, J - 1 \text{ のとき}) \\[2ex] \Phi \left(\dfrac{\log m_a - \log m_{c,J}}{\sigma_{x,J}} \right) & (j = J \text{ のとき}) \end{cases} \tag{3.55}$$

と表すことができる. ただし, $m_{c,j}, \sigma_{x,j}$ $(j = 2, \cdots, J)$ は損傷の程度が状態 j 以上となるような SFC のパラメータである. 式 (3.55) を多項反応モデルと

---

* m_a はこれまで説明に用いてきた地震の強さ α と同等である.

呼ぶ．各 SFC を 2 項反応モデルとして個別に推定した場合，観測結果が得られている地震の強さの領域以外は SFC による外挿となるが，外挿の範囲では SFC が交差し，小破よりも大破の方が生起しやすいという結果が生じることがある．これはパラメータ $\sigma_{x,j}$ が SFC によって異なる値をとることにより引き起こされる．よって，各状態の損傷の程度のばらつきを表すパラメータ $\sigma_{x,j}$ を同一の値として設定し，各状態に対応する SFC を同時に推定することができる多項反応モデルを用いるのである．

尤度関数を定式化しよう．いま，地震による被災のデータとして，情報サンプル $\bar{\xi}_k = (\bar{m}_{a,k}, \bar{\delta}_{j,k})\ (k = 1, \cdots, K)$ が得られたとしよう．ただし，$\bar{\delta}_{j,k}$ は損傷の程度を表すダミー変数であり，

$$
\bar{\delta}_{j,k} = \begin{cases} 1 & \text{損傷の程度が } j \text{ の時} \\ 0 & \text{それ以外の時} \end{cases} \tag{3.56}
$$

と定義する．このとき，地震による被災の全データセット $\bar{\Xi} = (\bar{\xi}_1, \cdots, \bar{\xi}_K)$ が観測される尤度関数 $\mathcal{L}(\boldsymbol{m}_c, \sigma_x; \bar{\Xi})$ は，

$$
\mathcal{L}(\boldsymbol{m}_c, \sigma_x; \bar{\Xi}) = \prod_{k=1}^{K} \prod_{j=1}^{J} \left\{ p'_j(\bar{m}_{a,k}) \right\}^{\bar{\delta}_{j,k}} \tag{3.57}
$$

となる．ただし，$\boldsymbol{m}_c = (m_{c,2}, \cdots, m_{c,J})$ であり，

$$
p'_j(\bar{m}_{a,k}) = \begin{cases} 1 - \Phi\left(\dfrac{\log \bar{m}_{a,k} - \log m_{c,2}}{\sigma_x} \right) & (j = 1 \text{ のとき}) \\ \Phi\left(\dfrac{\log \bar{m}_{a,k} - \log m_{c,j}}{\sigma_x} \right) - \Phi\left(\dfrac{\log \bar{m}_{a,k} - \log m_{c,j+1}}{\sigma_x} \right) \\ \hspace{4cm} (j = 2, \cdots, J - 1 \text{ のとき}) \\ \Phi\left(\dfrac{\log \bar{m}_{a,k} - \log m_{c,J}}{\sigma_x} \right) & (j = J \text{ のとき}) \end{cases} \tag{3.58}
$$

である．

望月と中村は兵庫県南部地震において被災した 443000 棟の建物の被災データを元に，2 階以下の戸建て住宅（以下，低層戸建住宅と呼ぶ）と 3 階以上の集合住宅・商業用建物（以下，中高層住宅と呼ぶ）を抽出し，多項反応モデルを推計した．低層戸建住宅の大半は木造住宅であり，中高層住宅は RC 造や鉄骨造などの一般のビル建築に相当する．損傷状態は損傷無し（$j = 1$），小破（$j = 2$），中破（$j = 3$），大破（$j = 4$）の 4 段階に分類されている．また，SFC は

構造物の振動による損傷を対象としていることから，大規模な液状化が発生したと判断される地区の情報をすべて除外し，最終的に低層戸建住宅と中高層住宅のサンプルサイズはそれぞれ 239817 と 21130 となっている．地震の強さの指標としては地表面最大加速度 (PGA) を用い，観測値として最小値 267[Gal]，最大値 757[Gal] が得られている．多項反応モデルの推計結果を**表 3.1** に示す．また，低層戸建住宅と中高層住宅の SFC を**図 3.26** と**図 3.27** に示す．SFC を推定することができれば，損傷の程度が j となったときの損失率 d_j を外生的に与える事によって容易に DF を推定できることができる．このようにして求めた DF は地震の強さの関数となっているため，年超過確率[*]を別途推定し，地震の強さの項を消去することにより地震リスク曲線を求めればよい．

表 3.1　多項反応モデルの推計結果
(出典)「第 2 回リアルタイム地震防災シンポジウム論文集」
(多項反応モデルによる地震時損傷度曲線の統計的推定(望月，中村))

建物種別	パラメータ			
	$m_{c,2}$	$m_{c,3}$	$m_{c,4}$	σ_x
低層戸建住宅	449	701	895	0.501
中高層住宅	707	1128	1515	0.672

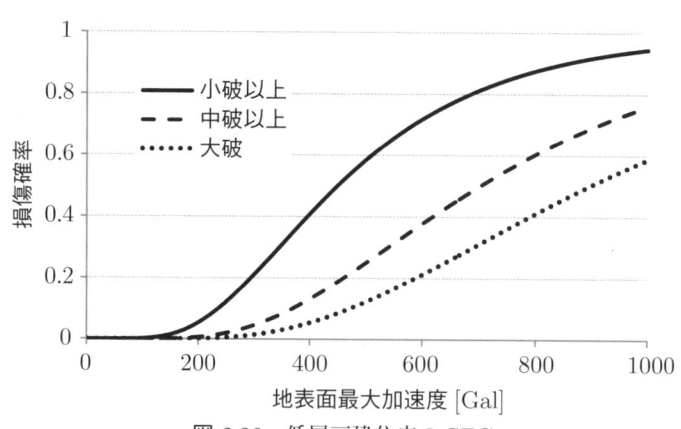

図 3.26　低層戸建住宅の SFC
(出典)「第 2 回リアルタイム地震防災シンポジウム論文集」
(多項反応モデルによる地震時損傷度曲線の統計的推定(望月，中村))

---

[*]　推定方法は **3.2** を参照して欲しい．

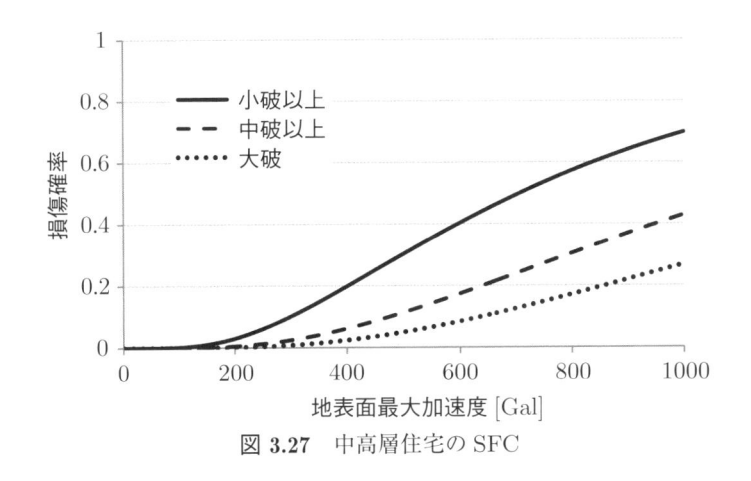

図 **3.27** 中高層住宅の SFC

 Coffee break： 裾の重い分布，裾の軽い分布

　損失額のデータに確率分布を当てはめるとき，確率分布の候補をどのように選ぶべきであろうか？ 知っている分布を片っ端から当てはめていくのが手っ取り早いが，どの辺りで候補探しを止めればよいかの判断がつかないだろう．ある保険会社に勤める A さんと B さんは，大災害のための新しい保険の金額を設定するために過去のデータを用いて損失額の分布を推定しようとしていた．A さんは，損失額が負になることはないからと指数分布，ガンマ分布，切断正規分布を考え，満足して候補探しを終えた．一方で，慎重な B さんはさらに対数正規分布，ワイブル分布，…，ベンクタンダー・ジブラ分布と，A さんにとってはあまり馴染みのない確率分布にまで手を広げていた．A さんは無駄な努力だと B さんを嘲笑していたが，果たして本当にそうだろうか？ 損失額の確率分布の候補を効率よく探すためには，裾の重い分布に属する確率分布と裾の軽い分布に属する確率分布の代表的な数個を選べばよい．裾の判定にはある損失額 u が発生したときに u を超える損失超過額の期待値 $e(u) = E(Y - u|Y > u)$ を用いる．これは平均超過関数と呼ばれるものである．u を無限に大きくしていったときに $e(u)$ が無限に近づいていくのであれば裾の重い分布，0 を含めた一定値に収束するのであれば裾の軽い分布となる．A さんが候補とした3つの分布はすべて裾の軽い分

布に属し，ワイブル分布はパラメータによってどちらにも属することが
あり，対数正規分布とベンクタンダー・ジブラ分布は裾の重い分布であ
る．裾の重い分布は u を大きくしていっても中々確率密度が 0 に近づか
ず，非常に大きな u を取る可能性があるため，損失額の分布が裾の重い
分布に従う場合には注意が必要となる．さて，A さんは裾の軽い分布の
みを候補としたので，損失額の分布が裾の重い分布だった場合にはもの
すごい損失を出しそうである．しかも，かわいそうなことに大災害によ
る損失額の分布はほぼ全て裾の重い分布に当てはまるのだ．

演習問題

1. ある都市における 1 年間の事故の発生件数が平均 100 のポアソン分布に従い，事
故により平均 120 万円，標準偏差 50 万円の損失が生じるとする．このとき，1 年
間の事故による損失額の期待値と標準偏差を求めよ．

2. 年最大日降水量の GEV 分布を推定した結果，以下の表に示すような推定結果が
得られた．問いに答えよ．

表 1 GEV 分布の分布関数

年最大日降水量 (y[mm])	分布関数 $G(y; \hat{\xi}, \hat{\mu}, \hat{\sigma})$
100	0.665
150	0.938
200	0.988
250	0.997

(a) 年最大日降水量 150 [mm] の再現期間を求めよ．

(b) 年最大日降水量 100 [mm] の年超過確率を求めよ．

(c) 333 年に 1 度経験するような年最大日降水量を求めよ．

3. サンプルサイズを 50000 とする日降水量のデータに対し，日降水量が 40 [mm] を
超えるデータ 5000 件を用いて GPD を推定したところ，形状パラメータ $\hat{\xi} = 0.1$，
尺度パラメータ $\hat{\beta} = 20$ が得られた．以下の問いに答えよ．

(a) $\text{VaR}_{0.95}$，$\text{VaR}_{0.99}$ を求めよ．ただし，$0.5^{-0.1} = 1.07$，$0.1^{-0.1} = 1.26$ と
する．

（b）　C-VaR$_{0.95}$，C-VaR$_{0.99}$ を求めよ．

（c）　日降水量が VaR$_{0.95}$ のときの月超過確率を，日降水量が VaR$_{0.99}$ のときの年超過確率を求めよ．

4.　A さんは自然災害に備えて住宅を補強するかどうかを悩んでいる．以下の表に示すように，規模 α の自然現象が生じた際，住宅が被る損傷度の発生確率とその損傷度における損失率に関するデータが得られているとする．簡単のため，自然現象は規模 α のものしか生じないと考え，以下の問いに答えよ．

表 2　A さんが所持しているデータ

	SFC に関するデータ			DF に関するデータ
	補強なし	補強 a	補強 b	損傷度 j のときの損失率
損傷度 1	0.3	0.4	0.45	0
損傷度 2	0.5	0.45	0.45	0.2
損傷度 3	0.15	0.13	0.09	0.5
損傷度 4	0.05	0.02	0.01	1
補強費用	−	150（万円）	300（万円）	−
住宅価格	4000（万円）			

（a）　補強をしない，補強 a を実施，補強 b を実施，それぞれのケースにおいて，自然現象が生じた時の住宅の損失率を求めよ．

（b）　A さんが取るべき行動を示せ．ただし，損失率は住宅価格に対する損失額の割合を表すとし，補強を実施しても住宅価格は変化しないとする．

第4章

寿命を予測しよう（1）

4.1 寿命を表現するには？

　前章までにおいては，事故や災害の発生を予測し，それによってもたらされる損失額を予測する方法を説明してきた．本章では，「寿命」に着目し，事象が発生するまでの時間を予測する方法を詳しく見ていく．しかし，「寿命」を分析するための基本的な考え方は，既に2章において説明されていることに気付いているだろうか？　本章では寿命を予測するための統計モデルを定式化，推定する方法を説明する．

　はじめに，本書における「寿命」という言葉の使い方を定義しておこう．「寿命」と言っても，それが人のものであるか，それが家電製品などのものであるかは重要ではない．人間の寿命であれば，人が生まれてから死ぬまでの時間であり，家電製品などの寿命であれば，使用開始から使用不能となるまでの時間である．すなわち，本書においては，対象としているものが生存している（使用可能である）期間のことを「寿命」という．さて，寿命の予測において大事なのは，「いつ」死を迎えるのかという視点である．2章において説明した大規模な地震の発生予測モデルを思い出して欲しい．そこでは，事象が発生する「時間間隔」に着目してモデル化を行った．大規模な地震が発生してから，次に大規模な地震が発生するまでの時間間隔を予測しようとモデル化をしたのであるが，少し考えると，この時間間隔がまさに寿命を指しているということがわかるだろう．決定的な違いは，大規模な地震は繰り返し何度も起こり得るが，人や物は一度死を迎えると二度目の死を迎えることなどない，ということである．しかし，私たちが統計分析を実施する際には「時間間隔」も「寿命」も同

列にして扱うことができる．すなわち，私たちは既に寿命を表現するための知識を備えているということである．以下では，寿命 X を一様な集団からランダムに抽出される確率変数とし，この確率変数 X の分布を特徴付ける関数を説明していく．

4.1.1 生存関数

ある個体が年齢 x まで生存している確率を表すのが生存関数である．生存関数という言葉は，個人の余寿命の分析や，時間の経過により市場価値が下落する対象の分析に由来している．生存関数 $S(x)$ は，

$$S(x) = P(X \geq x) \tag{4.1}$$

によって表される．時点 x における生存関数 $S(x)$ は，少なくとも x 年生存する確率を意味している．定義域は $[0,1]$ であり，x に関して減少関数である．$x = 0$ においては必ず生存しているため，$S(0) = 1$ であり，x の増加とともに値は減少し，漸近的に 0 に近づく．X が連続確率変数であるとき，生存関数 $S(x)$ は，寿命の累積分布関数 $F(x) = P(X \leq x)$ の補集合であり，

$$S(x) = 1 - F(x) \tag{4.2}$$

の関係が成立している．また，式 (4.2) より，生存関数の一次導関数は，

$$\frac{dS(x)}{dx} = -f(x) \tag{4.3}$$

であり，寿命の確率密度関数 $f(x)$ をマイナス倍したものと等しくなる．

4.1.2 ハザード関数

年齢 x まで生存した個体が，次の瞬間に死を迎える確率を表すのがハザード関数である．ハザード関数の概念は様々な研究分野で利用されており，別の名前で用いられることも多い．例えば，人口統計学の分野では瞬間的死亡率として用いられている．考え方としては極めて直感的であり，x 歳における瞬間的死亡率は，人が x 歳に到達して間もなく死ぬ確率として定義されており，年齢 x の関数として，

$$\lambda(x) = \lim_{dx \to 0} \frac{1}{dx} P(x \leq X < x + dx | X \geq x) \tag{4.4}$$

と表される．$x + dx$ は，年齢 x に対して微少の時間を加える操作を意味する．一般的に，ハザード関数（ハザード率）は瞬間的死亡率と同様の方法で定義され

る．しかし，瞬間的死亡率は，人の生存期間を対象とするのに限るが，ハザード関数は，人以外も対象とする．したがって，時点 x におけるハザード関数は，時点 x まで持続し，間もなく持続時間を終える確率として評価される．生存関数の観点から確率を表現すると，ハザード関数と生存関数の関係は以下のように表すことができる．

$$\begin{aligned}
\lambda(x) &= \lim_{dx \to 0} \frac{1}{dx} \frac{P(x \leq X < x + dx)}{P(X \geq x)} \\
&= \lim_{dx \to 0} \frac{1}{dx} \frac{S(x) - S(x + dx)}{S(x)} \\
&= -\frac{1}{S(x)} \frac{dS(x)}{dx} \\
&= \frac{f(x)}{S(x)}
\end{aligned} \tag{4.5}$$

さらに，ハザード関数を

$$\lambda(x) = -\frac{1}{S(x)} \frac{dS(x)}{dx} = -\frac{d \log S(x)}{dx} \tag{4.6}$$

と変形することにより，生存関数をハザード関数の積分形として

$$S(x) = \exp\left[-\int_0^x \lambda(u)\, du\right] \tag{4.7}$$

のように表すことができる．

4.1.3 期待余寿命

年齢 x まで生存した個体が，その後に死を迎えるまでの平均時間を期待余寿命といい，

$$r(x) = E[X - x | X \geq x] \tag{4.8}$$

と表される．期待余寿命は，寿命 x によって特徴づけられる．この意味において，期待余寿命は，生存関数，ハザード関数，寿命の確率密度関数，寿命の累積分布関数と同様である．したがって，以下で，変数 x を用いて期待余寿命と生存関数の 1 対 1 の対応関係を導こう．期待余寿命 $r(x)$ は，施設の生存関数 $S(x)$，寿命の確率密度関数 $f(x)$ を用いて，

$$r(x) = \int_x^\infty (u - x) \frac{f(u)}{S(x)}\, du \tag{4.9}$$

と表される．ここで，生存関数 $S(x)$ と寿命の確率密度関数 $f(x)$ の間に $dS(x)/dx = -f(x)$ の関係が成立していることを利用し，部分積分を行うと，

$$r(x) = -\frac{1}{S(x)} \int_x^\infty (u-x)\, dS(u)$$

$$= \left[-\frac{S(u)}{S(x)}(u-x) \right]_x^\infty + \frac{1}{S(x)} \int_x^\infty S(u)\, du$$

$$= \frac{1}{S(x)} \int_x^\infty S(u)\, du \tag{4.10}$$

となる．さらに，初期時点 $x = 0$ における個体の期待余寿命は，

$$r(0) = E(X) = \int_0^\infty S(u)\, du \tag{4.11}$$

と表せる．

Coffee break： 平均寿命と平均余命

　2017 年の日本人の平均寿命は女性が 87.26 歳，男性が 81.09 歳となり，過去最高を更新した．2000 年の日本人の平均寿命は女性が 84.60 歳，男性が 77.72 歳であったことを考えると，少しずつではあるが，まだまだ日本の平均寿命は伸びていくように感じられる．平均寿命が過去最高を更新したことに対して，60 歳を迎えた男性が「平均的にはあと 21 年ほど生きられるのか」と呟いたところ，横にいた同僚が「それは違うよ，その引き算は間違っている」と反応した．さて，何が間違っているかわかるだろうか？ 平均寿命と耳にすると，我々の平均的な寿命だと頭の中で考え，自然と引き算をしてしまいがちである．しかし，平均寿命は我々の平均的な寿命を表しているのではない．平均寿命とは，0 歳における平均余命のことを表しているのである．また，年齢 x 歳における平均余命とは「年齢 x まで生存した個体が，その後に死を迎えるまでの平均時間」であり，本書において定義した期待余寿命と同一である．よって，60 歳を迎えた男性が注目すべきなのは，0 歳児の平均的な寿命を表す平均寿命ではなく，60 歳における平均余命である．同僚がこのことを説明すると，男性は平均余命表（厚生労働省 平成 29 年簡易生命表より）を見ながらこう言ったという．「2017 年における 60 歳の平均余命は 23.67 年か．では 83 歳の平均余命はと…，7 年ぐらいか．では 90 歳の平均余命はと…，4 年ぐらい．では 94 歳の…，俺は死なないのか！？」

4.2 寿命予測モデル

4.2.1 寿命予測モデルの定式化

寿命を予測するモデルを組み立ててみよう．これまで，確率変数 X の分布を特徴付ける関数（生存関数 $S(x)$，ハザード関数 $\lambda(x)$ など）の形式をいずれか一つでも決定すれば，残りの関数も簡単に算出できることを見てきた．したがって，寿命予測モデルを組み立てるためにはいずれか一つを決めてやればよい．イメージしやすい例を用いて考えてみよう．ハザード関数は「年齢 x まで生存した個体が，次の瞬間に死を迎える確率」という意味を持つと説明した．それでは，$x_1 > x_2$ である場合，年齢 x_1 と年齢 x_2 とではどちらが死を迎える確率が大きいと考えられるだろうか．一般的には高齢であればあるほど死を迎える確率が大きいと考えられる．よって，x が大きくなればなるほどハザード関数の値（ハザード率）が大きくなるようにハザード関数を決定してやれば良い．実はこのハザード関数の形に関して，**2 章**においてすでに紹介しているのにお気づきだろうか．**2 章**において待ち時間分布の候補としてあげたワイブル分布がまさにそれである．年齢 x に比例してハザード率が大きくなるような関数であり，

$$\lambda(x) = \theta m x^{m-1} \tag{4.12}$$

のように表現できる．$\lambda(x)$ を，または，$\lambda(x)$ を用いて算出した $S(x)$, $f(x)$ も含めて寿命予測モデルと呼ぼう*．寿命予測モデルの中でも，式 (4.12) では $\lambda(x)$ の関数形を時間の経過と共にハザード率が大きくなるように決定しており，生物の寿命を記述するのに適しているといえる．さて，ここで寿命予測モデルとして用いられる代表的な 2 つのモデルを紹介しよう．

指数ハザードモデル

ハザード関数の形を

$$\lambda(x) = \theta \tag{4.13}$$

のように，ハザード率が常に一定となるように決定したとき，生存関数 $S(x)$ と寿命の確率密度関数 $f(x)$ はそれぞれ

$$S(x) = \exp(-\theta x) \tag{4.14a}$$

$*$　ハザード関数を用いたモデルであるため，単にハザードモデルと呼ぶことも多い

$$f(x) = \theta \exp(-\theta x) \tag{4.14b}$$

のように表現でき，$f(x)$ が指数分布となることから指数ハザードモデルと呼ばれる．指数ハザードモデルにおいて推定すべきパラメータは θ である．また，初期時点における期待余寿命は式 (4.11) を用いて，

$$E(X) = \frac{1}{\theta} \tag{4.15}$$

となる．

ワイブルハザードモデル

ハザード関数の形を

$$\lambda(x) = \theta m x^{m-1} \tag{4.16}$$

のように，ハザード率が時間の関数となるように決定したとき，生存関数 $S(x)$ と寿命の確率密度関数 $f(x)$ はそれぞれ

$$S(x) = \exp(-\theta x^m) \tag{4.17a}$$

$$f(x) = \theta m x^{m-1} \exp(-\theta x^m) \tag{4.17b}$$

のように表現でき，$f(x)$ がワイブル分布となることからワイブルハザードモデルと呼ばれる．ワイブルハザードモデルにおいて推定すべきパラメータは尺度に関する未知パラメータ θ と，形状に関する未知パラメータ m である．$m = 1$ の時，ワイブルハザードモデルは指数ハザードモデルに帰着する．また，初期時点における期待余寿命は式 (4.11) を用いて，

$$E(X) = \frac{\Gamma\left(1 + \frac{1}{m}\right)}{\theta^{1/m}} \tag{4.18}$$

となる．

さらに，指数ハザードモデル，ワイブルハザードモデルのいずれのモデルにおいても，未知パラメータ θ を，

$$\theta = a_1 \beta_1 + \cdots + a_J \beta_J \tag{4.19}$$

のように，J 個の説明変数ベクトル $\boldsymbol{a} = (a_1, \cdots, a_J)^*$ と未知パラメータベクトル $\boldsymbol{\beta} = (\beta_1, \cdots, \beta_J)$ との積によって表現することにより，対象の特性ごとの寿命分布の違いを分析することができる．

---

* a_1 は定数項であり $a_1 = 1$ とする．

4.2.2 寿命予測モデルの最尤推計

　寿命予測モデルを用いて尤度関数を定義してみよう．この時，様々な形式の データが得られることに留意する．例えば，マウスが一度の出産で N 匹の子を 産んだとしよう．この N 匹全ての子マウスが成長して死ぬまでの時間を観測 し，各寿命が x_n $(n = 1, \cdots, N)$ であった時，尤度関数 $\mathcal{L}(x_1, \cdots, x_N)$ は寿命 の確率密度関数 $f(x)$ を用いて，

$$\mathcal{L}(x_1, \cdots, x_N) = f(x_1) \times f(x_2) \times \cdots \times f(x_N)$$

$$= \prod_{n=1}^{N} f(x_n) \tag{4.20}$$

と表せることはそれほど難しくないだろう．上記尤度関数はマウスが産まれた 時刻，およびマウスが死亡した時刻が正確に観測され，マウスの生存時間 x_n を完全に把握できたことを意味している．

　一方，N 匹全ての子マウスが死ぬまでの時間を観測するということが時間や 費用の面から現実的に不可能である場合には，ある一定の時点において観測を 終えなければならない．さらに，その時点までに獲得されたデータを用いて寿 命を予測する必要がある．また，観測対象が実験室で産まれた子マウスではな く野生の子マウスであり，野生の子マウスは生後 1 年の時点まで観測できない 場合を考えてみよう．この時，1 年以内に死んでしまった子マウスは観測され ず，1 年間無事に生存した子マウス N' 匹のみ，その後の経過を観測すること ができる．この場合においても，式 (4.20) で示されるような尤度関数を用いる ことはできない．以上のように，寿命に関するデータを取り扱う際には，その データがどのような状況で獲得されたのかを考慮した上で尤度関数を定義しな ければならない．これら，データの獲得状況は，「打ち切り」および「切断」と して説明される．

観測データの打ち切りと切断

　マウスの生存時間を完全に把握できない場合として，以下の Case を考えて みよう．

　　Case1
　　マウスが 60 匹の子を産んだ[*]．産まれた直後から観測を始め 37 匹につい

---

[*] 現実的には 1 匹のマウスからは 5〜10 匹しか産まれないので，5 匹のマウスが同時に 合計で 60 匹の子を産んだなどと適宜読み替えて欲しい．

て寿命を観測し，36ヶ月経過後に観測を打ち切った．その時点では23匹
生存していた．

Case2

マウスが60匹の子を産んだ．24ヶ月経過後から観測を始めたが，既に10
匹死んでいた．残りの50匹については寿命を観測することができた．

Case3

マウスの寿命を調べるために，37匹のマウスの死亡情報を獲得した．こ
の死亡情報は観測対象のマウスが死亡した時点でデータベースに登録され
るものであり，37匹の中で最も長く生きたマウスの生存時間は36ヶ月で
あった．

Case4

マウスの寿命を調べるために，50匹の野生のマウスを観測し始めた．観測
対象とした野生のマウスは，生後24ヶ月まで人の前に姿を現すことのな
いマウスである．50匹のマウス全ての寿命を観測することができた．

60匹のマウスのうち，Case1，Case3では37匹の寿命データを獲得することが
でき，Case2，Case4では50匹の寿命データを獲得することができている．さ
て，この時，Case1，Case3では37匹の寿命データを用いて，Case2，Case4
では50匹の寿命データを用いて式(4.20)と同等の尤度関数を定義し，寿命予
測モデルを推計して問題はないだろうか？ 似たような状況ではあるが各状況
とも明確に他の状況と異なっているため，直感的にも問題があるというのは
理解して頂けるだろう．では具体的に何が問題となってくるのだろうか？ ま
ず，Case1，Case2から見ていこう．60匹のマウスを観測対象としているもの
の，実際に寿命を観測できたのはCase1では37匹，Case2では50匹であった．
よって，それぞれ獲得できたマウスの寿命データに基づいてモデルを推計しよ
うとのことであるが，寿命を観測できなかったマウスについて，本当に何も考
えずに除外してしまってよいのだろうか？ 残りのマウスに関しても，Case1
では寿命が36ヶ月より長かったという情報を，Case2では寿命が24ヶ月より
短かったという情報を得ているではないか．この情報を用いない理由はない．
むしろ，用いないことにより，推定した寿命分布が実際の寿命分布と大きく異
なってしまう可能性が出てくるのである．これが問題である．いま，**表4.1**に
示す60匹のネズミの寿命データが得られたとしよう．寿命（月）の行には観
測対象としている60匹のネズミに対して観測された寿命が記載されている．
一方，表中Case1では，観測が36ヶ月で打ち切られた場合を想定し，その時

表 **4.1**　ネズミの寿命データ

データ番号	寿命（月）	Case1	Case2	データ番号	寿命（月）	Case1	Case2
1	39	36^+	39	31	35	35	35
2	9	9	24^-	32	50	36^+	50
3	11	11	24^-	33	32	32	32
4	37	36^+	37	34	30	30	30
5	36	36	36	35	36	36	36
6	20	20	24^-	36	17	17	24^-
7	37	36^+	37	37	36	36	36
8	40	36^+	40	38	14	14	24^-
9	33	33	33	39	37	36^+	37
10	24	24	24^-	40	37	36^+	37
11	42	36^+	42	41	22	22	24^-
12	55	36^+	55	42	44	36^+	44
13	26	26	26	43	38	36^+	38
14	42	36^+	42	44	7	7	24^-
15	27	27	27	45	39	36^+	39
16	45	36^+	45	46	40	36^+	40
17	29	29	29	47	22	22	24^-
18	30	30	30	48	41	36^+	41
19	35	35	35	49	25	25	25
20	57	36^+	57	50	51	36^+	51
21	31	31	31	51	43	36^+	43
22	36	36	36	52	23	23	24^-
23	32	32	32	53	33	33	33
24	36	36	36	54	28	28	28
25	38	36^+	38	55	46	36^+	46
26	45	36^+	45	56	33	33	33
27	33	33	33	57	34	34	34
28	34	34	34	58	27	27	27
29	47	36^+	47	59	25	25	25
30	34	34	34	60	30	30	30

36^+ は 36 より大きいことを，24^- は 24 より小さいことを表す．

点で生存していたマウス 23 匹には 36^+ といった寿命が記載されている．表中
Case2 では，24 ヶ月経過後から観測が開始された場合を想定し，その時点で死
亡していたマウス 10 匹には 24^- といった寿命が記載されている．つまり，寿
命（月）の行に記載されている寿命データを元にして推定した寿命分布が実際
の寿命分布であり，Case1，Case2 では，いくつかのデータが不完全であるこ
とを意味している．実際の寿命分布を図 **4.1** に示す．

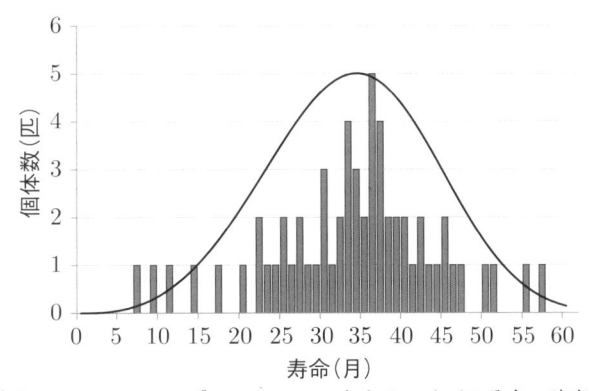

曲線は $\theta = 1.688 \times 10^{-6}$, $m = 3.677$ となるワイブル分布の確率密度関数である．ただし，縦軸の確率密度は省略していることに注意して欲しい．

図 4.1 実際の寿命分布

図 **4.1** には，表 **4.1** の寿命（月）の行のデータのヒストグラムと，同データに対して式 (4.17b)，式 (4.20) を用いて寿命予測モデルを推計した結果を併記している．Case1，Case2 を考える場合に，寿命分布である図中の曲線との比較が重要となる．さて，次に Case1，Case2 について考えてみよう．Case1 では，36 ヶ月で観測を打ち切ったため，寿命データを獲得できたマウスの数は 37 匹であり，残りの 23 匹に関しては 36 ヶ月より長く生存したという情報しか獲得できていない．Case2 では，24 ヶ月経過後から観測を始めたため，寿命データを獲得できたマウスの数は 50 匹であり，残りの 10 匹に関しては 24 ヶ月以内に死亡したという情報しか獲得できていない．図 **4.2**，図 **4.3** に各 Case のデータ獲得状況を示している．また，同図には，獲得できた寿命データ（Case1 では 37 匹，Case2 では 50 匹）に対して式 (4.17b)，式 (4.20) を用いて寿命予測モデルを推計した結果を破線で示している．破線で示される寿命分布は，ヒストグラムで示される寿命データを表現するような寿命分布であり，当然のことながら，求めたい実際の寿命分布（実線）から大きく乖離していることが読み取れる．このことから，獲得できた寿命データのみならず，「既に死亡していた」，あるいは「今でも生存している」といった情報を最大限に利用して寿命分布を推定しなければならないことが理解できるだろう．Case1，Case2 のようなデータ獲得状況はそれぞれ「右側打ち切り」「左側打ち切り」と呼ばれる．「打ち切り」とは，寿命を迎える時点が観測期間内に生じたことだけが認知され，それ以外の時間において寿命を迎えた場合にその時点が認知されない状況

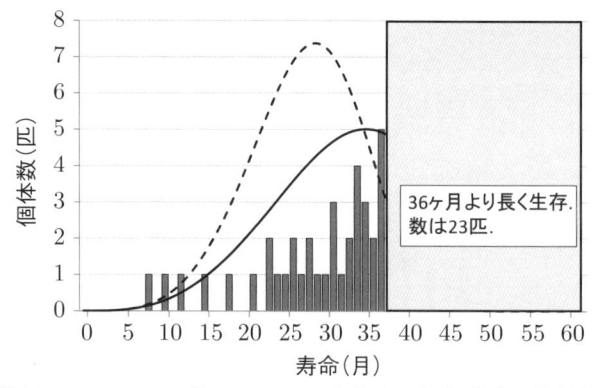

破線は $\theta = 2.145 \times 10^{-7}$, $m = 4.497$ となるワイブル分布の確率密度関数である.

図 4.2　Case1 のデータ獲得状況

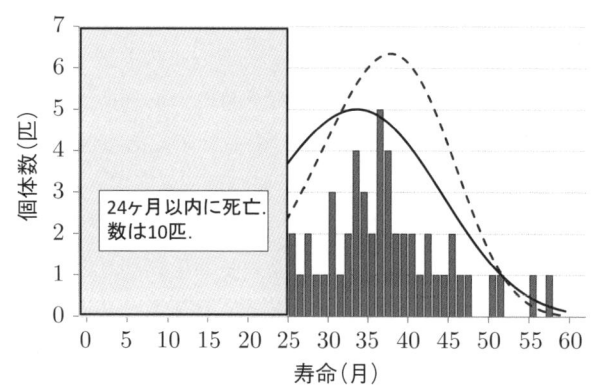

破線は $\theta = 6.295 \times 10^{-9}$, $m = 5.120$ となるワイブル分布の確率密度関数である.

図 4.3　Case2 のデータ獲得状況

をいう.

　続いて Case3, Case4 を考えよう. ここまでの議論が理解できていれば, Case1, Case2 との違いは一目瞭然である. Case1 では 60 匹のマウスの寿命を調査する中で, 37 匹のマウスの寿命を観測し, 残りの 23 匹のマウスについては 36 ヶ月より長く生存したといった情報を獲得することができた. Case3 では 36 ヶ月以内に死亡した 37 匹のマウスの寿命データは獲得できるものの, 36 ヶ月より長く生存した子マウスに関する情報は何も獲得できていない. これが大きな違いである. 同様に, Case2 で 60 匹のマウスの寿命を調査する中で, 50

匹のマウスの寿命を観測し，残りの 10 匹のマウスについては 24 ヶ月以内に死亡したといった情報を獲得できた一方，Case4 では 24 ヶ月より長く生存した 50 匹の寿命を観測することはできるものの，24 ヶ月以内に死亡したマウスに関する情報は何も獲得できていない．Case3 のようなデータ獲得状況を「右側切断」といい，Case4 のようなデータ獲得状況を「左側切断」と呼ぶ．「切断」は寿命を迎える時点がある観測可能な期間内（Case3 では 36 ヶ月以内，Case4 では 24 ヶ月経過後）に存在する対象だけが観測対象となるときに生じ，それ以外の時点において寿命を迎える対象の情報を獲得することができず，利用することもできない．「打ち切り」においては寿命に関する部分的な情報を利用することができるため，推定した寿命分布は観測期間外の時点においても利用可能である一方，「切断」においては観測可能な期間内以外の情報を利用することができないため，推定した寿命分布は観測期間内でのみ利用可能といったような条件付きの推計となる．

尤度関数の作成

各 Case においてどのように尤度関数を作成すればよいのかを考えていこう．マウスの寿命に関する情報が具体的にどのようなものであるかを注意深く考察してみよう．寿命が観測されたマウスの寿命データは，その時点において寿命を迎えるという確率に関する情報を提供している．この確率は，その時点の寿命の確率密度関数 $f(x)$ にほぼ等しい値である．Case1 のような「右側打ち切り」となったマウスの情報に関しては，寿命が「右側打ち切り」となった時点より大きいということが認知されるのみであり，この情報は生存関数 $S(x)$ によって評価することができる．Case2 のような「左側打ち切り」となった子マウスの情報に関しては，寿命が「左側打ち切り」となった時点より小さいということが認知されるのみであり，この情報は累積分布関数 $F(x)$ によって評価することができる．Case3，Case4 のような「切断」されたデータに関しては，「右側切断」された時点以降の確率，「左側切断」された時点以前の確率に関して言及することができないため，それらの時点を含まないような寿命分布とするために正規化をしなければならない．これらを踏まえて，実際に各 Case の尤度関数を作成してみよう．

Case1 においてマウス 37 匹の寿命を x_n $(n = 1, \cdots, 37)$ とすると，尤度関数 $\mathcal{L}$ は，

$$\mathcal{L} = \prod_{n=1}^{37} f(x_n) \prod_{n=1}^{23} S(36) \tag{4.21}$$

となる.

Case2 においてマウス 50 匹の寿命を x_n $(n = 1, \cdots, 50)$ とすると,尤度関数 $\mathcal{L}$ は,

$$\mathcal{L} = \prod_{n=1}^{50} f(x_n) \prod_{n=1}^{10} F(24) \tag{4.22}$$

となる.

Case3 においてマウス 37 匹の寿命を x_n $(n = 1, \cdots, 37)$ とすると,尤度関数 $\mathcal{L}$ は,

$$\mathcal{L} = \frac{\prod_{n=1}^{37} f(x_n)}{F(36)} \tag{4.23}$$

となる.

Case4 においてマウス 50 匹の寿命を x_n $(n = 1, \cdots, 50)$ とすると,尤度関数 $\mathcal{L}$ は,

$$\mathcal{L} = \frac{\prod_{n=1}^{37} f(x_n)}{S(24)} \tag{4.24}$$

となる.実際に式 (4.21) を用いて寿命予測モデルを推計し直すと,寿命分布は図 **4.2** で示す破線から大きく改善され,実線とほぼ相違ない寿命分布が推定される.その時の各パラメータの推定値は $\theta = 1.613 \times 10^{-6}$,$m = 3.687$ である.

これまでの議論を踏まえて,データの獲得状況に応じた尤度関数の作成方法をまとめよう.寿命の確率密度関数を $f(x)$,生存関数を $S(x)$,累積分布関数を $F(x)$ とする.このとき,データ i に対する観測尤度は打ち切りの有無,切断の有無によって表 **4.2**[*] に示すように形を変える.したがって,ある打ち切りのデータセット (censored data) を獲得したときの尤度関数は,D を寿命が観測されたデータの集合,R を右側打ち切りされたデータの集合,L を左側打ち切りされたデータの集合,I を区間打ち切りされたデータの集合として,

$$\mathcal{L} = \prod_{i \in D} f(x_i) \prod_{i \in R} S(C_r) \prod_{i \in L} F(C_l) \prod_{i \in I} \{S(C_L) - S(C_R)\} \tag{4.25}$$

---

[*] 区間打ち切りとは,寿命をある区間内で迎えたことのみを認知できる状況である.また,区間切断とは,ある区間内の情報しか獲得・利用することができない状況である.

表 **4.2** 様々なデータに対する観測尤度

データの獲得状況	観測尤度
寿命が観測された時	$f(x)$
右側打ち切りの時	$S(C_r)$
左側打ち切りの時	$F(C_l)$
区間打ち切りの時	$S(C_L) - S(C_R)$
左側切断の時	$\dfrac{\ell}{S(T_l)}$
右側切断の時	$\dfrac{\ell}{F(T_r)}$
区間切断の時	$\dfrac{\ell}{S(T_L) - S(T_R)}$

C_r は右側打ち切りの時点，C_l は左側打ち切りの時点，$(C_L, C_R]$ は区間打ち切りの区間である．T_l は左側切断の時点，T_r は右側切断の時点，$(T_L, T_R]$ は区間切断の区間である．ℓ は切断がない場合の観測尤度である．切断されたデータの場合，寿命分布が正規化されていることに注意して欲しい．

と表すことができる．さらに，データ i が切断されたデータ (truncated data) であった場合，式 (4.25) のデータ i に関する観測尤度を，**表 4.2** で示す切断された観測の観測尤度に置き換えれば良い．

4.2.3 モデルの推計事例

寿命予測モデルを推計した事例として，青木等[14]による研究事例がある．青木等は，故障の有無という状態変数のみが観測可能な土木施設に対して，寿命予測モデルを適用する方法論を確立した．通常，土木施設の寿命に関する情報は定期点検により獲得される．定期点検により獲得されるデータは最終点検時点においても故障が発生していないという「右側打ち切り」のデータと，定期点検間で故障が発生したという「区間打ち切り」のデータを伴う．当然のことながら，センサーなどで常時監視をすることにより獲得されるデータと定期点検により獲得されるデータでは，推計される寿命予測モデルに差異が生じてしまう．全ての土木施設をセンサなどで常時監視することは現実的では無いため，定期点検データを用いて寿命予測モデルを推計せざるを得ないが，推計したモデルがどの程度の推計精度を持っているのかは把握しておく必要がある．青木等は，施設のモニタリングスキームに応じて常時モニタリングに代表される完全モニタリング情報と定期点検に代表される不完全モニタリング情報に分

類し，それぞれの情報に基づいて寿命予測モデルを推計する方法論を提案した．さらに，完全モニタリング情報に分類されるトンネルの照明ランプに関するデータベースを用いて，点検方法の差異がモデルの推計精度に及ぼす影響を分析した．具体的には，トンネルの照明ランプに関するデータベース（完全モニタリングデータベース）から，定期点検の間隔や点検データの蓄積期間を仮想的に設定した上で不完全モニタリングデータベースを作り出し，これらデータベースを用いて推計したモデルを比較することにより，推計精度に関する知見を獲得している．モデルの定式化の概要は既に説明してはいるが，本事例の完全モニタリング情報，不完全モニタリング情報に対する尤度関数の定式化を通して再度見ておこう．

完全モニタリング情報

　完全モニタリング情報に基づいて寿命予測モデルを推計しよう．いま，すべての施設の使用開始時点を $t = 0$ と基準化し，施設 i の使用期間を x_i と表す．モニタリングでは，施設寿命 y_i ではなく使用期間 x_i のみが観測されるため，使用期間データを用いて寿命予測モデルを推計する場合，使用期間データは「右側打ち切り」を伴うデータであることに注意しなければならない．モニタリング期間に施設寿命を迎えた場合，寿命 y_i と使用期間 x_i が一致し，$y_i = x_i$ が成立する．一方，モニタリング終了時点で施設寿命を迎えていない場合，施設の使用期間 x_i はモニタリング期間長 T_i と一致し，施設寿命 y_i は観測されない．そこで，施設 i の寿命がモニタリング期間を超えるかどうかを表すダミー変数 δ_i を

$$\delta_i = \begin{cases} 1 & y_i = x_i \leq T_i \text{の時} \\ 0 & y_i > x_i = T_i \text{の時} \end{cases} \tag{4.26}$$

と定義する．ダミー変数 δ_i は「打ち切り」の有無に関する変数に他ならず，$\delta_i = 0$ で「右側打ち切り」が発生している．したがって，施設 i に関して，使用期間の実測値 $\bar{x}_i$，データの「打ち切り」の有無の実測値 $\bar{\delta}_i$ が観測されたとすると，その確率 $\ell_i(\bar{x}_i, \bar{\delta}_i; \theta, m)$ は，

$$\ell_i(\bar{x}_i, \bar{\delta}_i; \theta, m)$$
$$= f(\bar{x}_i)^{\bar{\delta}_i} \cdot S(\bar{x}_i)^{1-\bar{\delta}_i}$$
$$= \left\{ \theta m \bar{x}_i^{m-1} \exp(-\theta \bar{x}_i^m) \right\}^{\bar{\delta}_i} \cdot \left\{ \exp(-\theta \bar{x}_i^m) \right\}^{1-\bar{\delta}_i} \tag{4.27}$$

となる．ただし，寿命の確率密度関数としてワイブル分布を設定しており，$f(\cdot)$ は式 (4.17b)，$S(\cdot)$ は式 (4.17a) によって示される．右辺第 1 項は，施設が寿命を迎えることによりモニタリング期間が終了し，施設寿命が x_i となる確率を意味しており，第 2 項は施設寿命がモニタリング期間長 T_i（すなわち，使用期間長 x_i）より長くなる確率を表している．式 (4.27) を変形すると，

$$
\begin{aligned}
&\ell_i(\bar{x}_i, \bar{\delta}_i; \theta, m) \\
&= \left\{ \theta m \bar{x}_i^{m-1} \right\}^{\bar{\delta}_i} \cdot \exp(-\theta \bar{x}_i^m) \\
&= \lambda(\bar{x}_i)^{\bar{\delta}_i} \cdot S(\bar{x}_i)
\end{aligned}
\tag{4.28}
$$

となる．したがって，施設 I 個それぞれの故障事象が互いに独立に生起すると仮定すると，尤度関数 $\mathcal{L}(\theta, m; \bar{\boldsymbol{x}}, \bar{\boldsymbol{\delta}})$ は，

$$
\begin{aligned}
&\mathcal{L}(\theta, m; \bar{\boldsymbol{x}}, \bar{\boldsymbol{\delta}}) \\
&= \prod_{i=1}^{I} \ell_i(\bar{x}_i, \bar{\delta}_i; \theta, m) \\
&= \prod_{i=1}^{I} \left\{ \theta m \bar{x}_i^{m-1} \right\}^{\bar{\delta}_i} \cdot \exp(-\theta \bar{x}_i^m)
\end{aligned}
\tag{4.29}
$$

と表すことができる．ただし，$\bar{\boldsymbol{x}} = (\bar{x}_1, \cdots, \bar{x}_I)$，$\bar{\boldsymbol{\delta}} = (\bar{\delta}_1, \cdots, \bar{\delta}_I)$ である．また，対数尤度関数 $\mathcal{L}(\theta, m; \bar{\boldsymbol{x}}, \bar{\boldsymbol{\delta}})$ は，

$$
\begin{aligned}
&\log \mathcal{L}(\theta, m; \bar{\boldsymbol{x}}, \bar{\boldsymbol{\delta}}) \\
&= \sum_{i=1}^{I} \log \ell_i(\bar{x}_i, \bar{\delta}_i; \theta, m) \\
&= \sum_{i=1}^{I} \bar{\delta}_i \log \left\{ \theta m \bar{x}_i^{m-1} \right\} - \sum_{i=1}^{I} \theta \bar{x}_i^m
\end{aligned}
\tag{4.30}
$$

となる．

不完全モニタリング情報

不完全モニタリング情報に基づいて寿命予測モデルを推計しよう．いま，すべての施設の使用開始時点を $t = 0$ と基準化し，時点 $t = W_i$ と $t = T_i(T_i > W_i)$ といった 2 つの時点で故障の有無がモニタリングされる定期モニタリングを考える．時点 T_i は最新のモニタリング時点，あるいは故障を発見したモニタリ

ング時点を表し，$t = W_i$ はモニタリング時点 T_i の 1 つ前のモニタリング時
点を表す．定期モニタリングでは，施設寿命 y_i ではなくモニタリング時点 T_i
において施設が故障していたかどうかのみが観測されるため，定期モニタリン
グデータを用いて寿命予測モデルを推計する場合，定期モニタリングデータは
「右側打ち切り」，「区間打ち切り」を伴うデータであることに注意しなければな
らない．時点 T_i の定期モニタリングにおいて故障を発見した場合，寿命 y_i は
期間 $(W_i, T_i]$ 内のいずれかの時点である（「区間打ち切り」）．一方，時点 T_i の
定期モニタリングにおいて故障が発見されなかった場合，施設の寿命 y_i は観測
されない（「右側打ち切り」）．ここで，施設 i の寿命に関するダミー変数 δ_i を

$$
\delta_i = \begin{cases} 1 & W_i \leq y_i \leq T_i \text{の時} \\ 0 & y_i > T_i \text{の時} \end{cases} \tag{4.31}
$$

と定義する．$\delta_i = 1$ で「区間打ち切り」が，$\delta_i = 0$ で「右側打ち切り」が発生し
ている．したがって，施設 i に関して，定期モニタリング時点の実測値 $\bar{W}_i$，$\bar{T}_i$，
ダミー変数の実測値 $\bar{\delta}_i$ が観測されたとすると，その確率 $\ell_i(\bar{W}_i, \bar{T}_i, \bar{\delta}_i; \theta, m)$ は，

$$
\begin{aligned}
&\ell_i(\bar{W}_i, \bar{T}_i, \bar{\delta}_i; \theta, m) \\
&= \left\{ S(\bar{W}_i) - S(\bar{T}_i) \right\}^{\bar{\delta}_i} \cdot S(\bar{T}_i)^{1-\bar{\delta}_i} \\
&= \left\{ \exp(-\theta \bar{W}_i^m) - \exp(-\theta \bar{T}_i^m) \right\}^{\bar{\delta}_i} \cdot \left\{ \exp(-\theta \bar{T}_i^m) \right\}^{1-\bar{\delta}_i}
\end{aligned} \tag{4.32}
$$

となる．ただし，寿命の確率密度関数としてワイブル分布を設定しており，$S(\cdot)$
は式 (4.17a) によって示される．右辺第 1 項は，施設が期間 $(W_i, T_i]$ 内で寿命
を迎える確率を表しており，第 2 項は施設寿命がモニタリング期間長 T_i より
長くなる確率を表している．したがって，施設 I 個それぞれの故障事象が互い
に独立に生起すると仮定すると，尤度関数 $\mathcal{L}(\theta, m; \bar{\boldsymbol{W}}, \bar{\boldsymbol{T}}, \bar{\boldsymbol{\delta}})$ は，

$$
\begin{aligned}
&\mathcal{L}(\theta, m; \bar{\boldsymbol{W}}, \bar{\boldsymbol{T}}, \bar{\boldsymbol{\delta}}) \\
&= \prod_{i=1}^{I} \ell_i(\bar{W}_i, \bar{T}_i, \bar{\delta}_i; \theta, m) \\
&= \prod_{i=1}^{I} \left\{ \exp(-\theta \bar{W}_i^m) - \exp(-\theta \bar{T}_i^m) \right\}^{\bar{\delta}_i} \cdot \left\{ \exp(-\theta \bar{T}_i^m) \right\}^{1-\bar{\delta}_i}
\end{aligned} \tag{4.33}
$$

と表すことができる．ただし，$\bar{\boldsymbol{W}} = (\bar{W}_1, \cdots, \bar{W}_I)$，$\bar{\boldsymbol{T}} = (\bar{T}_1, \cdots, \bar{T}_I)$，
$\bar{\boldsymbol{\delta}} = (\bar{\delta}_1, \cdots, \bar{\delta}_I)$ である．また，対数尤度関数 $\mathcal{L}(\theta, m; \bar{\boldsymbol{W}}, \bar{\boldsymbol{T}}, \bar{\boldsymbol{\delta}})$ は，

$$\log \mathcal{L}(\theta, m; \bar{\boldsymbol{W}}, \bar{\boldsymbol{T}}, \bar{\boldsymbol{\delta}})$$

$$= \sum_{i=1}^{I} \log \ell_i(\bar{W}_i, \bar{T}_i, \bar{\delta}_i; \theta, m)$$

$$= \sum_{i=1}^{I} \bar{\delta}_i \log \left\{ \exp(-\theta \bar{W}_i^m) - \exp(-\theta \bar{T}_i^m) \right\} - \sum_{i=1}^{I} (1 - \bar{\delta}_i)(\theta \bar{T}_i^m)$$

$$(4.34)$$

となる.

完全モニタリング情報に基づくモデルの推計結果

モデルの推計結果を見ていこう. 寿命予測モデルの推計にあたり, ハザード関数を

$$\lambda(x) = \theta m x^{m-1} \tag{4.35a}$$

$$\theta = \boldsymbol{a}\boldsymbol{\beta}' \tag{4.35b}$$

とし, 尺度に関する未知パラメータ θ を, 照明ランプの故障に影響を及ぼすと考えられる J 個の説明変数ベクトル $\boldsymbol{a} = (a_1, \cdots, a_J)$ と未知パラメータベクトル $\boldsymbol{\beta} = (\beta_1, \cdots, \beta_J)$ の積によって表現している. ただし, a_1 は定数項であり $a_1 = 1$ である. さらに, 説明変数の候補として, 1) 照明用光源のタイプ (低圧ナトリウムランプ or 高圧ナトリウムランプ), 2) 照明種類別の点灯時間, 3) 照明種類別の点灯回数, 4) 照明ランプのトンネル内の位置, を取り上げている. 完全モニタリング情報に基づき, 寿命予測モデルを推計した結果, 以下の2つの説明変数が採用されている.

> a_2: 照明用光源のタイプ
>
> a_3: 照明種類別の点灯時間 (時間/日)

a_2 に関して, 低圧ナトリウムランプの場合は $a_2 = 1$ を, 高圧ナトリウムランプの場合は $a_2 = 0$ をとり, a_3 に関しては**表 4.3** の通りである. 各パラメータの推定値は**表 4.4** の通りである. したがって, 照明ランプの生存関数は,

$$S(x) = \exp \left\{ -(0.0107 + 0.0031a_2 + 0.00029a_3)x^{1.44} \right\} \tag{4.36}$$

となり, a_2, a_3 に分析したい照明ランプの特性を代入すればよい. 算出した生存関数を**図 4.4**, **図 4.5** に示す.

表 4.3　照明種類と日平均点灯時間

照明種類	基本照明			
	昼間	夜間	深夜	非常
点灯時間/日	11.70	16.20	24.00	24.00

照明種類	緩和照明			
	晴天-1	晴天-2	曇天-1	曇天-2
点灯時間/日	1.70	2.70	5.70	9.30

表 4.4　モデルの推計結果（完全モニタリング情報）

パラメータの推定値		t-値
$\hat{m}$	1.44	80.97
$\hat{\beta}_1$	0.0107	13.96
$\hat{\beta}_2$	0.0031	6.42
$\hat{\beta}_3$	0.00029	6.95
対数尤度		$-16{,}870$
尤度比		0.83

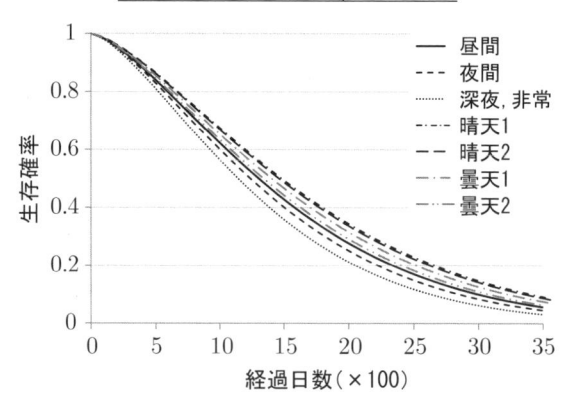

図 4.4　低圧ナトリウムランプの生存関数

不完全モニタリング情報に基づくモデルの推計結果

　完全モニタリングデータベースを用いて不完全モニタリングベースを作成するに当たっては，定期モニタリングスキームのモニタリング間隔として，1）6ヶ月間隔，2）12ヶ月間隔の場合を考えている．また，完全モニタリングデータベースは12年間のデータ蓄積があったため，データの蓄積期間としては，6ヶ月ごとに24個の期間に分割し定期モニタリング開始から6ヶ月，1年，1

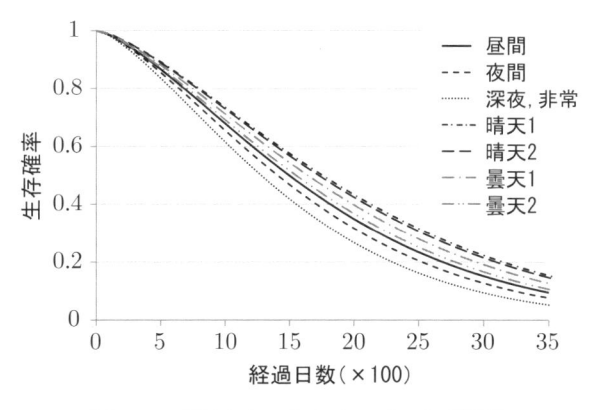

図 4.5 高圧ナトリウムランプの生存関数

年 6 ヶ月，$\cdots$，12 年と変化させた場合を考えている．以上の操作により，不完全モニタリングデータベース D_t を，設定したモニタリング間隔ごとに作成している．ここに，$t(t = 1, \cdots, 24)$ はデータの蓄積期間が $t/2$ 年であることを意味する．不完全モニタリング情報に基づく寿命予測モデルの推計結果の一部を**表 4.5**，**表 4.6** に示す．同表は $t = 12$ および $t = 22$，すなわち 6 年間のデータの蓄積があった場合と 11 年間のデータの蓄積があった場合の結果である．さらに，表の値を用いて生存関数を算出した結果を**図 4.6** に示している．実線は完全モニタリングデータベースを用いて算出した生存関数である．また，破線，点線は不完全モニタリングデータベースを用いて算出した生存関数であり，線の濃淡の違いによりモニタリング間隔の違いを，線の種類の違いによりデータベースの蓄積期間の違いを表している．図より，モニタリング間隔を 12 ヶ月から 6 ヶ月へと短くすることよりもデータの蓄積期間を 6 年から 11 年へと伸

表 4.5 モデルの推計結果（不完全モニタリング情報：D_{12}）

6 ヶ月間隔			12 ヶ月間隔		
パラメータの推定値		t-値	パラメータの推定値		t-値
$\hat{m}$	1.33	42.74	$\hat{m}$	1.35	40.90
$\hat{\beta}_1$	0.0219	9.64	$\hat{\beta}_1$	0.0208	9.17
$\hat{\beta}_2$	0.0035	2.36	$\hat{\beta}_2$	0.0038	2.57
$\hat{\beta}_3$	0.00058	4.93	$\hat{\beta}_3$	0.00062	5.27
対数尤度		$-5,096$	対数尤度		$-4,059$
尤度比		0.85	尤度比		0.88

表 **4.6**　モデルの推計結果（不完全モニタリング情報：D_{22}）

6 ヶ月間隔		t-値	12 ヶ月間隔		t-値
パラメータの推定値			パラメータの推定値		
$\hat{m}$	1.44	72.95	$\hat{m}$	1.44	71.59
$\hat{\beta}_1$	0.0117	12.98	$\hat{\beta}_1$	0.0114	12.89
$\hat{\beta}_2$	0.0034	6.16	$\hat{\beta}_2$	0.0034	5.98
$\hat{\beta}_3$	0.00033	6.99	$\hat{\beta}_3$	0.00034	6.99
対数尤度		$-12,638$	対数尤度		$-9,983$
尤度比		0.85	尤度比		0.88

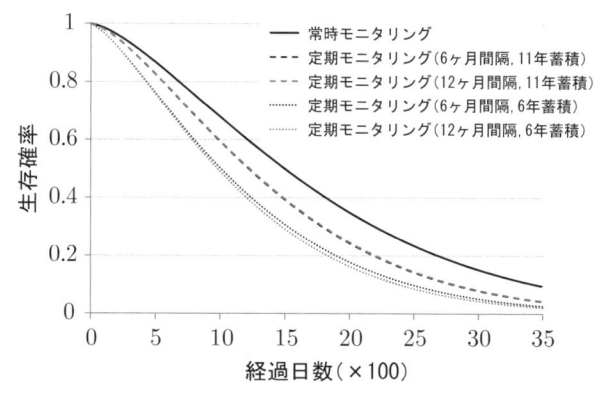

照明用光源のタイプとしては低圧ナトリウムランプを，照明種類としては昼間を
選択しており，$a_2=1$，a_3 を 11.70 としたときの生存関数である．

図 **4.6**　点検方法の差異による生存関数の比較

ばすことにより，求めたい生存関数へと近づくことがわかる．推計精度の観点
から見ると，モニタリング間隔が 6 ヶ月であっても 12 ヶ月であっても，10 年
程度モニタリング情報を蓄積することにより完全モニタリング情報を用いて推
計した寿命予測モデルと同程度の推計精度を得られると述べられている[*]．

---

[*]　推計精度の議論においては，パラメータの推定値間の同一性を検定するために Chow
テストが用いられている．

4.3　**異質性を考慮した寿命予測モデル**

　前節までの寿命予測モデルでは，式 (4.35b) に示されるように，ハザード関数の尺度パラメータ θ に対して説明変数ベクトル a を考え，施設ごとの寿命の違いを表現していた．しかし，施設特性による多様な寿命の違いを説明変数ベクトルのみで表現しようとすると，説明変数の数が膨大となりモデルの推計結果が著しく低下する可能性がある．また，説明変数の数を増やしたとしても，依然として説明変数で表現しきれない寿命の違いが残っている可能性もある．このような寿命の違いを異質性と呼び，この異質性を表現できるような寿命予測モデルを考えてみよう．

4.3.1　異質性の表現方法

　施設特性による多様な寿命の違いを表現する 1 つの方法は，ハザード関数が確率分布すると考える方法である．すなわち，ハザード関数 $\lambda(x)$ に対して定義域を $[0, \infty)$ とする確率変数 v を考え，

$$\lambda(x|v) = \lambda(x)v \tag{4.37}$$

と表現する方法である．式 (4.37) は基準とするハザード関数 $\lambda(x)$ に対して v だけ変動するようなハザード関数を考えており，v を確率誤差項と呼ぶ．v の従う確率分布として平均が 1 となるような確率分布を仮定すれば，$\lambda(x)$ が分析対象としている施設の平均的な寿命を表すことになる．

　もう一つの方法として，観測できない施設個別の寿命を決定する影響要因の大きさを考え，

$$\lambda(x) = \lambda(x)\varepsilon \tag{4.38}$$

と表現する方法である．この観測できない ε を固定効果と呼ぶことにしよう．一般的には，固定効果を推定するためにパネルデータ*を用いることが多い．しかし，現実にはパネルデータの取得が困難である場合が少なくない．そこで，固定効果を施設個別で考えるのでは無く，似ている施設であれば同等の固定効果があると考えてグルーピングを行い，グループごとの固定効果を考えて推定す

---

　　*　パネルデータとは，複数のサンプルを複数時点にわたって観測し続けたデータである．これに対して，複数のサンプルを 1 時点だけで観測したデータをクロスセクションデータ，1 つのサンプルを複数時点で観測したデータをタイムシリーズデータと呼ぶ．パネルデータはクロスセクションデータとタイムシリーズデータの両方の性質を持つ．

る方法を採用してみよう．この時，ハザード関数は，グループ $k(k = 1, \cdots, K)$ の固定効果を ε_k として，

$$\lambda_k(x) = \lambda(x)\varepsilon_k \tag{4.39}$$

と表すことができる．式 (4.39) を見てわかるように，固定効果の考え方は施設グループを説明変数とし，ダミー変数を導入したハザード関数

$$\lambda_k(x) = \lambda(x) \prod_{k=1}^{K} (\varepsilon_k)^{\delta_k} \tag{4.40}$$

$$\delta_k = \begin{cases} 1 & \text{施設 } k \text{ の時} \\ 0 & \text{それ以外の時} \end{cases} \tag{4.41}$$

と同じである．式 (4.37) では分析対象とする施設ごとにハザード関数のばらつきがあることを想定している．一方，式 (4.39) では分析対象とする施設を細かくグループ分けした上で，施設グループごとのハザード関数の違いを具体的に算出することができる．すなわち，前者においては，説明変数で表現できないような寿命の違いを，施設全体を通してどの程度寿命がばらつくのかを考え，ばらつきの程度によって表現していると言える．一方，後者においては，施設グループ特有の影響要因があると考え，データから直接その影響要因の大きさを算出することによって表現しているのである．いいかえれば，施設グループ内のハザード関数のばらつきを表現することができる．

4.3.2　確率誤差項を考慮した寿命予測モデル

いま，異質性として確率誤差項を考え，ハザード関数が

$$\lambda(x|v) = \lambda(x)v \tag{4.42}$$

のように表されると考えよう．さらに，これまでと同様に寿命の確率密度関数をワイブル分布によって表現し，ハザード関数を

$$\lambda(x|v) = \theta m x^{m-1} v \tag{4.43}$$

と特定化しよう．この時，条件付きの生存関数と条件付きの寿命の確率密度関数は，

$$S(x|v) = \exp(-\theta x^m v) \tag{4.44a}$$

$$f(x|v) = \theta m x^{m-1} v \exp(-\theta x^m v) \tag{4.44b}$$

となる. ここで, 確率誤差項 v の従う確率分布を $G(v; \phi)$ とし, その確率密度関数を $g(v; \phi)$ とすると, 式 (4.44a), 式 (4.44b) はそれぞれ

$$S(x) = \int_v S(x|v)g(v; \phi) \, dv \tag{4.45a}$$

$$f(x) = \int_v f(x|v)g(v; \phi) \, dv \tag{4.45b}$$

と書き換えることができる. 次に, 確率誤差項 v の従う確率分布として, 解析的に取り扱いが容易であるガンマ分布を取り上げよう. さらに, 確率誤差項 v の平均を 1 とすると, ガンマ分布の確率密度関数 $g(v; \phi)$ はパラメータが 1 つとなり,

$$g(v; \phi) = \frac{\phi^\phi}{\Gamma(\phi)} v^{\phi-1} \exp(-\phi v) \tag{4.46}$$

と表される. 平均 1, 分散 $1/\phi$ である. よって, 式 (4.45a), 式 (4.45b) で表される生存関数, および寿命の確率密度関数は,

$$
\begin{aligned}
S(x) &= \int_0^\infty S(x|v)g(v; \phi) \, dv \\
&= \int_0^\infty \exp(-\theta x^m v) \frac{\phi^\phi}{\Gamma(\phi)} v^{\phi-1} \exp(-\phi v) \, dv \\
&= \frac{\phi^\phi}{\Gamma(\phi)} \int_0^\infty v^{\phi-1} \exp\left\{-(\theta x^m + \phi)\right\} dv
\end{aligned} \tag{4.47a}
$$

$$
\begin{aligned}
f(x) &= \int_0^\infty f(x|v)g(v; \phi) \, dv \\
&= \int_0^\infty \theta m x^{m-1} v \exp(-\theta x^m v) \frac{\phi^\phi}{\Gamma(\phi)} v^{\phi-1} \exp(-\phi v) \, dv \\
&= \frac{\phi^\phi}{\Gamma(\phi)} \theta m x^{m-1} \int_0^\infty v^\phi \exp\left\{-(\theta x^m + \phi)v\right\} dv
\end{aligned} \tag{4.47b}
$$

と表すことができる. 後は式 (4.47a), 式 (4.47b) を計算していけば, 確率誤差項を考慮した生存関数と確率密度関数を算出することができる. では順に残りの計算を進めていこう. まず, 式 (4.47a) に関して, $u = (\theta x^m + \phi)v$ と置き, $du = (\theta x^m + \phi) \, dv$ を考慮して変数変換を行えば,

$$
\begin{aligned}
S(x) &= \frac{\phi^\phi}{\Gamma(\phi)} \int_0^\infty \left(\frac{u}{\theta x^m + \phi}\right)^{\phi-1} \exp(-u) \frac{1}{\theta x^m + \phi} \, du \\
&= \frac{\phi^\phi}{\Gamma(\phi)} \frac{1}{(\theta x^m + \phi)^\phi} \int_0^\infty u^{\phi-1} \exp(-u) \, du
\end{aligned}
$$

$$= \frac{\phi^{\phi}}{(\theta x^m + \phi)^{\phi}}$$

$$= \left(1 + \frac{\theta}{\phi} x^m\right)^{-\phi} \tag{4.48}$$

となる. 式 (4.47b) に関しても先程と同様に $u = (\theta x^m + \phi)v$ と置き, $du = (\theta x^m + \phi)\, dv$ を考慮して変数変換を行えば,

$$
\begin{aligned}
f(x) &= \frac{\phi^{\phi}}{\Gamma(\phi)} \theta m x^{m-1} \int_0^{\infty} \left(\frac{u}{\theta x^m + \phi}\right)^{\phi} \exp(-u) \frac{1}{\theta x^m + \phi}\, du \\
&= \frac{\phi^{\phi}}{\Gamma(\phi)} \theta m x^{m-1} \frac{1}{(\theta x^m + \phi)^{\phi+1}} \int_0^{\infty} u^{\phi} \exp(-u)\, du \\
&= \frac{\phi^{\phi+1}}{(\theta x^m + \phi)^{\phi+1}} \theta m x^{m-1} \\
&= \left(1 + \frac{\theta}{\phi} x^m\right)^{-\phi-1} \theta m x^{m-1}
\end{aligned}
\tag{4.49}
$$

となる[*]. ここでは生存関数 $S(x)$ と寿命の確率密度関数 $f(x)$ を直接計算したが, 生存関数 $S(x)$ の微分を通して寿命の確率密度関数 $f(x)$ を導くこともできるので, 実際に微分をして確かめてみて欲しい. 生存関数 $S(x)$, 寿命の確率密度関数 $f(x)$ を導くことができれば, 後はこれまでと同様に獲得したデータの特性をしっかりと理解した上で, 「打ち切り」や「切断」を考慮した尤度関数を定式化し, パラメータ θ, m, ϕ を推定すればよい.

4.3.3 固定効果を考慮した寿命予測モデル

異質性として固定効果を考え, ハザード関数が

$$\lambda_k(x) = \lambda(x)\varepsilon_k \tag{4.50}$$

のように表されると考えよう. さらに, これまでと同様に寿命の確率密度関数をワイブル分布によって表現し, ハザード関数を

$$\lambda_k(x) = \theta m x^{m-1} \varepsilon_k \tag{4.51}$$

と特定化しよう. この時, 生存関数と寿命の確率密度関数は,

$$S_k(x) = \exp(-\theta x^m \varepsilon_k) \tag{4.52a}$$

$$f_k(x) = \theta m x^{m-1} \varepsilon_k \exp(-\theta x^m \varepsilon_k) \tag{4.52b}$$

---

[*] 式 (4.49) はタイプ XII のバー分布 (Burr Type XII distribution) の確率密度関数である.

となる。固定効果として ε_k が増えただけであるため、生存関数や寿命の確率密度関数は大きく変化していないことがわかるだろう。固定効果を考慮した寿命予測モデルを考えるとき、問題となるのはモデル化ではなく、具体的にどのようにモデルを推計していくかである。本節の冒頭で、施設の特性による多様な寿命の違いを説明変数ベクトルのみで表現しようとするとモデルの推計結果が著しく低下する可能性があると述べた。一方で、この固定効果を考慮した寿命予測モデルは、施設グループを説明変数として、ダミー変数を導入して表現した場合と同じであるとも述べた。したがって、モデルを推計するためのサンプルサイズ、施設グループの数、施設グループ別のサンプルサイズによってはモデルを適切に推計できない可能性がある。解決方法はいくつかあるが、ここではモデルを推計した実際の事例を通して、1つの解決方法を見ていこう。

4.3.4 モデルの推計事例

貝戸等[15] は、大規模情報システムのアセットマネジメントを目的として、情報システムの機器群の故障事象の発生過程を分析した。情報システムを構成する機器特性として機器のタイプを考え、HDD の故障事象であるのか、電源部の故障事象であるのか、処理部本体の故障事象であるのかの3つを説明変数ベクトルとしている。また、用いられている部局ごと、用途（PC、サーバー、その他）ごとに故障過程が異なると考え、**表 4.7** に示すように合計で 56 個の固定効果[*]を考えている。また、寿命の確率密度関数をワイブル分布によって表現し、ハザード関数を

$$\lambda_k(x) = \theta_{i_k} m x^{m-1} \varepsilon_k \tag{4.53}$$

と特定化している。ただし、k $(k = 1, \cdots, 56)$ は固定効果を考慮する機器グループを表している。また、i_k $(i_k = 1, 2, 3)$ は機器グループ k に設置された機器のタイプであり $i_k = 1$ で HDD を、$i_k = 2$ で電源部を、$i_k = 3$ で処理部本体を表す。さて、ここまでの定式化は単に説明変数ベクトルと固定効果を設定しただけに過ぎず、式 (4.51) と同じである。ここで、再び**表 4.7** を見て欲しい。固定効果を考慮した各機器グループのサンプルサイズに着目すると、大きいところでは 96 サンプル、81 サンプルとある一方で、小さいところではたったの1サンプルしかないことが読み取れる。すなわち、機器グループによっては1サンプルのみで固定効果を推定しなければならないということである。当

---

[*] 論文中では異質性パラメータと書かれているが、本書では確率誤差項と固定効果を明確に区別するために固定効果と書いている。

表 4.7 固定効果を考慮するグループと各グループのサンプルサイズ

		HDD	電源部	処理部本体
部局 1	(PC)	1	5	1
	(サーバー)	1	—	1
	(その他)	—	—	2
部局 2	(PC)	9	96	10
	(サーバー)	17	—	7
	(その他)	1	—	13
部局 3	(PC)	3	81	3
	(サーバー)	23	—	15
	(その他)	2	—	15
部局 4	(PC)	12	27	5
	(サーバー)	22	—	7
	(その他)	16	—	16
部局 5	(PC)	5	12	4
	(サーバー)	15	—	9
	(その他)	—	—	—
部局 6	(PC)	4	17	4
	(サーバー)	8	—	6
	(その他)	—	—	2
部局 7	(PC)	2	7	2
	(サーバー)	9	—	2
	(その他)	—	—	4
部局 8	(PC)	32	51	23
	(サーバー)	13	—	7
	(その他)	—	—	16
部局 9	(PC)	4	10	3
	(サーバー)	3	—	3
	(その他)	—	—	5
合計		202	306	185

表中の数字が記入されている機器グループは固定効果を考慮した機器グループであり，表中の数字は各機器グループにおけるサンプルサイズである．電源部には用途別の分類は無く，一括して「PC」部に記入をしている．「その他」は，「PC」，「サーバー」以外の用途に利用されている．—は該当する部局に機器が存在しないことを示す．

然，固定効果を推定することが困難となり，また，推定できたとしても推定した値が本当に適切であるかどうか疑問が生じることとなる．貝戸等は，このよ

うな，多様に異なる故障の発生過程を固定効果によって表現した時に生じるサンプルサイズの問題，を以下に示すような手順により解決を図った．1) 各機器グループの固定効果が平均を 1 とする同一の確率分布から独立に生じる確率変数と考え*，平均的なハザード関数のパラメータと固定効果の従う確率分布を推定する．2) 推定した確率分布から実際にどの値が生じたかを推定する部分尤度関数を定義し，固定効果を推定する．このような段階的な推定方法を，モデルを適切に推計する 1 つの方法として実践している．貝戸等は，固定効果は各機器グループにとれば確定的な変数であるが，機器グループごとにその値は確率分布していると考えた．言い換えれば，観測者がその値を直接観測することができないため，ε_k がある確率分布にしたがって分布しているとみなしたわけである．上述の手順を定式化を通じて見ていこう．

平均的なハザード関数と固定効果の確率分布の推定

　機器グループ k に着目し，機器グループ k におけるサンプルを l_k ($l_k = 1, \cdots, L_k$) としよう．L_k は機器グループ k のサンプルサイズに一致する．機器群の故障事象の発生に関する情報は完全モニタリング情報であり，機器グループ k において，使用期間の実測値 $\bar{\boldsymbol{x}}_k = (\bar{x}_1, \cdots, \bar{x}_{L_k})$，データの「打ち切り」の有無の実測値 $\bar{\boldsymbol{\delta}}_k = (\bar{\delta}_1, \cdots, \bar{\delta}_{L_k})$ が観測されたとすると，データが観測される尤度関数 $\mathcal{L}_k(\theta_{i_k}, m, \varepsilon_k; \bar{\boldsymbol{x}}_k, \bar{\boldsymbol{\delta}}_k)$ は式 (4.29) と同様に考え，

$$\mathcal{L}_k(\theta_{i_k}, m, \varepsilon_k; \bar{\boldsymbol{x}}_k, \bar{\boldsymbol{\delta}}_k) = \prod_{l_k=1}^{L_k} \left\{ \theta_{i_k} m \bar{x}_{l_k}^{m-1} \varepsilon_k \right\}^{\bar{\delta}_{l_k}} \cdot \exp(-\theta_{i_k} \bar{x}_{l_k}^m \varepsilon_k) \quad (4.54)$$

と表すことができる．式 (4.29) との違いは固定効果 ε_k を考慮しているところにある．さて，ここで固定効果を確率変数と考えると，式 (4.54) において，右辺はそのままに左辺は ε_k の条件付きの尤度関数 $\mathcal{L}_k(\theta_{i_k}, m | \varepsilon_k; \bar{\boldsymbol{x}}_k, \bar{\boldsymbol{\delta}}_k)$ となる．したがって，ε_k が平均 1，分散 $1/\phi$ のガンマ分布 $G(\varepsilon_k; \phi)$ に従うと考え，ガンマ分布の確率密度関数を $g(\varepsilon_k; \phi)$ とすると，尤度関数 $\mathcal{L}_k(\theta_{i_k}, m, \phi; \bar{\boldsymbol{x}}_k, \bar{\boldsymbol{\delta}}_k)$ は確率変数 ε_k の期待値を取り，

$$\mathcal{L}_k(\theta_{i_k}, m, \phi; \bar{\boldsymbol{x}}_k, \bar{\boldsymbol{\delta}}_k)$$
$$= \int_0^\infty \mathcal{L}_k(\theta_{i_k}, m | \varepsilon_k; \bar{\boldsymbol{x}}_k, \bar{\boldsymbol{\delta}}_k) g(\varepsilon_k; \phi) d\varepsilon_k$$

---

* 　実際は固定効果を確率変数と考えた時点で固定効果ではなくランダム効果（変量効果）と呼ぶのが一般的ではあるが，固定効果を推定する一連の流れの中で一時的に確率変数と考えることから，以下においても固定効果と呼ぶことにする．

$$= \int_0^\infty \prod_{l_k=1}^{L_k} \left\{ \theta_{i_k} m \bar{x}_{l_k}^{m-1} \varepsilon_k \right\}^{\bar{\delta}_{l_k}} \cdot \exp(-\theta_{i_k} \bar{x}_{l_k}^m \varepsilon_k) g(\varepsilon_k; \phi) d\varepsilon_k$$

$$= \int_0^\infty \prod_{l_k=1}^{L_k} \left\{ \theta_{i_k} m \bar{x}_{l_k}^{m-1} \varepsilon_k \right\}^{\bar{\delta}_{l_k}} \cdot \exp(-\theta_{i_k} \bar{x}_{l_k}^m \varepsilon_k) \frac{\phi^\phi}{\Gamma(\phi)} \varepsilon_k^{\phi-1} \exp(-\phi \varepsilon_k) d\varepsilon_k$$

$$= \frac{\phi^\phi}{\Gamma(\phi)} \prod_{l_k=1}^{L_k} \left\{ \theta_{i_k} m \bar{x}_{l_k}^{m-1} \right\}^{\bar{\delta}_{l_k}} \int_0^\infty \varepsilon_k^{\bar{s}_k+\phi-1} \exp\left\{ -(\phi+\theta_{i_k}\tau_k)\varepsilon_k \right\} d\varepsilon_k$$

$$\tag{4.55}$$

と表すことができる．ただし，$\bar{s}_k = \sum_{l_k=1}^{L_k} \bar{\delta}_{l_k}$，$\tau_k = \sum_{l_k=1}^{L_k} \bar{x}_{l_k}^m$ である．あとは式 (4.55) を計算してやればよい．式 (4.55) に関して，$u_k = (\phi+\theta_{i_k}\tau_k)\varepsilon_k$ と置き，$du_k = (\phi+\theta_{i_k}\tau_k)d\varepsilon_k$ を考慮して変数変換を行えば，

$$\mathcal{L}_k(\theta_{i_k}, m, \phi; \bar{\boldsymbol{x}}, \bar{\boldsymbol{\delta}}_k)$$

$$= \frac{\phi^\phi}{\Gamma(\phi)} \prod_{l_k=1}^{L_k} \left\{ \theta_{i_k} m \bar{x}_{l_k}^{m-1} \right\}^{\bar{\delta}_{l_k}}$$

$$\int_0^\infty \left(\frac{u_k}{\phi+\theta_{i_k}\tau_k} \right)^{\bar{s}_k+\phi-1} \exp(-u_k) \frac{1}{\phi+\theta_{i_k}\tau_k} du_k$$

$$= \frac{\phi^\phi}{\Gamma(\phi)} \frac{\Gamma(\bar{s}_k+\phi)}{(\phi+\theta_{i_k}\tau_k)^{\bar{s}_k+\phi}} \prod_{l_k=1}^{L_k} \left\{ \theta_{i_k} m \bar{x}_{l_k}^{m-1} \right\}^{\bar{\delta}_{l_k}} \tag{4.56}$$

となる．また，

$$\frac{\Gamma(\bar{s}_k+\phi)}{\Gamma(\phi)} = \frac{(\bar{s}_k+\phi-1)(\bar{s}+\phi-2)\cdots\phi\Gamma(\phi)}{\Gamma(\phi)}$$

$$= \prod_{j=0}^{\bar{s}_k-1} (j+\phi) \tag{4.57}$$

となることより，尤度関数は，

$$\mathcal{L}_k(\theta_{i_k}, m, \phi; \bar{x}_k, \bar{\boldsymbol{\delta}}_k) = \frac{\phi^\phi}{(\phi+\theta_{i_k}\tau_k)^{\bar{s}_k+\phi}} \prod_{j=0}^{\bar{s}_k-1} (j+\phi) \prod_{l_k=1}^{L_k} \left\{ \theta_{i_k} m \bar{x}_{l_k}^{m-1} \right\}^{\bar{\delta}_{l_k}}$$

$$\tag{4.58}$$

と簡略化される．したがって，K 個すべての施設で使用期間の実測値 $\bar{\boldsymbol{x}} = (\bar{\boldsymbol{x}}_1, \cdots, \bar{\boldsymbol{x}}_K)$，およびデータの「打ち切り」の有無の実測値 $\bar{\boldsymbol{\delta}} = (\bar{\boldsymbol{\delta}}_1, \cdots, \bar{\boldsymbol{\delta}}_K)$ が観測されたとすると，データが観測される尤度関数 $\mathcal{L}(\boldsymbol{\theta}, m, \phi; \bar{\boldsymbol{x}}, \bar{\boldsymbol{\delta}})$ は，

$$\mathcal{L}(\boldsymbol{\theta}, m, \phi; \bar{\boldsymbol{x}}, \bar{\boldsymbol{\delta}}) = \prod_{k=1}^{K} \frac{\phi^\phi}{(\phi + \theta_{i_k}\tau_k)^{\bar{s}_k + \phi}} \prod_{j=0}^{\bar{s}_k - 1} (j + \phi) \prod_{l_k=1}^{L_k} \left\{ \theta_{i_k} m \bar{x}_{l_k}^{m-1} \right\}^{\bar{\delta}_{l_k}}$$

(4.59)

となる. ただし, $\boldsymbol{\theta} = (\theta_1, \theta_2, \theta_3)$ である. 式 (4.59) で示される尤度関数は, 固定効果群 $\boldsymbol{\varepsilon} = (\varepsilon_1, \cdots, \varepsilon_K)$ が平均 1, 分散 $1/\phi$ のガンマ分布 $G(\varepsilon_k; \phi)$ からそれぞれ独立に生じる確率変数と考えて定式化した尤度関数である. したがって, パラメータ ϕ を推定することにより, 固定効果の従う確率分布を特定化することができる. 対数尤度関数は,

$$\log \mathcal{L}(\boldsymbol{\theta}, m, \phi; \bar{\boldsymbol{x}}, \bar{\boldsymbol{\delta}})$$

$$= K\phi \log \phi - \sum_{k=1}^{K} (\bar{s}_k + \phi) \log(\phi + \theta_{i_k}\tau_k) + \sum_{k=1}^{K} \sum_{j=0}^{\bar{s}_k - 1} \log(j + \phi)$$

$$+ \sum_{k=1}^{K} \sum_{l_k=1}^{L_k} \bar{\delta}_{l_k} \left\{ \log \theta_{i_k} + \log m + (m-1) \log \bar{x}_{l_k} \right\}$$

(4.60)

となる. ただし, 右辺の第 3 項において $\bar{s}_k = 0$ が成立する場合, $\sum_{j=0}^{\bar{s}_k-1} \log(j + \phi) = 0$ と定義する. 最尤法を用いてモデルを推計する場合, 式 (4.60) に示す対数尤度関数を最大化にするような未知パラメータベクトル $\boldsymbol{\theta}$, m とガンマ分布の未知パラメータ ϕ を求めればいい. 最適化条件の導出に関して読者に委ねたい.

固定効果の推定

尤度関数 (4.60) を用いてパラメータの最尤推定値 $\hat{\boldsymbol{\psi}} = (\hat{\boldsymbol{\theta}}, \hat{m}, \hat{\phi})$ が求められたとしよう. ^は最尤推定値であることを意味する. ここで, 機器グループ k における固定効果 ε_k を求めるための部分尤度関数 $\mathcal{L}_k^\circ(\varepsilon_k; \bar{\boldsymbol{x}}, \bar{\boldsymbol{\delta}}, \hat{\boldsymbol{\psi}})$ を

$$\mathcal{L}_k^\circ(\varepsilon_k; \bar{\boldsymbol{x}}, \bar{\boldsymbol{\delta}}, \hat{\boldsymbol{\psi}})$$

$$= g(\varepsilon_k; \hat{\phi}) \prod_{l_k=1}^{L_k} \left\{ \hat{\theta}_{i_k} \hat{m} \bar{x}_{l_k}^{\hat{m}-1} \varepsilon_k \right\}^{\bar{\delta}_{l_k}} \cdot \exp(-\hat{\theta}_{i_k} \bar{x}_{l_k}^{\hat{m}} \varepsilon_k)$$

$$= \frac{\hat{\phi}^{\hat{\phi}}}{\Gamma(\hat{\phi})} \prod_{l_k=1}^{L_k} \left\{ \hat{\theta}_{i_k} \hat{m} \bar{x}_{l_k}^{\hat{m}-1} \right\}^{\bar{\delta}_{l_k}} \varepsilon_k^{\bar{s}_k + \hat{\phi} - 1} \exp \left\{ -(\hat{\phi} + \hat{\theta}_{i_k} \hat{\tau}_k) \varepsilon_k \right\}$$

(4.61)

と定義することにより, 固定効果 ε_k を推定することができる. ただし, $\hat{\tau}_k = \sum_{l_k=1}^{L_k} \bar{x}_{l_k}^{\hat{m}}$ である. 式 (4.61) は, 式 (4.54) にガンマ分布の確率密度関数 $g(\varepsilon_k; \hat{\phi})$

を乗じた形で表されている．式 (4.54) のみを用いているのではない理由について簡単に説明しておこう．本来であれば式 (4.54) に示される尤度関数を用いてそれぞれのパラメータ θ_{i_k}, m, ε_k を求めたかったはずである．しかし，サンプルサイズの問題に起因して，固定効果 ε_k を確率変数とみなし，その確率分布 $g(\varepsilon_k; \phi)$ を考え，最尤推定値 $\hat{\psi}$ を得た．この最尤推定値 $\hat{\psi}$ は，故障事象の発生に関するハザード関数が平均 1，分散 $1/\hat{\phi}$ のガンマ分布に従って確率分布すると考えた時，平均的な寿命の確率密度関数がパラメータを $\hat{\theta}$, $\hat{m}$ とするワイブル分布に従うという意味である．したがって，ガンマ分布の確率密度関数を乗じるのは，固定効果 ε_k がガンマ分布 $G(\varepsilon_k; \hat{\phi})$ から標本抽出されたこと示すためであり，同時に，$\hat{\theta}$, $\hat{m}$ を用いるために必要な条件だからである．さて，式 (4.61) の尤度関数を用いた時，固定効果 ε_k の最尤推定量は，

$$\frac{\partial \log \mathcal{L}_k^{\circ}(\varepsilon_k; \bar{\boldsymbol{x}}, \bar{\boldsymbol{\delta}}, \hat{\boldsymbol{\psi}})}{\partial \varepsilon_k} = 0 \tag{4.62}$$

を満足するような $\hat{\varepsilon}_k$ として求めることができる．このようにして求めた固定効果のパラメータの最尤推定量は，パラメータ $\hat{\boldsymbol{\psi}} = (\hat{\boldsymbol{\theta}}, \hat{m}, \hat{\phi})$ を与件として求めた推定量である．このことを明示的に表現するために，式 (4.62) の解を $\hat{\varepsilon}_k(\hat{\boldsymbol{\psi}})$ と表そう．式 (4.61)，(4.62) より具体的に $\hat{\varepsilon}_k(\hat{\boldsymbol{\psi}})$ を求めれば

$$\hat{\varepsilon}_k(\hat{\boldsymbol{\psi}}) = \frac{\bar{s}_k + \hat{\phi} - 1}{\hat{\phi} + \theta_{i_k} \hat{\tau}_k} \tag{4.63}$$

となる．

分析結果

モデルの推計結果を表 4.8 に示している．また，固定効果の推定結果を表 4.9 に示している．表 4.9 を見ると，機器グループごとの固定効果は多様に分布し

表 4.8　モデルの推計結果

パラメータの推定値				
$\hat{\theta}_{i_k}$			$\hat{m}$	$\hat{\phi}$
$\hat{\theta}_1$	$\hat{\theta}_2$	$\hat{\theta}_3$		
1.251E−5	1.631E−6	5.293E−6	2.174	1.193
(−5.104E6)	(−2.311E7)	(−9.182E6)	(49.031)	(2.182)
対数尤度				
−402.441				

括弧の中は $t-$ 値を示している．

ており，情報システムの機器群の故障過程の異質性として，固定効果を考慮することの必要性が理解できる．

しかし，**表4.7**に示したように，機器グループによってはサンプルサイズが極端に小さくなる場合がある．このため，固定効果の大きさを推定することはできるものの，推定値の信頼性に問題が生じる可能性がある．表中，() 内に示す尤度比検定統計量が 3.84 を下回る機器グループが推定値の信頼性に問題が生じる機器グループである．実際に，機器グループの大部分が，固定効果を考慮

表 **4.9**　固定効果の推定結果

		HDD	電源部	処理部本体
部局 1	(PC)	0.154(1.536)	0.006(2.401)	0.154(1.398)
	(サーバー)	0.148(1.744)	–	0.148(1.484)
	(その他)	–	–	0.008(3.694)
部局 2	(PC)	0.123(2.973)	0.120(2.586)	0.770(8.94E−2)
	(サーバー)	2.208(0.541)	–	0.125(1.897)
	(その他)	0.161(1.321)	–	0.008(3.313)
部局 3	(PC)	0.146(1.799)	0.007(5.549)	0.146(1.507)
	(サーバー)	0.669(3.357)	–	0.008(3.715)
	(その他)	0.133(2.337)	–	0.860(7.62E−2)
部局 4	(PC)	1.437(5.38E−2)	0.004(3.174)	0.688(0.190)
	(サーバー)	0.600(1.500)	–	0.628(0.303)
	(その他)	–	–	–
部局 6	(PC)	0.134(2.310)	0.008(1.954)	0.132(1.752)
	(サーバー)	0.114(3.365)	–	0.802(6.24E−2)
	(その他)	–	–	0.142(1.579)
部局 7	(PC)	0.147(1.779)	0.007(2.090)	0.147(1.500)
	(サーバー)	1.304(0.246)	–	0.136(1.674)
	(その他)	–	–	0.009(3.070)
部局 8	(PC)	5.400(12.044)	1.360(3.519)	0.481(0.830)
	(サーバー)	1.833(0.181)	–	1.508(0.325)
	(その他)	–	–	0.581(0.424)
部局 9	(PC)	0.844(0.178)	0.632(3.44E−2)	0.416(1.260)
	(サーバー)	0.138(2.140)	–	0.948(3.43E−3)
	(その他)	–	–	0.123(1.937)

電源部には用途別の分類は無く，一括して「PC」部に記入をしている．「その他」は，「PC」，「サーバー」以外の用途に利用されている．－は該当する部局に機器が存在しないことを示す．() 内の数字は尤度比検定統計量である．

することに対する説明力がないという帰無仮説を有意水準 95 ％で棄却できていない．そこで，複数のグループを集約して再グループ化をし，固定効果を推定しなおしている．またその際，パラメータの最尤推定値 $\hat{\boldsymbol{\psi}}$ は既知とした上で，機器のタイプ別（HDD，電源部，処理部本体）に集約した固定効果 $E\varepsilon_p$，および，機器のタイプ別かつ用途別（PC，サーバー，その他）に集約した固定効果 $E\varepsilon_{p,q}$ を再推定している．ただし，$p(p = 1, 2, 3)$ は機器のタイプを表しており，$p = 1$ のときは HDD，$p = 2$ のときは電源部，$p = 3$ のときは処理部本体を表している．また，$q(q = 1, 2, 3)$ は用途を表しており，$q = 1$ のときは PC，$q = 2$ のときはサーバー，$q = 3$ のときはその他の用途を表している．この時，$E\varepsilon_p$ を求めるための部分尤度関数 $\mathcal{L}_p^{\circ\circ}(E\varepsilon_p; \bar{\boldsymbol{x}}, \bar{\boldsymbol{\delta}}, \hat{\boldsymbol{\psi}})$ を

$$
\mathcal{L}_p^{\circ\circ}(E\varepsilon_p; \bar{\boldsymbol{x}}, \bar{\boldsymbol{\delta}}, \hat{\boldsymbol{\psi}})
$$

$$
= g(E\varepsilon_p; \hat{\phi}) \prod_{k \in \omega_p} \prod_{l_k=1}^{L_k} \left\{ \hat{\theta}_{i_k} \hat{m} \bar{x}_{l_k}^{\hat{m}-1} E\varepsilon_p \right\}^{\bar{\delta}_{l_k}} \cdot \exp(-\hat{\theta}_{i_k} \bar{x}_{l_k}^{\hat{m}} E\varepsilon_p)
$$

$$
= \frac{\hat{\phi}^{\hat{\phi}}}{\Gamma(\hat{\phi})} \prod_{l_k=1}^{L_k} \left\{ \hat{\theta}_{i_k} \hat{m} \bar{x}_{l_k}^{\hat{m}-1} \right\}^{\bar{\delta}_{l_k}} \prod_{k \in w_p} E\varepsilon_p^{\bar{s}_k + \hat{\phi} - 1} \exp\left\{ -(\hat{\phi} + \hat{\theta}_{i_k} \hat{\tau}_k) E\varepsilon_p \right\}
$$

$$
\tag{4.64}
$$

と定義している．ただし，ω_p は要素が p となる機器グループの集合を表す．したがって，固定効果 $E\varepsilon_p$ の最尤推定量は，

$$
\frac{\partial \log \mathcal{L}_p^{\circ\circ}(E\varepsilon_p; \bar{\boldsymbol{x}}, \bar{\boldsymbol{\delta}}, \hat{\boldsymbol{\psi}})}{\partial E\varepsilon_p} = 0 \tag{4.65}
$$

を満足するような $E\hat{\varepsilon}_p$ として，

$$
E\hat{\varepsilon}_p(\hat{\boldsymbol{\psi}}) = \frac{\sum_{k \in \omega_p} \bar{s}_k + \hat{\phi} - 1}{\sum_{k \in \omega_p} \hat{\phi} + \hat{\theta}_{i_k} \hat{\tau}_k} \tag{4.66}
$$

と表すことができる．同様にして，固定効果 $E\varepsilon_{p,q}$ の最尤推定量は，

$$
E\hat{\varepsilon}_{p,q}(\hat{\boldsymbol{\psi}}) = \frac{\sum_{k \in \omega_{p,q}} \bar{s}_k + \hat{\phi} - 1}{\sum_{k \in \omega_{p,q}} \hat{\phi} + \hat{\theta}_{i_k} \hat{\tau}_k} \tag{4.67}
$$

と表すことができる．ただし，$\omega_{p,q}$ は機器タイプが p，用途が q となる機器グループの集合である．以上の考え方で集約化し，推定した固定効果の最尤推定値を**表 4.10** に示している．集約化することにより，表中 () 内に示す尤度比検定統計量の値が 3.84 を超えてきており，固定効果を考慮することに対する説明

表 4.10 集約化した固定効果の推定結果

	HDD($p = 1$)	電源部 ($p = 2$)	処理部本体 ($p = 3$)
$E\hat{\varepsilon}_p(\hat{\boldsymbol{\psi}})$	0.923(9.746)	0.205(8.737)	0.431(20.086)
$E\hat{\varepsilon}_{p,1}(\hat{\boldsymbol{\psi}})$	1.302(0.022)	–	0.366(8.344)
$E\hat{\varepsilon}_{p,2}(\hat{\boldsymbol{\psi}})$	0.900(6.403)	–	0.527(3.973)
$E\hat{\varepsilon}_{p,3}(\hat{\boldsymbol{\psi}})$	0.095(14.552)	–	0.410(8.243)

– は該当する部局に機器が存在しないことを示す. () 内の数字は尤度比
検定統計量である. $E\hat{\varepsilon}_{p,q}(\hat{\boldsymbol{\psi}})$ ($q = 1, 2, 3$) は, それぞれ PC, サーバー,
その他の用途の固定効果を表す.

力がないという帰無仮説を有意水準 95 ％で棄却することができている. PC 部
で用いられている HDD の機器グループ $(p, q) = (1, 1)$ においてのみ, 尤度比
検定統計量が 0.022 となり, 固定効果を考慮することに対する説明力がないと
いう帰無仮説を棄却できていない. 表 4.9 を見ると, 部局 8 の PC 部で用いら
れる HDD の固定効果は 5.400 と大きく, 尤度比検定統計量も 12.044 となって
いる. 一方で, それ以外の部局では, 尤度比検定統計量の値は 3.86 を下回って
いるものの, 多くの部局において PC 部で用いられる固定効果は小さい. この
ことから, すべての部局で用いられている機器を 1 つの機器グループに集約で
きないことが感覚的にも理解できるだろう. 論文中では言及されていないが,
部局 8 の PC 部で用いられる HDD のみを除き, それ以外の部局の PC 部で用
いられる HDD を集約化すると, それぞれにおいて説明力を有する固定効果を
推定することができるだろう. 最後に参考として, 表 4.8, 表 4.10 を用いて算
出した各機器グループごとの生存関数を図 4.7〜図 4.9 に示す. 本事例で取り
扱っている機器の寿命は, 一般的に耐用年数として評価されることが多い. し
たがって, 図 4.7〜図 4.9 は耐用年数を確率的に示していると考えることができ
る. 生存確率を管理指標として採用することにより, 任意の管理指標のもとで
の耐用年数を評価することができる.

　以上のように, 寿命の違いを異質性として考え, 固定効果によって表現し,
2 段階のパラメータ推定手法により固定効果を算出することができる.

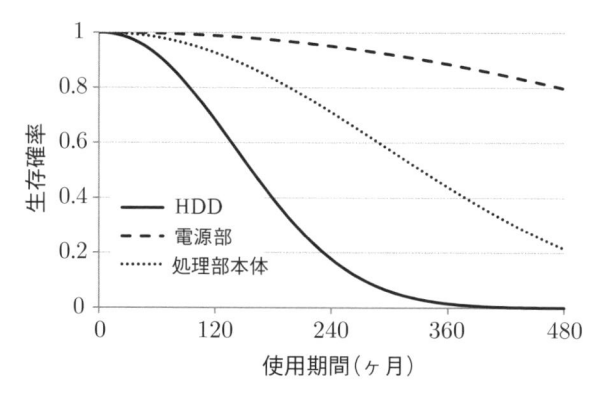

図 **4.7**　機器タイプ別の生存関数

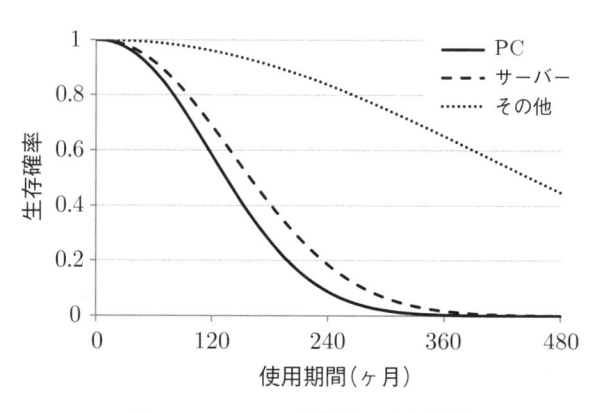

図 **4.8**　HDD の用途別の生存関数

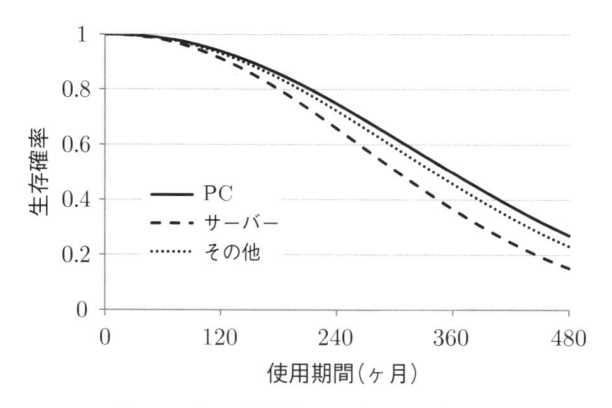

図 **4.9**　処理部本体の用途別の生存関数

Coffee break：ベイズ推定

固定効果を直接算出する方法としてベイズ推定がある．ベイズ推定は，しばしば古典的統計学と比較してベイズ統計学とも呼ばれる．古典的統計学においては，データの母集団の性質を決定する真の値があるものとして，その未知である真の値を推定していく．一方，ベイズ統計学では，真の値はわからないものとして，現段階で入手できるデータを元に母集団の性質を決定する値を推定していく．よって，古典的統計学ではデータ量が少なく（標本が少なく）パラメータを推定することが困難であったとしても，ベイズ統計学においては，現段階において合理的な判断を下すためのパラメータの推定値が得られるのである．この推定値が現段階において正しい推定値である保証はないが，データ量が増えていくに従い，結果的に正しい推定結果が得られていく．簡単な例として，サイコロを考えてみよう．ここに6面サイコロがあるとする．12回振った時，1の目が1回も出なかったとする．サイコロの出目の分布を規定するパラメータの真の値は12回程度の試行ではわからないが，現段階で1の目が出ないように細工されているかもしれないといった判断を下すことは可能である．さらに，120回振った時，1の目が3回ほど出たとしよう．1の目が出ないように細工されているといった予想は外れたが，それでも1の目が出にくく細工されているといった判断へと更新することができる．

実際に数式を通して見ていこう．まず，母集団の性質を決定するパラメータ θ を確率変数として，パラメータが与えられたもとで，観測値 ξ が観測される条件付き確率 $P(\xi|\theta)$ を考える．パラメータのしたがう確率分布を母数 ϕ とする $f(\theta;\phi)$ としよう．このとき，観測値 ξ が与えられたもとでのパラメータの条件付き確率密度関数 $P(\theta|\xi)$ は，ベイズの定理を用いて

$$P(\theta|\xi) = \frac{P(\xi|\theta)f(\theta;\phi)}{\sum_{\theta} P(\xi|\theta)f(\theta;\phi)} \tag{4.68}$$

と表すことができる．$P(\xi|\theta)$ はパラメータが与えられた条件のもとでデータが観測される同時生起確率を表すことから，条件付きの尤度である．$f(\theta;\phi)$ は事前分布，$P(\theta|\xi)$ は事後分布と呼ばれる．上式は，あらかじめパラメータの確率分布を事前分布として想定し，実際に得られた

観測値によってパラメータの確率分布を更新するといった意味を持っている．先程のサイコロの例と対応させると，1) あらかじめサイコロの出目の事前分布を想定し（等確率で 1/6），2) 12 回振った時の出目の記録を上式に代入して分布を更新し，3) さらに，12 回振った時に得られた分布を事前分布として，120 回振った時の記録を上式に代入して分布を更新しているのである．以上より，十分なデータ量を獲得できなくとも，何かしらパラメータの事後分布を算出できることがわかるだろう．ただしデータ量が極端に少ない場合，事後分布は想定した事前分布に大きな影響を受けることとなる．この意味で，ベイズ推定は主観確率に基づく分析だと言われている．

さて，パラメータの分布の形がわかってしまえば，事後分布 $P(\boldsymbol{\theta}|\boldsymbol{\xi})$ からパラメータ $\boldsymbol{\theta}$ のサンプルを抽出してやればよい．事後分布がよく知られた分布ではなく，サンプル抽出が困難な場合においても，マルコフ連鎖モンテカルロ法（Markov chain Monte Carlo）を用いて，どの様な分布であっても効率的に抽出できる．すなわち，固定効果を直接算出することが可能なのである．MCMC の具体内容に関しては本書の取り扱うレベルを逸脱するため，興味のある読者は自ら調べてみて欲しい．

演習問題

1. 寿命の確率分布が一様分布として

$$f(x) = \begin{cases} \dfrac{1}{\theta} & (0 \le x \le \theta) \\ 0 & \text{それ以外のとき} \end{cases} \tag{4.69}$$

と与えられているとき，生存関数 $S(x)$，ハザード関数 $\lambda(x)$，初期時点における期待余寿命 $E(X)$ を求めよ．

2. 指数ハザードモデル，ワイブルハザードモデルの初期時点における期待余寿命（式 (4.15)，式 (4.18)）を導出せよ．

3. 以下の表は，2 年に 1 度施設の定期点検を実施した時の故障の有無の記録である．定期点検において故障が発見された場合にはただちに新しい物へと取り替えられているとする．施設の故障過程がパラメータを θ, m とするワイブルハザードモデルに従うとしたとき，ワイブルハザードモデルを推計するための尤度関数を定式化

表 1　定期点検の結果

施設番号	1 回目の点検時点における使用年数	n 回目の点検記録				
		1	2	3	4	5
1	1	○	○	×	○	○
2	4	×	○	○	×	○
3	3	○	×	○	○	○
4	2	○	○	○	○	×
5	2	○	○	○	×	○

異常が無い場合は○が，故障している場合は×が記入されている．

せよ．

4. 施設グループ k の故障過程を表すハザード関数を $\lambda_k = (\beta_1 + a_{2,k}\beta_2)mx^{m-1}\varepsilon_k$ と特定化し，固定効果を考慮した寿命予測モデルを推計し，各パラメータの最尤推定値を得た．パラメータ m の推定値は $\hat{m} = 2$ となり，ε_k の推定値は以下の表に示す通りとなった．また，同表には，施設グループ k ごとの施設特性 $a_{2,k}$ を用いて $\hat{\theta}_k = \hat{\beta}_1 + a_{2,k}\hat{\beta}_2$ を計算した結果も併記している．問 (a)，(b) に答えよ．

表 2　モデルの推計結果

施設グループ番号 k	$\hat{\theta}_k$	$\hat{\varepsilon}_k$	施設グループ番号 k	$\hat{\theta}_k$	$\hat{\varepsilon}_k$
1	0.100	1.6	11	0.090	0.72
2	0.020	0.3	12	0.010	0.82
3	0.140	0.63	13	0.120	0.92
4	0.040	1.2	14	0.040	0.62
5	0.070	0.95	15	0.140	0.88
6	0.050	1.5	16	0.160	1.6
7	0.190	1.1	17	0.180	0.7
8	0.080	0.9	18	0.090	0.57
9	0.080	0.8	19	0.160	2.5
10	0.180	0.61	20	0.060	0.81

(a)　施設グループ 1 の期待余寿命を求めよ．ただし，$\Gamma(3/2) = \sqrt{\pi}/2 = 0.8862$ とする．

(b)　期待余寿命の他に，どのように活用できるかを考えよ．
　　（ヒント：横軸を ε_k，縦軸を θ_k としたグラフ上に各施設グループをプロットしよう．$\varepsilon_k = 1$ が何を意味するかを考えてみよう）

第5章
寿命を予測しよう（2）

5.1 状態の段階的な変化を表現するには？

　対象としているものの寿命を考えるとき，「生」か「死」か，あるいは「使用可能」か「使用不可能」かを考え，寿命を迎えるまでの時間に関する確率分布を設定し，その確率分布を推定するというのはとても理にかなっている考え方であろう．一方で，現実的なものの見方をするとき，「生」か「死」の単純な2つの状態で考えるよりも，複数の状態を考えた方が適切な場合もある．例えばコンクリート構造物を考えてみよう．コンクリート構造物は，「使用可能」か「使用不可能」かといった2つの状態のみよりも，「健全（使用可能）」，「各所にひび割れが見られる（使用可能）」，「各所でコンクリートが剥がれ落ちて鉄筋が露出（使用不可能）」というような複数の状態で考える方が便利な場合も多い．その理由は，ひび割れが見られた際に樹脂注入などの補修を施すことにより，延命，あるいは健全な状態へと戻すことができるからである．複数の状態を考えることにより，1) 使用不可能となってから構造物を作り直す費用が発生する場合，2) 使用可能ではあるが適切な処置を施すことにより，処置費用が発生する一方で構造物を作り直す費用が発生しなくなる場合，を比較することができ，長期的に考えた場合にどちらの選択が全体的な費用を抑えることができるのかを判断することができるようになる．本章では，上述したように，対象としているものの寿命を考える際に複数の状態を設定し，段階的に状態が変化していくことを表現するような寿命予測モデルを説明する．複数の状態を設定したような寿命予測モデルは，インフラ・構造物の劣化を予測するために非常に重要なツールである．本章で説明する多段階の寿命予測モデルの1つであ

るマルコフ劣化ハザードモデルは，アセットマネジメントの実務において幅広く用いられている．マルコフ劣化ハザードモデルは汎用性が大きく，現実の点検データを用いて容易にインフラ・構造物の劣化予測モデルを容易に推計することができる．しかし，マルコフ劣化ハザードモデルの定式化は一見複雑であり，式の内容を理解することに抵抗を感じるかもしれない．本章では，マルコフ劣化ハザードモデルを簡単な事例から順を追いながら丁寧に説明していくので，鉛筆を持ちながらモデルの導出過程を学んで欲しいと思う．

5.2 多段階の寿命予測モデル

5.2.1 3段階の寿命予測モデル

状態を3段階と限定して，寿命予測モデルを組み立ててみよう．私たちは既に，状態が2つ，「生」か「死」である時に寿命を表現する方法を知っている．**4章**で説明したハザード関数を用いた寿命予測モデルがそれにあたる．それでは，状態が複数ある場合にはどのようにしてモデル化を行えばよいだろうか？難しく考える必要は無く，表現したい現象を丁寧に記述していけばよい．まず，複数ある状態がどのように変化していくのかを設定しよう．状態1, 状態2, 状態3という3つの状態があるとしよう．さらに，状態1を最も健全な状態，状態3が寿命を迎えた状態，状態2をその中間の状態と考える．

状態3は最終状態であり，状態3に到達するとその状態に永久にとどまると考えよう．先程例に挙げたコンクリート構造物の状態をそのまま当てはめてもらってもよい．この時，状態の変化の過程として，必ず状態1から状態2へと変化し，その後状態2から状態3へと変化していくことがわかる．状態1から直接状態3へと変化することはない．今から考えるモデルは，このような前提を満たしているとする[*]．必ず状態1, 状態2, 状態3の順で状態が変化すること考えると，部分的にハザード関数を用いた寿命予測モデルが使えそうである．状態1, 状態2に対して，それぞれ別々に寿命予測モデルを設定してみよう．状態 $i\,(i=1,2)$ における生存関数を $S_i(x)$，寿命の確率密度関数を $f_i(x)$，累積分布関数を $F_i(x)$ とする．状態3は最終状態であり，一度状態3に到達すると永久に状態3にとどまる．言い換えれば，状態3の寿命は無限であるため，状態3については寿命の確率分布を考える必要がないことに留意しよう．次に，

---

[*] 状態1から状態3へ直接変化するような現象のモデル化も可能である．興味のある読者は水谷[16]を参照して欲しい．

我々が獲得できるデータが完全モニタリング情報であるか，不完全モニタリング情報であるかが重要となる．完全モニタリング情報であるならば，**4章**で見たように状態1，状態2の寿命が観測されるか，寿命が観測されずに「右側打ち切り」として生存状態が観測されるかのいずれかであるが，どちらであっても状態ごとに独立に寿命予測モデルを作成することができる．一方，不完全モニタリング情報の場合はそう簡単にはいかない．たとえば，先ほどのコンクリート構造物の場合，構造物の状態を常にモニタリングするわけではない．何年かに1度，専門家が構造物の状態を点検し，その状態を判定することになる．前回の点検の時に状態1と判定された構造物が，今回の点検で状態2と判定された場合を考えよう．前回の点検を行った時点から，今回の点検を行った時点に至るまでのどこかの時点で，状態1が終了し状態2に推移したことは分かるが，どの時点において状態が推移したかが分からないのである．このように構造物の状態に関して得られるデータは，不完全モニタリング情報である場合が多い．

　いま，対象の状態を定期的に観測するような定期モニタリングを考え，現時点より1つ前の時点で状態1が観測されたとしよう．現時点のモニタリングにおいて状態2が観測されたとき，状態1が寿命を迎えて状態2に変化し，状態2のまま現時点まで生存していることとなる．状態1がいつ寿命を迎えたかによって，状態2がどれだけ生存していたかが決まるということを考えれば，モニタリング間隔という定まった期間内において状態1が状態2に影響を与えていることがわかるだろう．よって，寿命予測モデルを状態ごとに独立に作成することはできないのである．それではどの様に考えればよいのか？　先述したように，表現したい現象を丁寧に記述していけばよい．

　いま，初期時点 $t_0 = 0$ において使用が開始され，状態1が観測されたとしよう．次に，時点 t においてどのような状態が観測されるかを考えよう．まず，初期時点 $t_0 = 0$ に状態1が観測され，時点 t においても状態1が観測される場合を考えよう．この場合，時点 t において状態1が観測される確率 $P_1(t)$ は，期間 $(0, t]$ にわたって状態が変化せず，状態1が継続する確率として表すことができる．次に，時点 t において状態2が観測される確率は，期間 $(0, t]$ 内のいずれかの時点 $\tau_1 = t_0 + z_1$ において状態2に変化し，その後期間 $(\tau_1, t]$ にわたって状態が変化しない確率 $P_2(t)$ として表すことができる．最後に，状態3が観測される確率は，期間 $(0, t]$ 内のいずれかの時点 τ_1 において状態2に変化し，さらに期間 $(\tau_1, t]$ のいずれかの時点 $\tau_2 = \tau_1 + z_2$ において状態3に変化す

る確率 $P_3(t)$ として表すことができる. それぞれの確率は具体的に,

$$P_1(t) = S_1(t) \tag{5.1a}$$

$$P_2(t) = \int_0^t f_1(z_1) S_2(t - z_1)\, dz_1 \tag{5.1b}$$

$$P_3(t) = \int_0^t \int_0^{t-z_1} f_1(z_1) f_2(z_2)\, dz_2 dz_1$$

$$= \int_0^t f_1(z_1) F_2(t - z_1)\, dz_1 \tag{5.1c}$$

となる. すなわち, 確率 $P_1(t)$ は, 時点 t まで状態 1 の状態が継続する確率であり, 生存確率 $S_1(t)$ で表される. 確率 $P_2(t)$ は, 図 **5.1** に示すように, かりに状態 1 から状態 2 に推移する時点 $t = \tau_1$ が確定的に判明していた場合, 時点 $t = 0$ から時点 $t = \tau_1$ までの期間長 z_1 の期間にわたり状態 1 が継続し, 時点 τ_1 から時点 t までの期間長 $t - z_1$ の期間にわたり状態 2 が生存する確率 $S_2(t - z_1)$ の積 $f_1(z_1) S_2(t - z_1)$ で表される. しかし, 状態が推移する時点 τ_1 が観測できない. この場合, 状態 1 から状態 2 に推移する時点は, 期間 $[0, t]$ の間にあることは確かである. このため, 確率 $f_1(z_1) S_2(t - z_1)$ を区間 $[0, t]$ にわたって積分

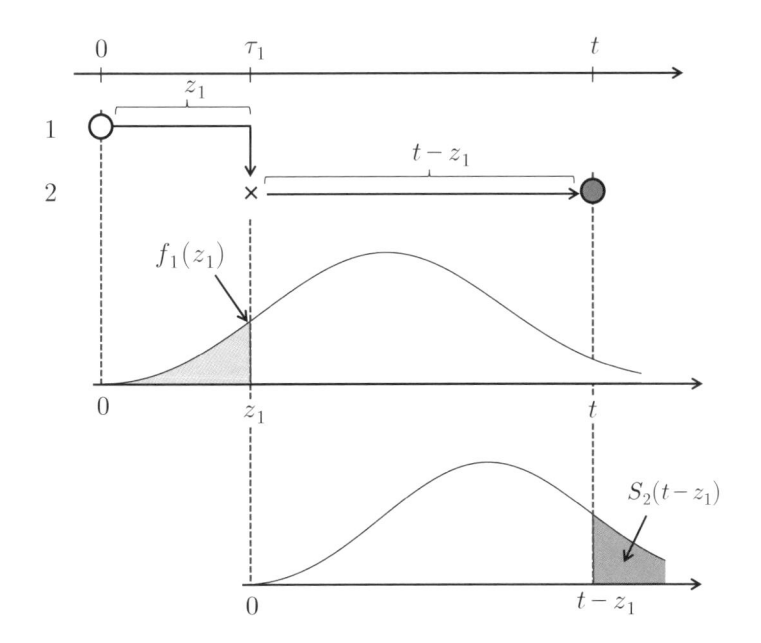

図 **5.1** 状態 2 に推移する場合

することによって確率 $P_2(t)$ を求めることができる.つぎに,確率 $P_3(t)$ を求めよう.状態 3 は最終状態であり,一度状態 3 に推移した場合,状態 3 にとどまり続けることに着目しよう.いま,時点 $t_0 = 0$ から時間 z_1 が経過した時点 $t = \tau_1$ で状態 1 から状態 2 に推移し,さらに時間 z_2 が経過した時点 $t = \tau_2$ で状態 2 に推移すると考えよう.ただし,$0 \leq \tau_1 \leq \tau_2 < t$ が成立する.したがって,確率 $P_3(t)$ は**図 5.2** に示すように,期間長 $z_1, z_2(= \tau_2 - \tau_1)$ が分かっている場合には,期間長 z_1 で状態 1 が終了し,さらに期間長 $z_2(= \tau_2 - \tau_1)$ が経過したのちに状態 2 が終了する確率の積 $f_1(z_1)f_2(z_2)$ で表される.しかし,時点 τ_1,τ_2 が観測されないため,確率 $P_3(t)$ は確率の積 $f_1(z_1)f_2(z_2)$ を $z_1 \in [0, t)$ と $z_2 \in [0, t - z_1)$ に関して多重積分すればいい.ここで,$F_2(z_2)$ は寿命の確率分布関数であり

$$F_2(t - z_1) = \int_0^{t-z_1} f(z_2)\, dz_2 \tag{5.2}$$

と定義されることに着目すれば,式 (5.1c) が得られることが理解できよう.当然のことながら,

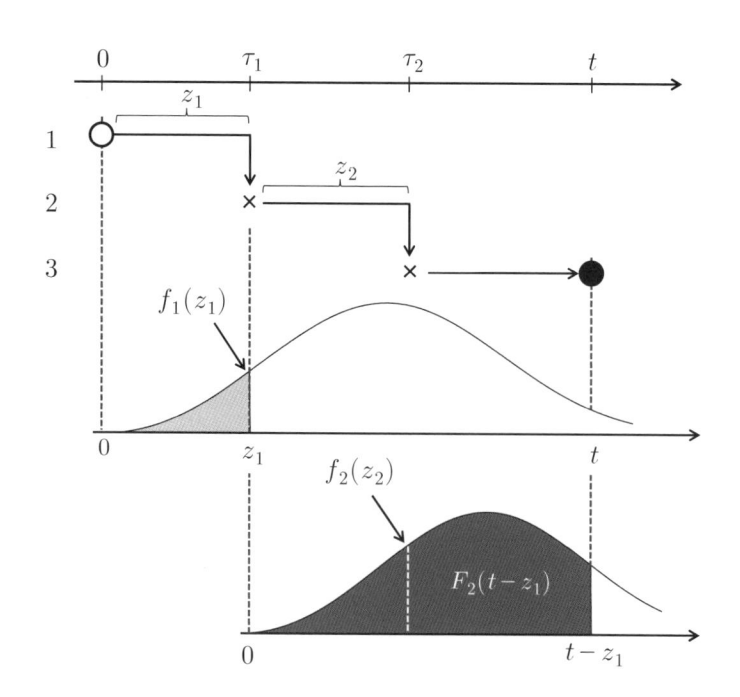

図 **5.2**　状態 3 に推移する場合

$$P_1(t) + P_2(t) + P_3(t) = 1 \tag{5.3}$$

が成立している．式 (5.1a)〜(5.1c) を 3 段階の寿命予測モデル，あるいは 3 段階のハザードモデルと呼ぶ．状態 i $(i = 1, 2)$ の生存関数 $S_i(x)$，寿命の確率密度関数 $f_i(x)$，累積分布関数 $F_i(x)$ を特定化してやれば，式 (5.1a)〜(5.1c) を用いて経過時間に応じた構造物の状態を確率的に算出することができる．

モデルの推計に当たっては，**4 章**で見てきたように，取り扱う情報が定期モニタリングによる不完全モニタリング情報のため，獲得できるデータの形式によって「打ち切り」を考慮する必要が出てくる．式 (5.1a)〜(5.1c) は，初期時点 $t = 0$ とモニタリング時点 t，すなわち期間 $(0, t]$ での状態の変化を考えている．定期モニタリングを考えると，2 つのモニタリング時点 t_1，t_2 において状態が観測された時の観測尤度を考える必要があるだろう．

5.2.2 2 つのモニタリング時点間で状態が変化する確率

いま，初期時点 $t_0 = 0$ において使用が開始され，時点 t_1 と時点 t_2 といった 2 つの時点で状態が観測される定期モニタリングを考えよう．状態 i $(i = 1, 2)$ における生存関数を $S_i(x)$，寿命の確率密度関数を $f_i(x)$，累積分布関数を $F_i(x)$ とする．この時，時点 t_1 において状態 i $(i = 1, 2, 3)$ が，時点 t_2 において状態 j $(j = 1, 2, 3)$ が観測される同時生起確率 $P_{i,j}(t_1, t_2)$ を考えてみよう．

時点 t_1 において状態 1，時点 t_2 において状態 j が観測された場合

時点 t_1 において状態 1 が観測され，時点 t_2 において状態 1 が観測される同時生起確率 $P_{1,1}(t_1, t_2)$ を考えよう．**図 5.3** を参考にしながら読み進めて欲しい．$P_{1,1}(t_1, t_2)$ は，期間 $(0, t_2]$ にわたって状態が変化せず，状態 1 が継続する確率として表すことができる．よって，

$$P_{1,1}(t_1, t_2) = S_1(t_2) \tag{5.4}$$

である．

次に，状態 2 が観測される確率は，期間 $(t_1, t_2]$ 内のいずれかの時点 $\tau_1 (= t_0 + z_1)$ において状態 2 に変化し，その後期間 $(\tau_1, t_2]$ にわたって状態が変化しない確率 $P_{1,2}(t_1, t_2)$ として表すことができる．よって，

$$P_{1,2}(t_1, t_2) = \int_{t_1}^{t_2} f_1(z_1) S_1(t_2 - z_1) \, dz_1 \tag{5.5}$$

となる．時点 τ_1 が観測できないため，期間長 z_1 はわからない．しかし，$t_1 \leq \tau_1 < t_2$ が成立するため，$z_1 \in [t_1, t_2)$ に関して多重積分を行っている．

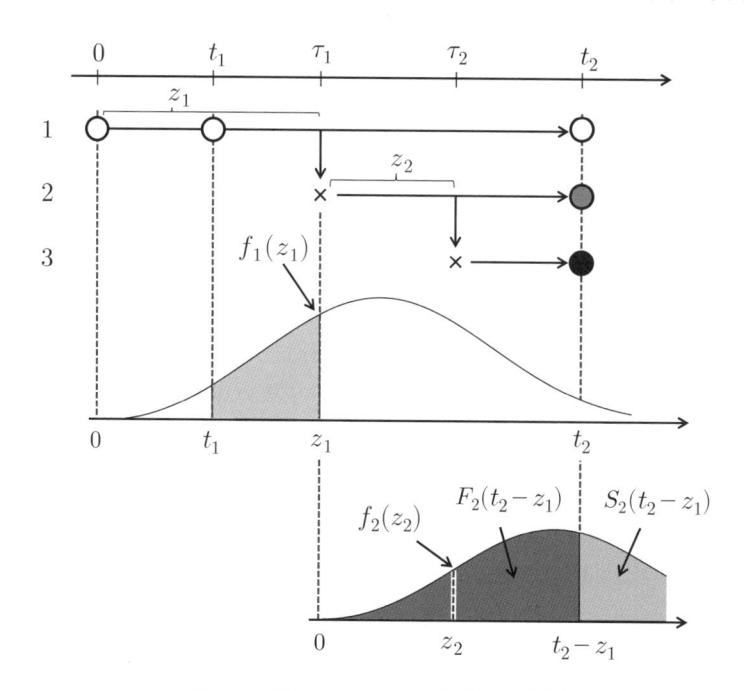

図 5.3 時点 t_1 において状態 1 が観測された場合

　最後に，状態 3 が観測される確率 $P_{1,3}(t_1, t_2)$ は，期間 $(t_1, t_2]$ 内のいずれかの時点 $\tau_1 (= t_0 + z_1)$ において状態 2 に変化し，さらに期間 $(\tau_1, t_2]$ のいずれかの時点 $\tau_2 (= \tau_1 + z_2)$ において状態 3 に変化する確率として表すことができる．よって，

$$P_{1,3}(t_1, t_2) = \int_{t_1}^{t_2} \int_0^{t_2 - z_1} f_1(z_1) f_2(z_2) \, dz_2 dz_1$$
$$= \int_{t_1}^{t_2} f_1(z_1) F_2(t_2 - z_1) \, dz_1 \tag{5.6}$$

となる．時点 τ_1, τ_2 が観測できないため，期間長 z_1, z_2 はわからない．しかし，$t_1 \leq \tau_1 \leq \tau_2 < t_2$ が成立するため，$z_1 \in [t_1, t_2)$，$z_2 \in [0, t_2 - z_1)$ に関して多重積分を行っている．

　式 (5.1a)〜(5.1b) の導出と同様に考えれば，それほど難しくはないだろう．しかし，ここで注意しなければならないのは，

$$P_{1,1}(t_1, t_2) + P_{1,2}(t_1, t_2) + P_{1,3}(t_1, t_2) \neq 1 \tag{5.7}$$

となることである．その理由がわかるだろうか？　その理由は，式 (5.1b), (5.1c)

と，式 (5.5), (5.6) を比較してみれば理解できるだろう．式 (5.1b), (5.1c) では，積分区間が $[0, t]$ であった．しかし，式 (5.5), (5.6) では，積分区間が $[t_1, t_2]$ に置き換わっている．すなわち，算出した $P_{1,i}(t_1, t_2)$ $(i = 1, 2, 3)$ は，時点 t_1 において状態 1 が観測され，かつ時点 t_2 において状態 i が観測される確率である．よって，時点 t_1 において状態 1 が観測されない確率が含まれていないのである．その確率は，期間 $(0, t_1]$ のいずれかの時点で状態 1 が寿命を迎える確率であり，$F_1(t_1)$ である．よって，

$$P_{1,1}(t_1, t_2) + P_{1,2}(t_1, t_2) + P_{1,3}(t_1, t_2) + F_1(t_1) = 1 \tag{5.8}$$

が成立しているのである．

時点 t_1 において状態 2，時点 t_2 において状態 j が観測された場合

時点 t_1 において状態 2 が観測された場合も考えてみよう．時点 t_2 においてどのような状態が観測されるかを先程と同様に考えればよい．図 **5.4** を参考に読み進めて欲しい．

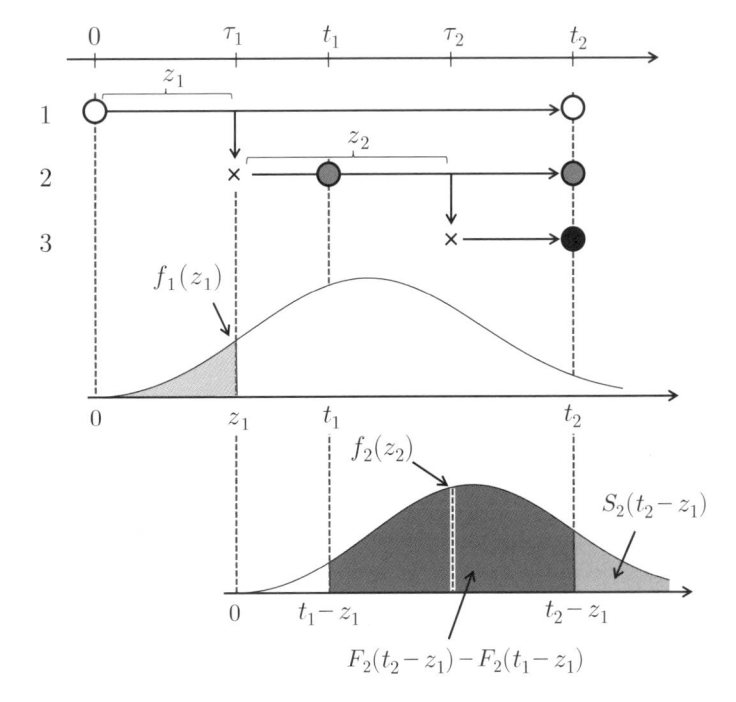

図 **5.4** 時点 t_1 において状態 2 が観測された場合

まず，状態 1 は観測されることがなく，

$$P_{2,1}(t_1, t_2) = 0 \tag{5.9}$$

である．

　次に，状態 2 が観測される確率 $P_{2,2}(t_1, t_2)$ は，期間 $(0, t_1]$ のいずれかの時点 $\tau_1(= t_0 + z_1)$ において状態 1 から状態 2 へと変化し，その後，期間 $(\tau_1, t_2]$ にわたって状態が変化せず，状態 2 が継続する確率として表すことができる．よって，

$$P_{2,2}(t_1, t_2) = \int_0^{t_1} f_1(z_1) S_2(t_2 - z_1) \, dz_1 \tag{5.10}$$

となる．時点 τ_1 が観測できないため，期間長 z_1 はわからない．しかし，$0 \leq \tau_1 < t_1$ が成立するため，$z_1 \in [0, t_1)$ に関して積分を行っている．

　最後に，状態 3 が観測される確率 $P_{2,3}(t_1, t_2)$ は，期間 $(0, t_1]$ のいずれかの時点 $\tau_1(= t_0 + z_1)$ において状態 1 から状態 2 へと変化し，その後期間 $(\tau_1, t_2]$ 内のいずれかの時点 $\tau_2(= \tau_1 + z_2)$ において状態 3 に変化する確率として表すことができる．よって，

$$\begin{aligned} P_{2,3}(t_1, t_2) &= \int_0^{t_1} \int_{t_1-z_1}^{t_2-z_1} f_1(z_1) f_2(z_2) \, dz_2 dz_1 \\ &= \int_0^{t_1} f_1(z_1) \{ F_2(t_2 - z_1) - F_2(t_1 - z_1) \} \, dz_1 \end{aligned} \tag{5.11}$$

となる．時点 τ_1，τ_2 が観測できないため，期間長 z_1，z_2 はわからない．しかし，$0 \leq \tau_1 < t_1 \leq \tau_2 < t_2$ が成立するため，$z_1 \in [0, t_1)$，$z_2 \in [t_1 - z_1, t_2 - z_1)$ に関して多重積分を行っている．

　この場合においても当然，

$$P_{2,1}(t_1, t_2) + P_{2,2}(t_1, t_2) + P_{2,3}(t_1, t_2) \neq 1 \tag{5.12}$$

である．算出した $P_{2,i}(t_1, t_2)$ $(i = 1, 2, 3)$ は，時点 t_1 において状態 2 が観測され，かつ時点 t_2 において状態 i が観測される確率である．よって，時点 t_1 において状態 2 が観測されない確率が含まれていないのである．含まれていない確率は，期間 $(0, t_1]$ において状態 1 が維持されている確率と期間 $(0, t_1]$ において状態 3 へと変化したとなる確率であり，それぞれ，式 (5.1a)，(5.1b) である．よって，

$$P_{2,1}(t_1, t_2) + P_{2,2}(t_1, t_2) + P_{2,3}(t_1, t_2) + P_1(t_1) + P_3(t_1) = 1 \tag{5.13}$$

が成立している. 実際に成立していることを見てみよう. まず,

$$P_{2,1}(t_1, t_2) + P_{2,2}(t_1, t_2) + P_{2,3}(t_1, t_2)$$

$$= \int_0^{t_1} f_1(z_1) S_2(t_2 - z_1)\, dz_1 + \int_0^{t_1} f_1(z_1) \{F(t_2 - z_1) - F(t_1 - z_1)\}\, dz_1$$

$$= \int_0^{t_1} f_1(z_1) \{S_2(t_2 - z_1) + F_2(t_2 - z_1) - F_2(t_1 - z_1)\}\, dz_1$$

$$= \int_0^{t_1} f_1(z_1) \{1 - F_2(t_1 - z_1)\}\, dz_1$$

$$= \int_0^{t_1} f_1(z_1) S_2(t_1 - z_1)\, dz_1 \tag{5.14}$$

となる. 次に, 式 (5.3), (5.1b) を用いて,

$$P_1(t_1) + P_3(t_1) = 1 - P_2(t_1)$$

$$= 1 - \int_0^{t_1} f_1(z_1) S_2(t_1 - z_1)\, dz_1 \tag{5.15}$$

である. よって,

$$P_{2,1}(t_1, t_2) + P_{2,2}(t_1, t_2) + P_{2,3}(t_1, t_2) + P_1(t_1) + P_3(t_1)$$

$$= \int_0^{t_1} f_1(z_1) S_2(t_1 - z_1)\, dz_1 + 1 - \int_0^{t_1} f_1(z_1) S_2(t_1 - z_1)\, dz_1$$

$$= 1 \tag{5.16}$$

となり, 成立していることが確認できた.

時点 t_1 において状態 3 が観測された場合

時点 t_2 において状態 1, 状態 2 は観測されることがなく,

$$P_{3,1}(t_1, t_2) = 0 \tag{5.17}$$

$$P_{3,2}(t_1, t_2) = 0 \tag{5.18}$$

である.

時点 t_2 において状態 3 が観測される確率は, 時点 t_1 において状態 3 が観測される確率と同等で, 期間 $(0, t_1]$ において状態 1 から 3 へと変化する確率によって表すことができる. その確率は式 (5.1c) で示した $P_3(t_1)$ そのものである. よって,

$$P_{3,3}(t_1, t_2) = \int_0^{t_1} f_1(z_1) F_2(t_1 - z_1)\, dz_1 \tag{5.19}$$

である.

図 5.5 を用いて理解を深めておこう. これまで求めてきた $P_{i,j}(t_1,t_2)$ $(i,j=1,2,3)$ は,ある土木構造物に対して定期モニタリングを実施したとき,時点 t_1 において状態 i が観測され,時点 t_2 において状態 j が観測される同時生起確率である. 図 5.5 に示すように,時点 t_2 において取り得るすべての状態の変化過程を記述しているので,

$$\sum_{i=1}^{3}\sum_{j=1}^{3} P_{i,j}(t_1,t_2) = 1 \tag{5.20}$$

を満たしていること,式 (5.8) や式 (5.13) が成立していることが簡単に理解できるだろう. また,

$$\sum_{j=1}^{3} P_{i,j}(t_1,t_2) = P_i(t_1) \tag{5.21a}$$

$$\sum_{i=1}^{3} P_i(t_1) = 1 \tag{5.21b}$$

であることも,簡単に読み取ることができるだろう.

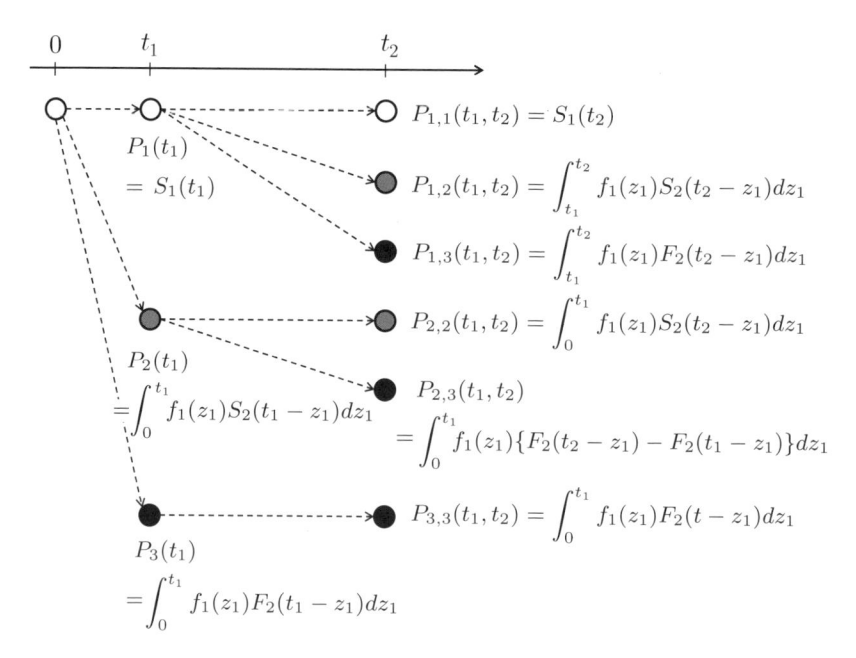

図 5.5 2つのモニタリング時点間で状態が変化する確率

以上の $P_{i,j}(t_1, t_2)$ を用いて観測尤度を算出し，尤度関数を定式化すればよい．$P_{i,j}(t_1, t_2)$ さえ導出してしまえば，通常の寿命予測モデルと同様に尤度関数を定式化できるため，後は読者の手に委ねたい．

また，同時生起確率 $P_{i,j}(t_1, t_2)$ は積分を伴う複雑な形となっているが，ここで学んで欲しいことは，状態が段階的に変化する寿命予測モデルにおける観測尤度の「考え方」である．後ほど，これら積分を解析的に計算可能とするような実用的な手法を説明するが，計算結果を覚えて使うだけではここぞというときに応用が利かない．ここで説明した考え方を用いて，丁寧に現象を記述していけば，あらゆる状況に応じて寿命予測モデルを構築，推計することができるのである．

5.2.3　推移確率行列の作成

私たちが実用上興味の対象とするのは，「ある構造物が時点 $t = 0$ に供用されてから状態が最終状態となるまでの時間」ではなく，「ある構造物に対して時点 t_1 において状態 i が観測された，この事実の下で，次の時点 t_2 において状態 j が観測される確率」のような，時点 t_1 で観測された状態 i が今後どのような状態 j となるかを表現する確率だろう[*]．よって，確率 $\pi_{i,j}(t_1, t_2)$ $(i, j = 1, 2, 3)$ を，ある土木構造物に対して定期モニタリングを実施し，時点 t_1 において状態 i が観測されたとき，時点 t_2 において状態 j が観測される条件付き確率として定義しよう．確率 $P_{i,j}(t_1, t_2)$ は時点 t_1 に状態 i，時点 t_2 に状態 j が同時に観測される同時生起確率であり，確率 $P_i(t_1)$ は時点 t_1 に状態 i が観測される確率であった．よって，$\pi_{i,j}(t_1, t_2)$ は条件付き確率の定義より，

$$\pi_{i,j}(t_1, t_2) = \frac{P_{i,j}(t_1, t_2)}{P_i(t_1)} \tag{5.22}$$
$$(i, j = 1, 2, 3)$$

と表すことができる．以上のようにして算出した $\pi_{i,j}(t_1, t_2)$ を要素とする 3 行 3 列の行列 $\Pi(t_1, t_2)$

$$\Pi(t_1, t_2) = \begin{pmatrix} \pi_{1,1}(t_1, t_2) & \pi_{1,2}(t_1, t_2) & \pi_{1,3}(t_1, t_2) \\ \pi_{2,1}(t_1, t_2) & \pi_{2,2}(t_1, t_2) & \pi_{2,3}(t_1, t_2) \\ \pi_{3,1}(t_1, t_2) & \pi_{3,2}(t_1, t_2) & \pi_{3,3}(t_1, t_2) \end{pmatrix}$$

---

[*]　構造物の寿命は非常に長く，段階的に状態が変化していくため，供用開始時点から最終状態に至るまでの時間を表す寿命よりも，現時点から最終状態に至るまでの時間を表す余寿命を考えるのである．

$$
= \begin{pmatrix} \dfrac{S_1(t_2)}{S_1(t_1)} & \dfrac{\int_{t_1}^{t_2} f_1(z_1) S_2(t_2-z_1)\, dz_1}{S_1(t_1)} & \dfrac{\int_{t_1}^{t_2} f_1(z_1) F_2(t_2-z_1)\, dz_1}{S_1(t_1)} \\[3mm] 0 & \dfrac{\int_0^{t_1} f_1(z_1) S_2(t_2-z_1)\, dz_1}{\int_0^{t_1} f_1(z_1) S_2(t_1-z_1)\, dz_1} & \dfrac{\int_0^{t_1} f_1(z_1)\{F_2(t_2-z_1) - F_2(t_1-z_1)\} dz_1}{\int_0^{t_1} f_1(z_1) S_2(t_1-z_1)\, dz_1} \\[3mm] 0 & 0 & 1 \end{pmatrix}
\tag{5.23}
$$

を考えよう. $\sum_{j=1}^{3} \pi_{i,j}(t_1,t_2) = 1\ (i=1,2,3)$ である. よって, 行列 $\Pi(t_1,t_2)$ は, 時点 t_1 と時点 t_2 における推移確率行列を表している. すなわち, 時点 t_1 において状態 1, 状態 2, 状態 3 の状態分布を表した状態ベクトル $\boldsymbol{s}(t_1) = (s_1, s_2, s_3)$ を定義してやると, 時点 t_2 における状態ベクトルは,

$$
\boldsymbol{s}(t_2) = \boldsymbol{s}(t_1)\Pi(t_1,t_2) \tag{5.24}
$$

と表現することができ, 現時点に応じた将来時点の状態 1, 状態 2, 状態 3 の分布を確率的に算出することができるようになる.

さて, 1) $P_{i,j}(t_1,t_2)$ を用いて観測尤度を算出し, 2) 尤度関数を定式化してモデルを推計, 3) 推移確率行列を作成するといった手順で説明してきたが, 1) において $\pi_{i,j}(t_1,t_2)$ を用いることもできる. 当然と言えば当然であるが, 数式を通して見てみよう. 時点 t_1 において状態 i が観測され, 時点 t_2 において状態 j が観測される同時生起確率は $\pi_{1,i}(0,t_1)\pi_{i,j}(t_1,t_2)$ であり,

$$
\begin{aligned}
\pi_{1,i}(0,t_1)\pi_{i,j}(t_1,t_2) &= P_i(t_1)\frac{P_{i,j}(t_1,t_2)}{P_i(t_1)} \\
&= P_{i,j}(t_1,t_2)
\end{aligned} \tag{5.25}
$$

より, $P_{i,j}(t_1,t_2)$ と等しい. よって, モデルを推計するときに, $P_{i,j}(t_1,t_2), \pi_{i,j}(t_1,t_2)$ のどちらを用いても観測尤度は同じであり, 同様の推計結果が得られるのである. 重要なことは, 1) 3 段階の寿命予測モデルが式 (5.1a)〜式 (5.1c) で表されること, 2) その観測尤度が $P_{i,j}(t_1,t_2)\ (i=1,2,3)$, あるいは $\pi_{i,j}(t_1,t_2)\ (i=1,2,3)$ を用いて算出できること, 3) モデルの推計結果を用いて状態の推移確率行列 $\Pi(t_1,t_2)$ を算出でき, その要素が $\pi_{i,j}(t_1,t_2)\ (i=1,2,3)$ であること, の 3 つである.

5.2.4 *I* 段階の寿命予測モデル

　状態を 3 段階に限定せず, I 段階の寿命予測モデルを組み立ててみよう. 以下ではより一般的な形で寿命予測モデルを構築し, その観測尤度を算出する方法を説明する. 多段階の寿命予測モデルを理解するために必要となる考え方は,

先述の3段階の寿命予測モデルにおいて全て説明しているため，実用的な多段階の寿命予測モデルのみに興味がある読者は，**5.3** へ進んでもらっても支障はない．

それでは I 段階の寿命予測モデルを構築しよう．状態 i $(i = 1, \cdots, I-1)$ における生存関数を $S_i(x)$，寿命の確率密度関数を $f_i(x)$，累積分布関数を $F_i(x)$ とする．いま，初期時点 $t_0 = 0$ において使用が開始され，状態1が観測されたとしよう．次に，時点 t において状態 i $(i = 1, \cdots, I)$ が観測される確率 $P_i(t)$ を考えよう．

まず，時点 t において状態1が観測される確率 $P_1(t)$ は，期間 $(0, t]$ にわたって状態が変化せず，状態1が継続する確率として表すことができる．よって

$$P_1(t) = S_1(t) \tag{5.26}$$

である．次に，時点 t において状態2が観測される確率 $P_2(t)$ は，期間 $(0, t]$ 内のいずれかの時点 $\tau_1(= t_0 + z_1)$ において状態2に変化し，その後期間 $(\tau_1, t]$ にわたって状態が変化しない確率 $P_2(t)$ として表すことができる．よって，

$$P_2(t) = \int_0^t f_1(z_1) S_2(t - z_1) \, dz_1 \tag{5.27}$$

である．ここまでは3段階の寿命予測モデルと同じである．

次に，状態 i $(i = 3, \cdots, I-1)$ が観測される確率 $P_i(t)$ は，期間 $(0, t]$ 内のいずれかの時点 $\tau_1(= t_0 + z_1)$ において状態2に変化し，さらに期間 $(\tau_1, t]$ のいずれかの時点 $\tau_m(= \tau_{m-1} + z_m)$ $(m = 2, \cdots, i-1)$ において状態 m から $m+1$ に変化し，さらに期間 $(\tau_{i-1}, t]$ にわたって状態が変化せず，状態 i が継続する確率として表すことができる．よって，

$$P_i(t) = \int_0^t \int_0^{t-z_1} \cdots \int_0^{t-\sum_{m=1}^{i-2} z_m}$$
$$f_1(z_1) \cdots f_{i-1}(z_{i-1}) S_i \left(t - \sum_{m=1}^{i-1} z_m \right)$$
$$dz_{i-1} \cdots dz_2 dz_1 \tag{5.28}$$

である．時点 $\tau_1, \cdots, \tau_{i-1}$ が観測できないため，期間長 $z_1, \cdots, z_{i-1}$ はわからない．しかし，$0 \le \tau_1 \le \cdots \le \tau_{i-1} < t$ が成立するため，$z_1 \in [0, t)$，$z_2 \in [0, t-z_1)$，$\cdots$，$z_{i-1} \in [0, t - \sum_{m=1}^{i-2} z_m)$ に関して多重積分を行っている．

　最後に，状態 I が観測される確率 $P_I(t)$ は，期間 $(0, t]$ 内のいずれかの時点 $\tau_1(= t_0 + z_1)$ において状態 2 に変化し，さらに期間 $(\tau_1, t]$ のいずれかの時点 $\tau_m(= \tau_{m-1} + z_m)$ $(m = 2, \cdots, I-1)$ において状態 m から $m+1$ に変化する確率として表すことができる．よって，

$$
\begin{aligned}
P_I(t) =& \int_0^t \int_0^{t-z_1} \cdots \int_0^{t-\sum_{m=1}^{I-3} z_m} \int_0^{t-\sum_{m=1}^{I-2} z_m} \\
& f_1(z_1) \cdots f_{I-2}(z_{I-2}) f_{I-1}(z_{I-1}) \\
& dz_{I-1} dz_{I-2} \cdots dz_2 dz_1 \\
=& \int_0^t \int_0^{t-z_1} \cdots \int_0^{t-\sum_{m=1}^{I-3} z_m} \\
& f_1(z_1) \cdots f_{I-2}(z_{I-2}) F_{I-1}\left(t - \sum_{m=1}^{I-2} z_m\right) \\
& dz_{I-2} \cdots dz_2 dz_1
\end{aligned}
\tag{5.29}
$$

と表すことができる．時点 $\tau_1, \cdots, \tau_{I-1}$ が観測できないため，期間長 $z_1, \cdots, z_{I-1}$ はわからない．しかし，$0 \le \tau_1 \le \cdots \le \tau_{I-1} < t$ が成立するため，$z_1 \in [0, t)$, $z_2 \in [0, t-z_1)$, $\cdots$, $z_{I-1} \in [0, t - \sum_{m=1}^{I-2} z_m)$ に関して多重積分を行っている．

　式 (5.26)〜(5.29) を I 段階の寿命予測モデル，あるいは I 段階のハザードモデルと呼ぶ．当然のことながら，

$$
P_1(t) + \cdots + P_I(t) = 1
\tag{5.30}
$$

が成立している．状態 i $(i = 1, \cdots, I-1)$ の生存関数 $S_i(x)$，寿命の確率密度関数 $f_i(x)$，累積分布関数 $F_i(x)$ を特定化してやれば，式 (5.26)〜(5.29) を用いて経過時間に応じた構造物の状態を確率的に算出することができる．モデル化の本質[*]を押さえていれば，それほど苦労することなく導けたのではないだろうか？

5.2.5　2つのモニタリング時点間で状態が変化する確率

　2つのモニタリング時点 t_1, t_2 において状態が観測された時の観測尤度を考えよう．時点 t_1 において状態 i $(i = 1, \cdots, I)$ が観測され，時点 t_2 において状

---

　[*]　状態が変化する時点 τ と状態が変化するまでの期間長 z を考え，τ が観測できないため z が取り得る範囲で積分をするという部分である．図に書いて見ることが理解への一歩である．

態 j $(j = 1, \cdots, I)$ が観測される同時生起確率 $P_{i,j}(t_1, t_2)$ を考えていく．状態 i $(i = 1, \cdots, I-1)$ における生存関数を $S_i(x)$，寿命の確率密度関数を $f_i(x)$，累積分布関数を $F_i(x)$ とする．図を用いた詳細な説明は省略するが，理解が難しいと感じたときには，3 段階の寿命予測モデルにおける導出を参考にしながら，自分で図を書いてみると良いだろう．観測される状態に応じて場合を分け，1 つ 1 つ見ていこう．

時点 t_1 に状態 1，時点 t_2 に状態 1 が観測された場合

時点 t_1 に状態 1 が観測され，時点 t_2 に状態 1 が観測される確率 $P_{1,1}(t_1, t_2)$ は，期間 $(0, t_2]$ にわたって状態が変化せず，状態 1 が継続する確率として表すことができる．よって，

$$P_{1,1}(t_1, t_2) = S_1(t_2) \tag{5.31}$$

となる．

時点 t_1 に状態 1，時点 t_2 に状態 2 が観測された場合

時点 t_1 に状態 1 が観測され，時点 t_2 に状態 2 が観測される確率 $P_{1,2}(t_1, t_2)$ は，期間 $(t_1, t_2]$ 内のいずれかの時点 $\tau_1 (= t_0 + z_1)$ おいて状態 2 に変化し，その後期間 $(\tau_1, t_2]$ にわたって状態が変化しない確率として表すことができる．よって，

$$P_{1,2}(t_1, t_2) = \int_{t_1}^{t_2} f_1(z_1) S_1(t_2 - z_1)\, dz_1 \tag{5.32}$$

となる．時点 τ_1 が観測できないため，期間長 z_1 はわからない．しかし，$t_1 \le \tau_1 < t_2$ が成立するため，$z_1 \in [t_1, t_2)$ に関して積分を行っている．

時点 t_1 に状態 1，時点 t_2 に状態 $j\,(3 \le j \le I-1)$ が観測された場合

時点 t_1 に状態 1 が観測され，時点 t_2 に状態 j が観測される確率 $P_{1,j}(t_1, t_2)$ は，期間 $(t_1, t_2]$ 内のいずれかの時点 $\tau_1 (= t_0 + z_1)$ において状態 2 に変化し，その後，期間 $(t_1, t_2]$ 内の時点 $\tau_m (= \tau_{m-1} + z_m)$ $(m = 2, \cdots, j-1)$ において状態 m から状態 $m+1$ へと変化し，さらに，期間 $(\tau_{j-1}, t_2]$ にわたって状態が変化せず，状態 j が継続する確率として表すことができる．よって，

$$P_{1,j}(t_1, t_2) = \int_{t_1}^{t_2} \int_0^{t_2 - z_1} \cdots \int_0^{t_2 - \sum_{m=1}^{j-2} z_m}$$

$$f_1(z_1)f_2(z_2)\cdots f_{j-1}(z_{j-1})S_j\left(t_2-\sum_{m=1}^{j-1}z_m\right)$$

$$dz_{j-1}\cdots dz_2dz_1 \tag{5.33}$$

となる．時点 $\tau_1,\ \cdots,\ \tau_m$ が観測できないため，期間長 $z_1,\ \cdots,\ z_{j-1}$ はわからない．しかし，$t_1\le\tau_1\le\cdots\le\tau_{j-1}<t_2$ が成立するため，$z_1\in[t_1,t_2)$，$z_2\in[0,t_2-z_1),\ \cdots,\ z_{j-1}\in[0,t_2-\sum_{m=1}^{j-2}z_m)$ に関して多重積分を行っている．

時点 t_1 に状態 1，時点 t_2 に状態 I が観測された場合

時点 t_1 に状態 1 が観測され，時点 t_2 に状態 I が観測される確率 $P_{1,I}(t_1,t_2)$ は，期間 $(t_1,t_2]$ 内のいずれかの時点 $\tau_1(=t_0+z_1)$ において状態 2 に変化し，その後，期間 $(\tau_1,t_2]$ 内のいずれかの時点 $\tau_m(=\tau_{m-1}+z_m)\ (m=2,\cdots,I-1)$ おいて状態 m から状態 $m+1$ へと変化する確率として表すことができる．よって，

$$\begin{aligned}
P_{1,I}(t_1,t_2) &= \int_{t_1}^{t_2}\int_0^{t_2-z_1}\cdots\int_0^{t_2-\sum_{m=1}^{I-3}z_m}\int_0^{t_2-\sum_{m=1}^{I-2}z_m}\\
&\quad f_1(z_1)f_2(z_2)\cdots f_{I-2}(z_{I-2})f_{I-1}(z_{I-1})\\
&\quad dz_{I-1}dz_{I-2}\cdots dz_2dz_1\\
&= \int_{t_1}^{t_2}\int_0^{t_2-z_1}\cdots\int_0^{t_2-\sum_{m=1}^{I-3}z_m}\\
&\quad f_1(z_1)f_2(z_2)\cdots f_{I-2}(z_{I-2})F_{I-1}\left(t_2-\sum_{m=1}^{I-2}z_m\right)\\
&\quad dz_{I-2}\cdots dz_2dz_1
\end{aligned} \tag{5.34}$$

となる．時点 $\tau_1,\ \cdots,\ \tau_{I-1}$ が観測できないため，期間長 $z_1,\ \cdots,\ z_{I-1}$ はわからない．しかし，$t_1\le\tau_1\le\cdots\le\tau_{I-1}<t_2$ が成立するため，$z_1\in[t_1,t_2)$，$z_2\in[0,t_2-z_1),\ \cdots,\ z_{I-1}\in[0,t_2-\sum_{m=1}^{I-2}z_m)$ に関して多重積分を行っている．

時点 t_1 に状態 $i\,(2\le i\le I-1)$，時点 t_2 に状態 i が観測された場合

時点 t_1 に状態 i が観測され，時点 t_2 に状態 i が観測される確率 $P_{i,i}(t_1,t_2)$ は，期間 $(0,t_1]$ のいずれかの時点 $\tau_1(=t_0+z_1)$ において状態 1 から状態 2 へと変化し，その後時点 $\tau_m(=\tau_{m-1}+z_m)\ (m=2,\cdots,i-1)$ において状態 m

から状態 $m+1$ へと変化し，さらに，その後期間 $(\tau_{i-1}, t_2]$ にわたって状態が変化せず，状態 i が継続する確率として表すことができる．よって，

$$P_{i,j}(t_1, t_2) = \int_0^{t_1} \int_0^{t_1 - z_1} \cdots \int_0^{t_1 - \sum_{m=1}^{i-2} z_m}$$

$$f_1(z_1) f_2(z_2) \cdots f_{i-1}(z_{i-1}) S_i \left(t_2 - \sum_{m=1}^{i-1} z_m \right)$$

$$dz_{i-1} \cdots dz_2 dz_1 \tag{5.35}$$

となる．時点 τ_1, $\cdots$, τ_{i-1} が観測できないため，期間長 z_1, $\cdots$, z_{i-1} はわからない．しかし，$0 \leq \tau_1 \leq \cdots \leq \tau_{i-1} < t_1$ が成立するため，$z_1 \in [0, t_1)$，$z_2 \in [0, t_1 - z_1)$，$\cdots$，$z_{i-1} \in [0, t_1 - \sum_{m=1}^{i-2} z_m)$ に関して多重積分を行っている．

時点 t_1 に状態 $i\,(2 \leq i \leq I-2)$，時点 t_2 に状態 $i+1$ が観測された場合

時点 t_1 に状態 i が観測され，時点 t_2 に状態 $i+1$ が観測される確率 $P_{i,i+1}(t_1, t_2)$ は，期間 $(0, t_1]$ のいずれかの時点 $\tau_1(= t_0 + z_1)$ において状態 1 から状態 2 へと変化し，その後時点 $\tau_m(= \tau_{m-1} + z_m)\,(m = 2, \cdots, i-1)$ において状態 m から状態 $m+1$ へと変化し，さらに，期間 $(t_1, t_2]$ 内のいずれかの時点 $\tau_i(= \tau_{i-1} + z_i)$ において状態 $i+1$ に変化し，その後期間 $(\tau_i, t_2]$ にわたって状態が変化せず，状態 $i+1$ が継続する確率として表すことができる．よって，

$$P_{i,i+1}(t_1, t_2) = \int_0^{t_1} \int_0^{t_1 - z_1} \cdots \int_0^{t_1 - \sum_{m=1}^{i-2} z_m} \int_{t_1 - \sum_{m=1}^{i-1} z_m}^{t_2 - \sum_{m=1}^{i-1} z_m}$$

$$f_1(z_1) f_2(z_2) \cdots f_{i-1}(z_{i-1}) f_i(z_i) S_{i+1} \left(t_2 - \sum_{m=1}^{i} z_m \right)$$

$$dz_i dz_{i-1} \cdots dz_2 dz_1 \tag{5.36}$$

となる．時点 τ_1, $\cdots$, τ_i が観測できないため，期間長 z_1, $\cdots$, z_i はわからない．しかし，$0 \leq \tau_1 \leq \cdots \leq \tau_{i-1} < t_1 \leq \tau_i < t_2$ が成立するため，$z_1 \in [0, t_1)$，$z_2 \in [0, t_1 - z_1)$，$\cdots$，$z_{i-1} \in [0, t_1 - \sum_{m=1}^{i-2} z_m)$，$z_i \in [t_1 - \sum_{m=1}^{i-1} z_m, t_2 - \sum_{m=1}^{i-1} z_m)$ に関して多重積分を行っている．

時点 t_1 に状態 $i\,(2 \leq i \leq I-3)$，時点 t_2 に状態 $j\,(i+2 \leq j \leq I-1))$ が観測された場合

時点 t_1 に状態 i が観測され，時点 t_2 に状態 j が観測される確率 $P_{i,j}(t_1, t_2)$ は，1) 期間 $(0, t_1]$ のいずれかの時点 $\tau_1(= t_0 + z_1)$ において状態 1 から状態 2 へ

と変化, 2) 時点 $\tau_m(=\tau_{m-1}+z_m)$ $(m=2,\cdots,i-1)$ において状態 m から状態 $m+1$ へと変化, 3) 期間 $(t_1,t_2]$ 内のいずれかの時点 $\tau_i(=\tau_{i-1}+z_i)$ において状態 $i+1$ に変化, 4) 期間 $(t_1,t_2]$ 内の時点 $\tau_m(=\tau_{m-1}+z_m)$ $(m=i+1,\cdots,j-1)$ において状態 m から状態 $m+1$ へと変化, 5) 期間 $(\tau_{j-1},t_2]$ にわたって状態 が変化せず,状態 j が継続する確率として表すことができる.よって,

$$P_{i,j}(t_1,t_2)$$

$$= \int_0^{t_1}\int_0^{t_1-z_1}\cdots\int_0^{t_1-\sum_{m=1}^{i-2}z_m}\int_{t_1-\sum_{m=1}^{i-1}z_m}^{t_2-\sum_{m=1}^{i-1}z_m}\int_0^{t_2-\sum_{m=1}^{i}z_m}\cdots\int_0^{t_2-\sum_{m=1}^{j-2}z_m}$$

$$f_1(z_1)f_2(z_2)\cdots f_{j-1}(z_{j-1})S_j\left(t_2-\sum_{m=1}^{j-1}z_m\right)$$

$$dz_{j-1}\cdots dz_{i+1}dz_i dz_{i-1}\cdots dz_2 dz_1 \tag{5.37}$$

となる.時点 τ_1, $\cdots$, τ_{j-1} が観測できないため,期間長 z_1, $\cdots$, z_{j-1} はわ からない.しかし,$0 \le \tau_1 \le \cdots \le \tau_{i-1} < t_1 \le \tau_i \le \cdots \le \tau_{j-1} < t_2$ が成 立するため,$z_1 \in [0,t_1)$, $z_2 \in [0,t_1-z_1)$, $\cdots$, $z_{i-1} \in [0,t_1-\sum_{m=1}^{i-2}z_m)$, $z_i \in [t_1-\sum_{m=1}^{i-1}z_m,t_2-\sum_{m=1}^{i-1}z_m)$, $z_{i+1} \in [0,t_2-\sum_{m=1}^{i}z_m)$, $\cdots$, $z_{j-1} \in [0,t_2-\sum_{m=1}^{j-2}z_m)$ に関して多重積分を行っている.

時点 t_1 に状態 i $(2 \le i \le I-1)$,時点 t_2 に状態 I が観測された場合

時点 t_1 に状態 i が観測され,時点 t_2 に状態 I が観測される確率 $P_{i,I}(t_1,t_2)$ は,1) 期間 $(0,t_1]$ のいずれかの時点 $\tau_1(=t_0+z_1)$ において状態 1 から状態 2 へと変化, 2) 時点 $\tau_m(=\tau_{m-1}+z_m)$ $(m=2,\cdots,i-1)$ において状態 m から 状態 $m+1$ へと変化, 3) 期間 $(t_1,t_2]$ 内のいずれかの時点 $\tau_i(=\tau_{i-1}+z_i)$ に おいて状態 $i+1$ に変化, 4) 期間 $\tau_m(=\tau_{m-1}+z_m)$ $(m=i+1,\cdots,I-1)$ において状態 m から状態 $m+1$ へと変化する確率として表すことができる. よって,

$$P_{i,j}(t_1,t_2)$$

$$= \int_0^{t_1}\int_0^{t_1-z_1}\cdots\int_0^{t_1-\sum_{m=1}^{i-2}z_m}\int_{t_1-\sum_{m=1}^{i-1}z_m}^{t_2-\sum_{m=1}^{i-1}z_m}$$

$$\int_0^{t_2-\sum_{m=1}^{i}z_m}\cdots\int_0^{t_2-\sum_{m=1}^{I-3}z_m}\int_0^{t_2-\sum_{m=1}^{I-2}z_m}$$

$$f_1(z_1)f_2(z_2)\cdots f_{I-2}(z_{I-2})f_{I-1}(z_{I-1})$$

$$dz_{I-1}dz_{I-2}\cdots dz_{i+1}dz_i dz_{i-1}\cdots dz_2 dz_1$$

$$= \int_0^{t_1} \int_0^{t_1-z_1} \cdots \int_0^{t_1-\sum_{m=1}^{i-2} z_m} \int_{t_1-\sum_{m=1}^{i-1} z_m}^{t_2-\sum_{m=1}^{i-1} z_m} \int_0^{t_2-\sum_{m=1}^{i} z_m} \cdots \int_0^{t_2-\sum_{i=m}^{I-3} z_m}$$

$$f_1(z_1)f_2(z_2)\cdots f_{I-2}(z_{I-2})F_{I-1}\left(t_2 - \sum_{m=1}^{I-2} z_m\right)$$

$$dz_{I-2}\cdots dz_{i+1}dz_i dz_{i-1}\cdots dz_2 dz_1 \tag{5.38}$$

となる．時点 τ_1, $\cdots$, τ_{I-1} が観測できないため，期間長 z_1, $\cdots$, z_{I-1} はわからない．しかし，$0 \le \tau_1 \le \cdots \le \tau_{i-1} < t_1 \le \tau_i \le \cdots \le \tau_{I-1} < t_2$ が成立するため，$z_1 \in [0, t_1)$, $z_2 \in [0, t_1 - z_1)$, $\cdots$, $z_{i-1} \in [0, t_1 - \sum_{m=1}^{i-2} z_m)$, $z_i \in [t_1 - \sum_{m=1}^{i-1} z_m, t_2 - \sum_{m=1}^{i-1} z_m)$, $z_{i+1} \in [0, t_2 - \sum_{m=1}^{i} z_m)$, $\cdots$, $z_{I-2} \in [0, t_2 - \sum_{m=1}^{I-3} z_m)$, $z_{I-1} \in [0, t_2 - \sum_{m=1}^{I-2} z_m)$ に関して多重積分を行っている．

時点 t_1 に状態 I が観測された場合

時点 t_2 において状態 I が観測される確率は，時点 t_1 において状態 I が観測される確率と同等で，期間 $(0, t_1]$ において状態 1 から状態 I へと変化する確率によって表すことができる．その確率は式 (5.29) で示した $P_I(t_1)$ そのものである．よって，

$$P_{I,I}(t_1, t_2) = \int_0^{t_1} \int_0^{t_1-z_1} \cdots \int_0^{t_1-\sum_{m=1}^{I-3} z_m}$$

$$f_1(z_1)\cdots f_{I-2}(z_{I-2})F_{I-1}\left(t_1 - \sum_{m=1}^{I-2} z_m\right)$$

$$dz_{I-2}\cdots dz_2 dz_1 \tag{5.39}$$

である．

最後に，時点 t_1 において状態 i $(i = 2, \cdots, I-1)$ が観測された時，時点 t_2 において状態 1 から状態 $i-1$ が観測されることはないことから，

$$P_{i,j}(t_1, t_2) = 0 \qquad (i = 2, \cdots, I)(j = 1, \cdots, i-1) \tag{5.40}$$

であることも付け加えておこう．

以上の $P_{i,j}(t_1, t_2)$ を用いて観測尤度を算出し，尤度関数を定式化すればよい．後は読者の手に委ねるとしよう．

5.2.6 推移確率行列の作成

I 段階の寿命予測モデルにおいても推移確率行列を算出しよう．時点 t_1 において状態 i が観測されたとき，時点 t_2 において状態 j が観測される条件付き確

率 $\pi_{i,j}(t_1, t_2)$ $(i, j = 1, \cdots, I)$ を定義しよう. 確率 $\pi_{i,j}(t_1, t_2)$ は,条件付き確率の定義より,

$$\pi_{i,j}(t_1, t_2) = \frac{P_{i,j}(t_1, t_2)}{P_i(t_1)} \tag{5.41}$$
$$(i, j = 1, \cdots, I)$$

となる. 式 (5.41) の分母に現れる $P_i(t_1)$ は **5.2.4** で導出している. さらに,分子の $P_{i,j}(t_1, t_2)$ は **5.2.5** で議論したとおりである. このとき,$\pi_{i,j}(t_1, t_2)$ を要素とする I 行 I 列の行列 $\Pi(t_1, t_2)$ は,

$$\Pi(t_1, t_2) = \begin{pmatrix} \pi_{1,1}(t_1, t_2) & \cdots & \pi_{1,I}(t_1, t_2) \\ \vdots & \ddots & \vdots \\ \pi_{I,1}(t_1, t_2) & \cdots & \pi_{I,I}(t_1, t_2) \end{pmatrix} \tag{5.42}$$

と表すことができ,行列 $\Pi(t_1, t_2)$ は時点 t_1 と時点 t_2 における推移確率行列となる. また,時点 t_1 において状態 i $(i = 1, \cdots, I)$ の状態分布を表した状態ベクトル $\boldsymbol{s}(t_1) = (s_1, \cdots, s_I)$ を定義してやると,時点 t_2 における状態ベクトルは,

$$\boldsymbol{s}(t_2) = \boldsymbol{s}(t_1)\Pi(t_1, t_2) \tag{5.43}$$

と表現することができ,現時点に応じた将来時点の状態 i の分布を確率的に算出することができるようになる.

5.3 マルコフ劣化ハザードモデル

5.3.1 モデルの定式化

　多段階の寿命予測モデルの観測尤度 $P_{i,j}(t_1, t_2)$,あるいは $\pi_{i,j}(t_1, t_2)$ は非常に複雑であり,多段階の寿命予測モデルを実用的に用いようとすると,多重積分の値を数値計算で求めなければならずあまり現実的ではない. もっと簡単にモデルを推計できるような工夫が必要となる. 前節までにおいては,寿命の確率密度関数 $f_i(x)$,生存関数 $S_i(x)$,累積分布関数 $F_i(x)$ を特定化せずに議論を進めてきた. 以下では,簡単に推計できるモデルであるマルコフ劣化ハザードモデルを紹介しよう.

私たちはこれまで，観測尤度として，2つの時点における状態の同時生起確率 $P_{i,j}(t_1, t_2)$，2つの時点における状態の推移確率 $\pi_{i,j}(t_1, t_2)$ を考えてきた．しかし，状態間の推移確率 $\pi_{i,j}(t_1, t_2)$ の導出においては，「時点 t_1 において状態 i が観測されたとき，時点 t_2 において状態 j が観測される条件付き確率」と定義し，

$$
\begin{aligned}
\pi_{i,j}(t_1, t_2) &= \frac{P_{i,j}(t_1, t_2)}{P_i(t_1)} \\
&= \frac{P_{i,j}(t_1, t_2)}{\sum_{j=1}^{I} P_{i,j}(t_1, t_2)} \\
&\quad (i, j = 1, \cdots, I)
\end{aligned}
\tag{5.44}
$$

により算出した．ここで聡明な読者は，直接 $\pi_{i,j}(t_1, t_2)$ を表現することもできるのではないか？ と考えるかもしれない．実際に見てみよう．時点 t_1 において状態 1 が観測された時，時点 t_2 においても状態 1 が観測される条件付き確率は，状態 1 が期間 $(0, t_1]$ にわたって継続した条件の下で，状態 1 が期間 $(0, t_2]$ にわたって継続する確率であり，

$$
\pi_{1,1}(t_1, t_2) = \frac{S_1(t_2)}{S_1(t_1)}
$$

となる．$\pi_{1,1}(t_1, t_2)$ は余計な手順を踏まずに，簡単に算出することができた．次に，時点 t_1 において状態 $i\,(2 \leq i \leq I - 1)$ が観測された時を考えてみよう．この時，時点 t_2 においても状態 i が観測される条件付き確率は，状態 i に変化した時点を τ_{i-1} とし，状態 i が期間 $(\tau_{i-1}, t_1]$ にわたって継続した条件の下で，状態 i が期間 $(\tau_{i-1}, t_2]$ にわたって継続する確率であり，

$$
\pi_{i,i}(t_1, t_2) = \frac{S_i(t_2 - \tau_{i-1})}{S_i(t_1 - \tau_{i-1})}
\tag{5.45}
$$

となる．数式自体は簡単であるが，時点 τ_{i-1} に関する情報が必要となる．時点 τ_{i-1} は観測できない情報であるため，初期時点 0 から時点 τ_{i-1} の期間 $(0, \tau_{i-1}]$ 内に状態 1 から状態 $i-1$ まで変化したことを考えなければならず，結局のところ，式 (5.45) の分子が式 (5.35) で示される $P_{i,i}(t_1, t_2)$，分母が式 (5.28) で示される $P_i(t_1)$ となり，当然のことながら計算労力は変わらない．しかし，式 (5.45) のように考えることには大きな進展がある．一見簡単な式 (5.45) が複雑な式となる原因は，時点 τ_{i-1} に関する情報が必要だからである．これは，時点 t_1 までに状態 i がどの程度の期間継続していたかによって，その後の生存確率が変わる可能性があるためである．期間 $(\tau_{i-1}, t_1]$ が長ければ生存確率は小さ

くなると考えられるし，短ければ生存確率は大きくなると考えられるだろう．一方で，期間 $(\tau_{i-1}, t_1]$ の長さが状態の変化に影響しない時には，時点 τ_{i-1} に関する情報が必要ではなくなると容易に想像できるだろう．ここで，私たちが設定するハザード関数 $\lambda_i(x)$，生存関数 $S_i(x)$，寿命の確率密度関数 $f_i(x)$ の関数形によって，ある時点において状態 $i+1$ に変化する確率が経過時間によらず一定とできることを思い出して欲しい．そのように設定すれば，式 (5.45) を期間 $(\tau_{i-1}, t_1]$ の情報を必要としないように変形できるのである．さて，ここで「時点 t まで状態 i $(i = 1, \cdots, I-1)$ が継続した構造物が，次の瞬間に状態 $i+1$ へと変化する確率」を表すハザード関数 $\lambda_i(t)$ を

$$\lambda_i(t) = \theta_i \tag{5.46}$$

と設定しよう．生存関数 $S_i(t)$，寿命の確率密度関数 $f_i(t)$，累積分布関数 $F_i(t)$ は

$$S_i(t) = \exp(-\theta_i t) \tag{5.47a}$$

$$f_i(t) = \theta_i \exp(-\theta_i t) \tag{5.47b}$$

$$F_i(t) = 1 - \exp(-\theta_i t) \tag{5.47c}$$

と表すことができる[*]．ただし，$\theta_i \neq \theta_j (i \neq j)$ としよう．$f_i(t)$ はパラメータを θ_i とする指数分布である．このとき，式 (5.45) は，

$$\begin{aligned}
\pi_{i,i}(t_1, t_2) &= \frac{S_i(t_2 - \tau_{i-1})}{S_i(t_1 - \tau_{i-1})} \\
&= \frac{\exp\{-\theta_i(t_2 - \tau_{i-1})\}}{\exp\{-\theta_i(t_1 - \tau_{i-1})\}} \\
&= \exp\{-\theta_i(t_2 - t_1)\} \\
&= \exp(-\theta_i Z)
\end{aligned} \tag{5.48}$$

となる．ただし，$Z = t_2 - t_1$ でありモニタリング間隔を表す．すなわち，観測できない時点 τ_{i-1} に関する確定的な情報を必要とせず，2 つの時点間の推移確率は 2 つの時点のモニタリング間隔のみを用いて表現することができるようになる．指数分布を用いることにより，推移確率 $\pi_{i,i+1}(t_1, t_2)$，$\pi_{i,j}(t_1, t_2)$，$\pi_{i,I}(t_1, t_2)$ がどのように簡略化されるか見ていこう．

---

[*]　各状態 i における寿命予測モデルとして，**4章**で説明した指数ハザードモデルを考えている．

$\pi_{i,i+1}(t_1, t_2)$ の計算

「時点 t_1 において状態 i が観測されたとき，時点 t_2 において状態 $i+1$ が観測される条件付き確率」は，状態 i に変化した時点を τ_{i-1} とし，状態 i が期間 $(\tau_{i-1}, t_1]$ にわたって継続した条件の下で，状態 i が期間 $(t_1, t_2]$ のいずれかの時点 $\tau_i(= t_1 + z_i)^*$ において状態 $i+1$ に変化し，その後期間 $(\tau_i, t_2]$ にわたって状態が変化せず状態 $i+1$ が継続する確率として表すことができる．よって，

$$\pi_{i,i+1}(t_1, t_2) = \int_0^{t_2-t_1} \frac{f_i(t_1 + z_i - \tau_{i-1})S_{i+1}(t_2 - (t_1 + z_i))}{S_i(t_1 - \tau_{i-1})} dz_i \tag{5.49}$$

と表すことができる．ここで，

$$
\begin{aligned}
\frac{f_i(t_1 + z_i - \tau_{i-1})}{S_i(t_1 - \tau_{i-1})} &= \frac{\theta_i \exp\{-\theta_i(t_1 + z_i - \tau_{i-1})\}}{\exp\{-\theta_i(t_1 - \tau_{i-1})\}} \\
&= \theta_i \exp(-\theta_i z_i) \\
&= f_i(z_i)
\end{aligned} \tag{5.50}
$$

であり，観測できない時点 τ_{i-1} に関する確定的な情報は必要なくなる．また，上式は，時点 t_1 まで状態 i が継続したという条件の下，さらに時間 z_i が経過した時点における状態の変化確率である．時点 t_1 までの経過時間に関わらず，その後の経過時間 z_i によってのみ定まるといった指数分布の特性（無記憶性）を読み取ることができるだろう．式 (5.49) の計算を進めていくと，

$$
\begin{aligned}
\pi_{i,i+1}&(t_1, t_2) \\
&= \int_0^{t_2-t_1} \theta_i \exp(-\theta_i z_i) \exp\{-\theta_{i+1}(t_2 - t_1 - z_i)\} dz_i \\
&= \int_0^{t_2-t_1} \theta_i \exp\{-\theta_{i+1}(t_2 - t_1)\} \exp\{-(\theta_i - \theta_{i+1})z_i\} dz_i \\
&= \frac{\theta_i}{\theta_i - \theta_{i+1}}[-\exp\{-\theta_i(t_2 - t_1)\} + \exp\{-\theta_{i+1}(t_2 - t_1)\}] \\
&= \frac{\theta_i}{\theta_i - \theta_{i+1}}\{-\exp(-\theta_i Z) + \exp(-\theta_{i+1} Z)\}
\end{aligned} \tag{5.51}
$$

---

* 前節においては z_i を $\tau_i = \tau_{i-1} + z_i$ を満たすように τ_{i-1} を基準として設定していたが，本節では，指数ハザードモデルを用いることによって時点 t_1 以降の経過時間のみを考えれば良いということがわかっているので，$\tau_i = t_1 + z_i$ を満たすように t_1 を基準として設定している．どのように設定しても最終的に得られる結果は同じであるが，効率よく計算するための工夫の１つである．

と表すことができる．$\pi_{i,i+1}(t_1, t_2)$ においても，観測できない時点 τ_{i-1} に関する確定的な情報を必要とせず，2 つの時点間の推移確率は 2 つの時点のモニタリング間隔 Z のみを用いて表現することができるようになる．

$\pi_{i,j}(t_1, t_2)\,(j = i+2, \cdots, I-1)$ の計算

「時点 t_1 において状態 i が観測されたとき，時点 t_2 に状態 j が観測される条件付き確率」は，状態 i に変化した時点を τ_{i-1} とし，状態 i が期間 $(\tau_{i-1}, t_1]$ にわたって継続した条件の下で，状態 i が期間 $(t_1, t_2]$ のいずれかの時点 $\tau_i(= t_1 + z_i)$ において状態 $i+1$ に変化し，その後，期間 $(t_1, t_2]$ 内の時点 $\tau_m(= \tau_{m-1} + z_m)\,(m = i+1, \cdots, j-1)$ において状態 m から状態 $m+1$ へと変化し，さらに，期間 $(\tau_{j-1}, t_2]$ にわたって状態が変化せず，状態 j が継続する確率として表すことができる．よって，

$$
\begin{aligned}
&\pi_{i,j}(t_1, t_2) \\
&= \int_0^{t_2-t_1} \int_0^{t_2-t_1-z_i} \cdots \int_0^{t_2-t_1-\sum_{m=i}^{j-2} z_m} \\
&\quad \frac{f_i(t_1 + z_i - \tau_{i-1})f_{i+1}(z_{i+1}) \cdots f_{j-1}(z_{j-1})S_j\left(t_2 - t_1 - \sum_{m=i}^{j-1} z_m\right)}{S_i(t_1 - \tau_{i-1})} \\
&\quad dz_{j-1} \cdots dz_{i+1} dz_i
\end{aligned} \tag{5.52}
$$

と表すことができる．ここで，$Z = t_2 - t_1$ とし，さらに式 (5.50) を用いると，式 (5.52) は，

$$
\begin{aligned}
&\pi_{i,j}(t_1, t_2) \\
&= \int_0^Z \int_0^{Z-z_i} \cdots \int_0^{Z-\sum_{m=i}^{j-2} z_m} \\
&\quad f_i(z_i)f_{i+1}(z_{i+1}) \cdots f_{j-1}(z_{j-1})S_j\left(Z - \sum_{m=i}^{j-1} z_m\right) \\
&\quad dz_{j-1} \cdots dz_{i+1} dz_i \\
&= \int_0^Z \int_0^{Z-z_i} \cdots \int_0^{Z-\sum_{m=i}^{j-2} z_m} \\
&\quad \prod_{m=i}^{j-1} f_m(z_m)S_j\left(Z - \sum_{m=i}^{j-1} z_m\right) \\
&\quad dz_{j-1} \cdots dz_{i+1} dz_i
\end{aligned} \tag{5.53}
$$

となる．多重積分を実施することにより，推移確率は次式のように導出できる．

$$\pi_{i,j}(t_1, t_2) = \sum_{s=i}^{j} \prod_{m=i}^{s-1} \frac{\theta_m}{\theta_m - \theta_s} \prod_{m=s}^{j-1} \frac{\theta_m}{\theta_{m+1} - \theta_s} \exp(-\theta_s Z) \qquad (5.54)$$

ただし，表記上の規則として，

$$\begin{cases} \displaystyle\prod_{m=i}^{i-1} \frac{\theta_m}{\theta_m - \theta_i} = 1 \\ \displaystyle\prod_{m=j}^{j-1} \frac{\theta_m}{\theta_{m+1} - \theta_j} = 1 \end{cases} \qquad (5.55)$$

が成立しているとする．式 (5.54) は $j = i, j = i+1$ のときも成立している．以上の導出過程は，マルコフ劣化ハザードモデルを理解するために非常に重要である．本モデルをしっかりと勉強したい人の便宜を図るために，付録で導出過程を丁寧に説明してあるので，興味のある人は参照して欲しい．したがって，$\pi_{i,j}(t_1, t_2)$ においても，観測できない時点 τ_{i-1} に関する確定的な情報を必要とせず，2 つの時点間の推移確率は 2 つの時点のモニタリング間隔 Z のみを用いて表現することができるようになる．

$\pi_{i,I}(t_1, t_2)$ の計算

「時点 t_1 において状態 i が観測されたとき，時点 t_2 に状態 I が観測される条件付き確率」は，状態 i に変化した時点を τ_{i-1} とし，状態 i が期間 $(\tau_{i-1}, t_1]$ にわたって継続した条件の下で，状態 i が期間 $(t_1, t_2]$ のいずれかの時点 $\tau_i(= t_1 + z_i)$ において状態 $i+1$ に変化し，その後，期間 $(t_1, t_2]$ 内の時点 $\tau_m(= \tau_{m-1} + z_m)$ $(m = i+1, \cdots, I-1)$ において状態 m から状態 $m+1$ へと変化する確率として表すことができる．よって，

$\pi_{i,j}(t_1, t_2)$

$$= \int_0^{t_2-t_1} \int_0^{t_2-t_1-z_i} \cdots \int_0^{t_2-t_1-\sum_{m=i}^{I-3} z_m} \int_0^{t_2-t_1-\sum_{m=i}^{I-2} z_m}$$
$$\frac{f_i(t_1 + z_i - \tau_{i-1})f_{i+1}(z_{i+1}) \cdots f_{I-2}(z_{I-2})f_{I-1}(z_{I-1})}{S_i(t_1 - \tau_{i-1})}$$
$$dz_{I-1} dz_{I-2} \cdots dz_{i+1} dz_i$$
$$= \int_0^{t_2-t_1} \int_0^{t_2-t_1-z_i} \cdots \int_0^{t_2-t_1-\sum_{m=i}^{I-3} z_m}$$

$$\frac{f_i(t_1 + z_i - \tau_{i-1})f_{i+1}(z_{i+1}) \cdots f_{I-2}(z_{I-3})F_{I-1}\left(t_2 - t_1 - \sum_{m=i}^{I-2} z_m\right)}{S_i(t_1 - \tau_{i-1})}$$

$$dz_{I-2} \cdots dz_{i+1}dz_i \tag{5.56}$$

と表すことができる．ここで，$Z = t_2 - t_1$ とし，さらに式 (5.50) を用いると，式 (5.56) は，

$$
\begin{aligned}
\pi_{i,I}(t_1, t_2) \\
&= \int_0^Z \int_0^{Z-z_i} \cdots \int_0^{Z-\sum_{m=i}^{I-3} z_m} \\
&\quad f_i(z_i)f_{i+1}(z_{i+1}) \cdots f_{I-2}(z_{I-2})F_{I-1}\left(Z - \sum_{m=i}^{I-2} z_m\right) \\
&\quad dz_{I-2} \cdots dz_{i+1}dz_i \\
&= \int_0^Z \int_0^{Z-z_i} \cdots \int_0^{Z-\sum_{m=i}^{I-3} z_m} \\
&\quad \prod_{m=i}^{I-2} f_m(z_m)F_{I-1}\left(Z - \sum_{m=i}^{I-2} z_m\right) \\
&\quad dz_{I-2} \cdots dz_{i+1}dz_i
\end{aligned} \tag{5.57}
$$

となる．実は，上式を計算しなくとも $\pi_{i,I}(t_1, t_2)$ を求められることに気がついているだろうか？ $\pi_{i,j}(t_1, t_2) = 0 \ (j < i\,$のとき$)$ であることを考えれば，式 (5.44) より

$$\sum_{j=1}^I \pi_{i,j}(t_1, t_2) = \sum_{j=i}^I \pi_{i,j}(t_1, t_2) = 1 \tag{5.58}$$

である．したがって，

$$\pi_{i,I}(t_1, t_2) = 1 - \sum_{j=i}^{I-1} \pi_{i,j}(t_1, t_2) \tag{5.59}$$

と表すことができる．上式右辺の $\pi_{i,j}(t_1, t_2) \ (j = i, \cdots, I-1)$ が観測できない時点 τ_{i-1} に関する確定的な情報を必要とせず，モニタリング間隔 Z のみに依存して算出することができることを考えれば，$\pi_{i,I}(t_1, t_2)$ も同様に，観測できない時点 τ_{i-1} に関する確定的な情報を必要とせず，2 つの時点間の推移確率は 2 つの時点のモニタリング間隔 Z のみを用いて表現することができる．

マルコフ推移確率

これまでの議論を整理しよう．状態 i $(i = 1, \cdots, I-1)$ の寿命の確率密度関数 $f_i(x)$ として指数分布を用いたとき，すなわち，各状態の寿命予測モデルとして指数ハザードモデルを適用したとき，I 個の状態間の時点 t_1 と時点 t_2 の推移を表す I 行 I 列の推移確率行列 $\Pi(t_1, t_2)$(行列 (5.42)) は，時点 t_1 と時点 t_2 のモニタリング間隔 Z にのみ依存して決まる．よって，そのことを明示的に表現するために推移確率行列を $\Pi(Z)$ とすると，その要素 $\pi_{i,j}(Z)$ は，

$$\pi_{i,j}(Z) = \sum_{s=i}^{j} \prod_{m=i}^{s-1} \frac{\theta_m}{\theta_m - \theta_s} \prod_{m=s}^{j-1} \frac{\theta_m}{\theta_{m+1} - \theta_s} \exp(-\theta_s Z) \tag{5.60a}$$

$$(i = 1, \cdots, I-1)\,(j = i, \cdots, I-1)$$

$$\pi_{i,I}(Z) = 1 - \sum_{j=i}^{I-1} \pi_{i,j}(Z) \tag{5.60b}$$

$$(i = 1, \cdots, I-1)$$

$$\pi_{I,I}(Z) = 1 \tag{5.60c}$$

$$\pi_{i,j}(Z) = 0 \tag{5.60d}$$

$$(j < i \text{ のとき})$$

と表すことができる．ただし，式 (5.55) が成立しているとする．推移確率行列 $\Pi(Z)$ は実用的に簡略化されており，また，将来時点の状態が過去の状態の履歴に関係なく，現在の状態に依存して決まるといったマルコフ性を有するマルコフ推移確率行列となっているため操作性に富む．多段階の寿命予測モデルとして，各状態の寿命予測モデルを指数ハザードモデルによって表現した多段階指数ハザードモデルを考えると，一連の計算によりマルコフ推移確率行列を作成することができるのである．よって，多段階の指数ハザードモデルは**マルコフ劣化ハザードモデル**と呼ばれる．マルコフ劣化ハザードモデルにおける未知パラメータは θ_i $(i = 1, \cdots, I-1)$ であるが，未知パラメータ θ_i を

$$\theta_i = a_1 \beta_{i,1} + \cdots + a_J \beta_{i,J} \tag{5.61}$$

のように，説明変数ベクトル $\boldsymbol{a} = (a_1, \cdots, a_J)^*$ と未知パラメータベクトル $\boldsymbol{\beta}_i = (\beta_{i,1}, \cdots, \beta_{i,J})$ との積によって表現することにより，対象の特性ごとの寿命分布の違いを分析することができる．

---

* a_1 は定数項であり $a_1 = 1$ とする．

マルコフ推移確率の時間的整合性

　マルコフ推移確率行列 $\Pi(Z)$ はモニタリング間隔 Z に依存する．いま，2 種類のモニタリング間隔 Z と nZ に着目しよう．ただし，n は整数である．マルコフ推移確率行列 $\Pi(Z)$ と $\Pi(nZ)$ は，同一の状態変化現象を異なるモニタリング間隔に対して記述したものである．したがって，2 つのマルコフ推移確率行列 $\Pi(Z)$，$\Pi(nZ)$ に対して

$$\Pi(nZ) = \{\Pi(Z)\}^n \tag{5.62}$$

が成立しなければならない．条件 (5.62) をマルコフ推移確率行列の時間的整合性条件と呼ぼう．マルコフ推移確率行列が時間的整合性条件を満足するためには，マルコフ推移確率 $\pi_{i,j}(Z)$ の間に一定の数学的構造が成立しなければならない．指数ハザードモデルを用いて導出したマルコフ推移確率行列は，時間的整合性条件を満足することが理論的に保証される．換言すれば，マルコフ推移確率行列に含まれるモニタリング間隔 Z の値を変化させることにより，任意のモニタリング間隔 Z' に対してマルコフ推移確率行列 $\Pi(Z')$ を求めることが可能となる．

5.3.2　尤度関数の作成

　状態の数を I として，マルコフ劣化ハザードモデルを推計するための尤度関数を定式化しよう．推計のために必要な情報は，2 つの時点 t_1, t_2 における状態 $h(t_1)$, $h(t_2)$ と，2 つの時点のモニタリング間隔 Z である．ただし，$h(t)$ は状態変数であり，時点 t における状態が i のとき，$h(t) = i$ と表される．また，対象の特性を表す情報があれば，対象の特性ごとの寿命分布の違いを分析することができる．

　いま，2 つの時点のモニタリングにより，サンプル k に対して情報サンプル $\bar{\xi}_k$ $(k = 1, \cdots, K)$ が得られたとしよう．情報サンプル $\bar{\xi}_k$ は，2 つの時点における状態に関する情報 $h(\bar{t}_1^k)$, $h(\bar{t}_2^k)$，モニタリング間隔 $\bar{Z}_k$，説明変数ベクトル $\bar{\boldsymbol{a}}_k = (\bar{a}_{k,1}, \cdots, \bar{a}_{k,J})$ を含んでいるとする．また，状態変数 $h(\bar{t}_1^k)$, $h(\bar{t}_2^k)$ に基づいて，ダミー変数 $\bar{\delta}_{i,j}^k$ を

$$\bar{\delta}_{i,j}^k = \begin{cases} 1 & h(\bar{t}_1^k) = i, h(\bar{t}_2^k) = j \text{ の時} \\ 0 & \text{それ以外の時} \end{cases} \tag{5.63}$$

と定義する．ダミー変数 $\bar{\delta}_{i,j}^k$ はサンプル k の状態の推移を表す変数である．以上より，サンプル k が有する情報を $\bar{\Xi}_k = (\bar{\delta}_{i,j}^k, \bar{Z}_k, \bar{\boldsymbol{a}}_k)$ と整理しよう．マルコ

フ劣化ハザードモデルにおけるサンプル k のハザード率を

$$\theta_{i,k} = \bar{a}_{1,k}\beta_{i,1} + \cdots + \bar{a}_{J,k}\beta_{i,J} \quad (i = 1, \cdots, I-1) \tag{5.64}$$

として，説明変数ベクトル $\bar{a}_k$ と未知パラメータベクトル $\boldsymbol{\beta}_i = (\beta_{i,1}, \cdots, \beta_{i,J})$ の積によって表すと，情報サンプル $\bar{\Xi}_k$ が観測される確率 $\ell(\bar{\Xi}_k; \boldsymbol{\beta})$ は，

$$\ell(\bar{\Xi}_k; \boldsymbol{\beta}) = \prod_{i=1}^{I} \prod_{j=1}^{I} \left\{ \pi_{i,j}(\bar{Z}_k, \bar{a}_k; \boldsymbol{\beta}) \right\}^{\bar{\delta}_{i,j}^{k}} \tag{5.65}$$

と表すことができる．ただし，$\boldsymbol{\beta} = (\boldsymbol{\beta}_1, \cdots, \boldsymbol{\beta}_{I-1})$ である．また，推移確率 $\pi_{i,j}$ に関して未知パラメータが $\boldsymbol{\beta}$ であり，モニタリング間隔 $\bar{Z}_k$ と説明変数ベクトル $\bar{a}_k$ の関数であることを明示的に表すため，$\pi_{i,j}(\bar{Z}_k, \bar{a}_k; \boldsymbol{\beta})$ と表記している．以上より，全情報サンプル $\bar{\Xi} = (\bar{\Xi}_1, \cdots, \bar{\Xi}_K)$ が観測された時，尤度関数 $\mathcal{L}(\boldsymbol{\beta}; \bar{\Xi})$ は

$$
\begin{aligned}
\mathcal{L}(\boldsymbol{\beta}; \bar{\Xi}) &= \prod_{k=1}^{K} \ell(\bar{\Xi}_k; \boldsymbol{\beta}) \\
&= \prod_{k=1}^{K} \prod_{i=1}^{I} \prod_{j=1}^{I} \left\{ \pi_{i,j}(\bar{Z}_k, \bar{a}_k; \boldsymbol{\beta}) \right\}^{\bar{\delta}_{i,j}^{k}}
\end{aligned} \tag{5.66}
$$

と表すことができる．また，対数尤度関数は

$$\log \mathcal{L}(\boldsymbol{\beta}; \bar{\Xi}) = \sum_{k=1}^{K} \sum_{i=1}^{I} \sum_{j=1}^{I} \bar{\delta}_{i,j}^{k} \log \left\{ \pi_{i,j}(\bar{Z}_k, \bar{a}_k; \boldsymbol{\beta}) \right\} \tag{5.67}$$

となる．

5.3.3 マルコフ推移確率の平均化操作

　マルコフ推移確率は検査間隔 Z_k と説明変数ベクトル a_k が与えられれば，式 (5.60a)〜(5.60d) を用いて算出できる．モニタリング間隔 Z_k を変化させることにより，任意のモニタリング間隔に対して時間的整合性の条件を満足するようなマルコフ推移確率行列を算出することができる．マルコフ劣化ハザードモデルを用いて，対象の特性ごとに固有のマルコフ推移確率行列を算出することが可能となる．しかし，数多くの対象の状態推移パターンを予測する場合，個別の対象の推移確率よりも，平均的な推移確率を求める方が便利な場合が多い．そのためには，時間的整合性条件を満足するような推移確率行列の平均化操作が必要となる．そこで，サンプル k のハザード率 $\theta_{i,k} \ (k = 1, \cdots, K)$ に着目

した平均化操作を紹介しよう．いま，対象とする母集団における特性の分布関数を $F^\circ(\boldsymbol{a})$ と表そう．この時，母集団における状態 i $(i = 1, \cdots, I-1)$ のハザード率の期待値 $E[\theta_i]$ は

$$E[\theta_i] = \int_\Theta \boldsymbol{a}\boldsymbol{\beta}'_i \, dF^\circ(\boldsymbol{a}) \tag{5.68}$$

と表せる．Θ はサンプル母集団を表す．マルコフ劣化ハザードモデルを推計して算出したマルコフ推移確率行列は時間的整合性条件を満足する．したがって，平均化操作 (5.68) を用いて算出したマルコフ推移確率行列も時間的整合性条件を満足する．

 Coffee break：ハザードモデルとマルコフ推移確率行列

　2つの時点 t_1，t_2 における状態 i，j の同時生起確率 $P_{i,j}(t_1, t_2)$，2つの時点 t_1，t_2 における状態の推移確率 $\pi_{i,j}(t_1, t_2)$，どちらを用いて観測尤度を算出しても相違はない．しかし，純粋にハザードモデルを構築し，獲得したデータの特性である「打ち切り」を考えれば，状態の推移確率 $\pi_{i,j}(t_1, t_2)$ を観測尤度の算出に用いることはなく，同時生起確率 $P_{i,j}(t_1, t_2)$ を用いて多段階の寿命予測モデルの尤度関数を定式化するだろう．そして，モデルを推計した後に，必要に応じて状態間の推移確率 $\pi_{i,j}(t_1, t_2)$ を算出することになる．だとすれば，たとえ実用的なモデルであると紹介した多段階の指数ハザードモデルを考えたとしても，私たちがもし何も知らなければ，簡略化された推移確率 $\pi_{i,j}(Z)$ を導出することはなく，複雑な積分で表される同時生起確率 $P_{i,j}(t_1, t_2)$ を用いて尤度関数を定式化してしまいそうである．これは別におかしなことではない．ハザードモデルを勉強し，データの特性に応じた観測尤度の取り扱いを考えれば必ずこの道を辿ってしまう．なぜ本文のように考えることができたのか？

　それは，ハザードモデルからの道だけではなかったからである．従来より，不確実性を伴う構造物の状態推移を何とかして予測したいという実務的要請があり，それに応える形でマルコフ推移確率行列を算出してきたのである．当初は構造物の点検間隔に対応したマルコフ推移確率行列を，実際に推移した数を数え上げることによって算出してきた．しか

し，点検間隔が常に一定とは限らず，マルコフ推移確率行列を算出するためのデータが十分ではないことが少なくなかった．また，算出できたとしても，予測に用いる時には，予測時点として点検間隔の倍数の時点以外を考えることができないため，非常に使いづらいものであった．この使いづらいマルコフ推移確率行列を使えるようにしたいと常に考えられていたのである．そう考えると，ハザードモデルを用いて経過時間と推移確率の関係を結びつけた時，観測尤度の算出に推移確率 $\pi_{i,j}(t_1, t_2)$ を用いることのほうが自然のように思えてくるだろう．このような経緯と，点検間隔が一定でなくともマルコフ推移確率行列を推計できるようになり，推計のための十分なデータを確保できるようになったこと，任意の点検間隔に応じたマルコフ推移確率行列を算出できるようになったことを考えると，「マルコフ劣化ハザードモデルは実用的なモデルである」という表現が「数学的に簡単な式で表すことができる」といった意味だけではないということを感じ取れるかもしれない．

5.3.4 モデルの推計事例

　津田等 [17] は，橋梁部材の劣化状態を複数の健全度で定量化するとともにマルコフ劣化ハザードモデルを推計し，健全度の推移を表すマルコフ推移確率を算出して橋梁部材の劣化予測を実施した．分析の対象としたのはニューヨーク市（以下，NY市と略す）が管理する橋梁であり，1987年～1996年の10年間に実施した目視検査結果を用いてマルコフ劣化ハザードモデルを推計している．NY市では各スパンに対して目視検査を実施しており，検査結果は橋梁部材ごとに健全度として1~7のレーティングで評価，記録されている．同一部材が複数ある場合には複数あるレーティングの中で最も悪い状態のレーティングが当該スパンの代表値となる．津田等は，複数ある橋梁部材の中で，直接輪荷重が作用し，維持管理上の重要部材である床版を取り上げた．床版を対象とした健全度のレーティングとその物理的な意味を表 **5.1** に示す．

　各健全度における指数ハザード関数 (5.64) の説明変数の候補として，橋梁形式，構造諸元，スパン数，橋面積，平均交通量が取り上げられた．マルコフ劣化ハザードモデルを推計した結果，橋梁床版の劣化過程を説明する変数として，

$$\begin{cases} a_2 & : 平均交通量 \\ a_3 & : 床版面積（橋面積/スパン数） \end{cases} \tag{5.69}$$

表 5.1　健全度の 7 段階の評価基準

健全度	物理的な意味（床版）
1	新設状態，劣化の兆候がほとんどみられない．
2	1 と 3 の中間
3	一部分で漏水が確認できる．
	（漏水を伴う一方向ひび割れ，端部で斑点状の漏水）
4	3 と 5 の中間
5	床版面積 75%以上から漏水が確認できる．
	一部分で剥離や剥落が確認できる．
6	5 と 7 の中間
7	深刻な剥落や遊離石灰が確認できる．
	抜け落ちやその傾向が確認できる．

表 5.2　マルコフ劣化ハザードモデルの推計結果

健全度	定数項 $\hat{\beta}_{i,1}$	平均交通量 $\hat{\beta}_{i,2}$	床版面積 $\hat{\beta}_{i,3}$
1	0.3289	—	1.3648
	(26.144)	—	(2.547)
2	0.2071	0.0779	0.8427
	(25.432)	(2.537)	(5.099)
3	0.1334	0.1379	—
	(32.016)	(8.456)	—
4	0.0847	0.0961	0.0755
	(21.154)	(6.608)	(3.250)
5	0.0979	—	—
	(21.742)	—	—
6	0.1288	0.3842	—
	(6.951)	(4.067)	—

() 内は $t-$ 値を表す．

が採用された．各サンプル k の健全度 i における指数ハザード率は具体的に，

$$\hat{\theta}_{i,k} = \hat{\beta}_{i,1} + \bar{a}_{2,k}\hat{\beta}_{i,2} + \bar{a}_{3,k}\hat{\beta}_{i,3} \tag{5.70}$$

となる．パラメータの推定値 $\hat{\boldsymbol{\beta}}$ は表 5.2 に示す通りである．以下では，表 5.2

の推計結果を用いて議論を進めていこう[*].

先述したように，マルコフ劣化ハザードモデルの推計結果を用いてマルコフ推移確率行列を算出できる．マルコフ推移確率行列は分析対象とする橋梁の説明変数ベクトル $\bar{a}$（平均交通量と床版面積の実測値）に応じて多様に異なる．そこで，簡単のため，全サンプルの平均値 $E[a_2] = 0.2266$，$E[a_3] = 0.0431$ を用いることにしよう[**]．マルコフ推移確率行列は任意の検査間隔 Z（年）に対して定義できるため，$Z = 1$ とした上で，式 (5.70)，表 5.2，$E[a_2]$，$E[a_3]$ を用いてマルコフ推移確率行列 $\Pi(Z = 1)$ を算出した結果を表 5.3 に示す．算出したマルコフ推移確率行列は時間的整合性条件 (5.62) を満たす．$\Pi(Z = 2)$ と $\{\Pi(Z = 1)\}^2$ を計算して一致することをぜひ確認して欲しい．参考として表 5.4 にマルコフ推移確率行列 $\Pi(Z = 2)$ を算出した結果を示しておく．

表 5.3 マルコフ推移確率行列の算出結果 $(Z = 1)$

健全度	1	2	3	4	5	6	7
1	0.6786	0.2884	0.0315	0.0015	0	0	0
2	0	0.8129	0.1747	0.0120	0.0003	0	0
3	0	0	0.8751	0.1196	0.0051	0.0002	0
4	0	0	0	0.9188	0.0773	0.0037	0.0002
5	0	0	0	0	0.9067	0.0874	0.0058
6	0	0	0	0	0	0.8791	0.1209
7	0	0	0	0	0	0	1

表 5.4 マルコフ推移確率行列の算出結果 $(Z = 2)$

健全度	1	2	3	4	5	6	7
1	0.4605	0.4301	0.0994	0.0096	0.0004	0	0
2	0	0.6609	0.2949	0.0417	0.0024	0.0001	0
3	0	0	0.7658	0.2146	0.0183	0.0012	0.0001
4	0	0	0	0.8442	0.1411	0.0135	0.0012
5	0	0	0	0	0.8222	0.1561	0.0217
6	0	0	0	0	0	0.7729	0.2271
7	0	0	0	0	0	0	1

---

[*] 論文では，数え上げによって算出したマルコフ推移確率との比較のためにデーターベースを再構築し，その後マルコフ劣化ハザードモデルを推計しなおした上で議論を進めている．再推計後のパラメータ推定値は論文に記載されていないため，本書では表 5.2 に示すパラメータ推定値を用いることにする．

[**] 式 (5.68) で示す平均化操作をしているわけではないため，全サンプルに対する平均的な推移確率行列を算出しているわけではないことに留意しよう．読者が自らの手で分析を進める際に注意しなければならない点であるが，何が違うかを考えてみて欲しい．

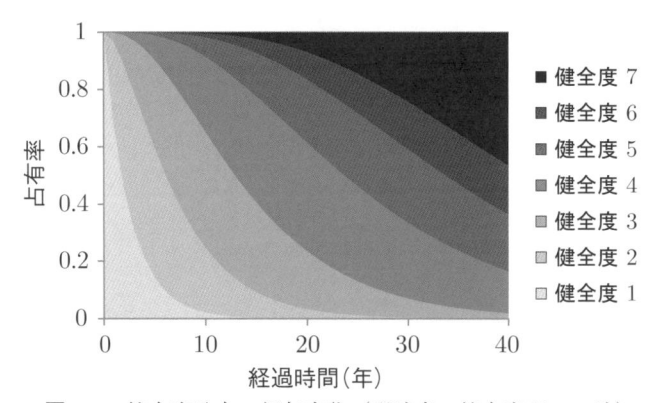

図 5.6 健全度分布の経年変化（現時点の健全度が 1 の時）

マルコフ推移確率行列 $\Pi(Z)$ を用いて，現時点から Z 年経過した時点において観測される健全度の確率分布を計算することができる．現在の状態を仮定し，式 (5.43) で示した考え方に基づいて計算すればよい．**図 5.6** に，現在時点において健全度 1 が観測された時の健全度分布の推移を示す．10 年後の健全度分布を確認してみると，健全度 1 が観測される確率は 0.02，健全度 2 が観測される確率は 0.23 程度，健全度 3〜7 のいずれかが観測される確率は 0.75 と読み取れるだろう．また，**図 5.7** に，現在時点において健全度 3 が観測された時の健全度分布の推移を示している．10 年後の健全度分布を確認してみると，健全度 3 が観測される確率は 0.26，健全度 4 が観測される確率は 0.45 と読み取ることができる．マルコフ推移確率行列 $\Pi(Z)$ を用いて健全度分布の経年変化を

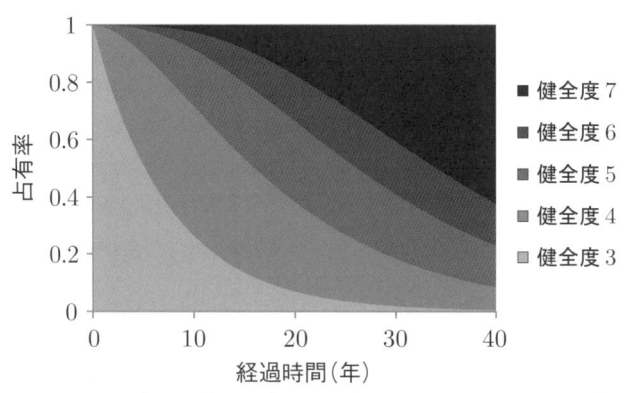

図 5.7 健全度分布の経年変化（現時点の健全度が 3 の時）

視覚的に表現しただけではあるが，数値のみではイメージしにくいことを図に描いて分析をすることは非常に重要なことである．

マルコフ劣化ハザードモデルの推計結果を用いて算出することのできるもう一つのわかりやすい指標を紹介しておこう．マルコフ劣化ハザードモデルは多段階の指数ハザードモデルであり，各状態に対して指数ハザード関数を考えている．指数ハザード関数を考えた場合，初期時点における期待余寿命がハザード率を用いた簡単な数式 $1/\theta$ で表されることを思い出そう．すると，各健全度の期待寿命を算出することができ，それらの合計が分析対象である橋梁部材が健全度 1 から最終状態である健全度 7 に到達するまでの期待年数を表すことになる．表 5.5 に説明変数が $E[a_2]$，$E[a_3]$ となる橋梁の各健全度の期待寿命を示す．各健全度において，初期時点から何年経過した時点で当該健全度が寿命を

表 5.5 各健全度の期待寿命

健全度	ハザード率	期待寿命	累積経過年数
1	0.3877	2.579	2.579
2	0.2610	3.830	6.410
3	0.1646	6.074	12.48
4	0.1097	9.113	21.60
5	0.0979	10.21	31.81
6	0.2159	4.633	36.44

ハザード率は式 (5.70)，表 5.2，$E[a_2]$，$E[a_3]$ を用いて算出している．

迎えるかを，累積経過年数として記している．すなわち，供用開始してからおよそ 36 年ほど経過すると，健全度 6 から最終状態である健全度 7 に推移するのである．この累積経過年数を用いて健全度の推移曲線を描いたものを図 5.8 に示す．図中，黒色実線で示される曲線が表 5.5 に対応している．表 5.5 の累積経過年数が図中白丸としてプロットされ，それらを曲線で結ぶことにより黒色実線を描いている．このようにして描いた曲線を，期待劣化曲線，あるいはマネジメント曲線[*] と呼ぶ．先程の健全度分布の推移と比較してわかりやすい図であるため，平均的な傾向を掴むという意味で期待劣化曲線がよく用いられている．しかし，その分多くの情報が省かれていることには注意しておかなければならない．図 5.8 には，説明変数を変化させた時の劣化曲線の変化も併記

---

[*] 橋梁の健全度は補修工法や補修時期を決めるために設定されているからである．

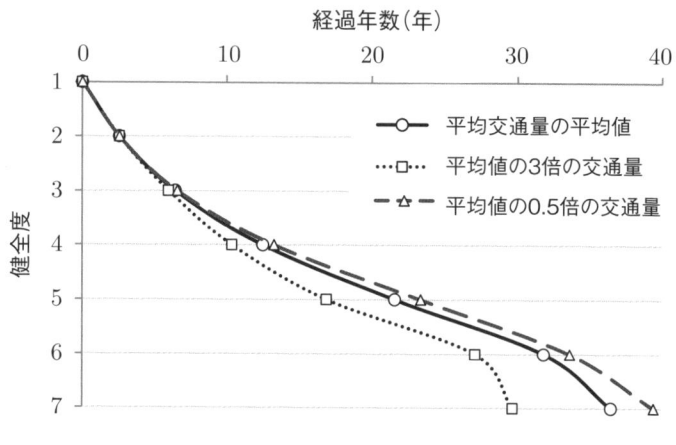

図 **5.8**　期待劣化曲線（マネジメント曲線）

しているので参考にして欲しい.

5.4　ベンチマーキングと相対評価

5.4.1　固定効果を考慮したマルコフ劣化ハザードモデル

4.3.3 の議論と同様に，マルコフ劣化ハザードモデルにおいても固定効果を考えてみよう．固定効果とは，説明変数で表現しきれないような寿命の違い[*]を表現する方法の１つであった．グループ k の固定効果を ε_k $(k = 1, \cdots, K)$ とすると，グループ k におけるマルコフ劣化ハザードモデルのハザード関数 $\lambda_i^k(t)$ $(i = 1, \cdots, I-1)$ は，

$$\lambda_i^k(t) = \theta_i \varepsilon_k \tag{5.71}$$

と表現できる．観測できない個別の寿命を決定する影響要因を考えているために，すべてのレーティングに対して同一の固定効果を設定していることに留意しよう．この時，固定効果を考慮したマルコフ劣化ハザードモデルにおけるグループ k のマルコフ推移確率は，

$$\pi_{i,j}^k(Z) = \sum_{s=i}^{j} \prod_{m=i}^{s-1} \frac{\theta_m}{\theta_m - \theta_s} \prod_{m=s}^{j-1} \frac{\theta_m}{\theta_{m+1} - \theta_s} \exp(-\theta_s Z \varepsilon_k) \tag{5.72a}$$
$$(i = 1, \cdots, I-1)\,(j = i, \cdots, I-1)$$

---

[*]　異質性に関する議論は **4.3** を参照して欲しい.

$$\pi_{i,I}^k(Z) = 1 - \sum_{j=i}^{I-1} \pi_{i,j}^k(Z) \tag{5.72b}$$

$$(i = 1, \cdots, I-1)$$

$$\pi_{I,I}^k(Z) = 1 \tag{5.72c}$$

$$\pi_{i,j}^k(Z) = 0 \tag{5.72d}$$

$$(j < i \text{ のとき})$$

となる．ただし，式 (5.55) が成立しているとする．固定効果として ε_k が増え ただけであるため，マルコフ推移確率は大きく変化していない．固定効果を推 定する方法はいくつかあるが，本書では **5.4.4** において，比較的簡単であり推 定した結果をそのまま実用的に用いることができる方法を紹介する．

5.4.2 ベンチマーキング期待劣化曲線

構造物を $k(k = 1, \cdots, K)$ 個のグループに分類し，グループごとに固定効果 ε_k を算出できたとしよう．構造物の劣化過程は，説明変数で表現できる構造物 の特性や環境条件と，観測できない影響要因である固定効果によって表すこと ができる．しかし，説明変数と固定効果を用いて構造物グループごとのハザー ド率を計算したとして，どのように構造物のマネジメントに活かしていけば良 いのだろうか．1 つの方法として，**5.3.4** で見たように構造物ごとに期待寿命を 算出する方法が考えられる．将来的にどの程度の橋梁が寿命を迎えることにな るのかを適切に把握し，予算の確保や維持補修の方針決定に繋げることができ るだろう．もう 1 つの方法として，構造物の劣化速度が他の構造物と比較して 相対的にどのようであるかといったことも考えることができる．相対的に劣化 速度が大きい構造物に対しては，劣化の進行が早い原因を早急に究明すること が必要となる．また，予防保全対策をした構造物が相対的にどのような劣化速 度であるかを評価することにより，予防保全対策の効果に関しても言及するこ とが可能となる．具体的には，**図 5.9** の黒色実線に示すように，劣化速度の大 小を評価するための基準となる「ベンチマーキング期待劣化曲線」を設定し， 評価をしたい構造物の期待劣化曲線がベンチマーキング期待劣化曲線の右側に 位置するか，左側に位置するかを判定すればよい．また，ベンチマーキング期 待劣化曲線のハザード関数が，

$$\begin{aligned} \lambda_i(t) &= \theta_i \omega \\ &= \theta_i \end{aligned} \tag{5.73}$$

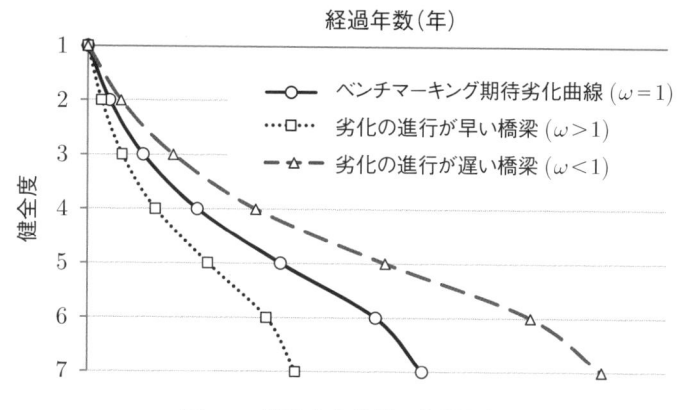

経過年数(年)

- ─○─ ベンチマーキング期待劣化曲線 ($\omega = 1$)
- ┈□┈ 劣化の進行が早い橋梁 ($\omega > 1$)
- ─△─ 劣化の進行が遅い橋梁 ($\omega < 1$)

健全度

図 5.9 期待劣化曲線の相対評価

図中の3つの期待劣化曲線は同一の説明変数を持つとする. パラメータ ω によって劣化速度が異なっている.

のように, 相対評価のためのパラメータを ω とし, $\omega = 1$ によって表されるとすれば, 評価をしたい構造物グループの ω の値が1より大きいか小さいかといった簡単な判定によって評価を実施することができる. 構造物グループ k における ω_k の算出方法としては, 固定効果 ε_k の平均を1とするように正規化して

$$\omega_k = \frac{\varepsilon_k K}{\sum_{k=1}^{K} \varepsilon_k} \tag{5.74}$$

とする方法や, ハザード率 $\lambda_i(t) = \theta_i \varepsilon_k$ の平均を1とするように正規化する方法, 後の **5.4.4** において紹介する事例のように, あらかじめ固定効果の平均が1となるように設定して推定する方法等がある.

5.4.3 相対評価モデル

相対評価のためのパラメータ ω を用いれば, 各構造物グループ k の劣化速度の相対評価を容易に行うことができる. いま, 構造物グループ k におけるパラメータの推定値を $\hat{\omega}_k$ とし, パラメータ ω が確率分布 $f(\omega)$ に従うとしよう. 確率分布 $f(\omega)$ の平均は1である. このとき, $\hat{\omega}_k > 1$ となるグループ k は劣化の進行が早いと判定できる. さらに, 劣化の進行が早いグループの中でも重点的な監視を実施しなければならないグループの集合 $\overline{\Omega}_\alpha$ を考えよう. この重点監視集合 $\overline{\Omega}_\alpha$ は, 全グループの中で, 劣化速度の大きい上位 $\alpha \times 100\%$ の中に入るような構造物グループの集合であり,

$$\overline{\Omega}_\alpha = \{k \in (1, \cdots, K) \mid \hat{\omega}_k \geq \overline{\omega}_\alpha\} \tag{5.75}$$

と定義する．ここに $\overline{\omega}_\alpha$ は，確率分布 $f(\omega)$ の $(1-\alpha) \times 100$ パーセンタイルであり，

$$\overline{\omega}_\alpha = \min_c \left\{ c \middle| \int_0^c f(\omega) \geq 1 - \alpha \right\} \tag{5.76}$$

によって定義される．逆に，劣化の進行が遅いと評価できるグループの集合 $\underline{\Omega}_\alpha$ は，全グループの中で，劣化速度の大きさ下位 $\alpha \times 100\%$ の中に入るような構造物グループの集合であり，

$$\underline{\Omega}_\alpha = \{k \in (1, \cdots, K) \mid \hat{\omega}_k \leq \underline{\omega}_\alpha\} \tag{5.77a}$$

$$\underline{\omega}_\alpha = \max_c \left\{ c \middle| \int_0^c f(\omega) \leq \alpha \right\} \tag{5.77b}$$

と定義する．$\underline{\omega}_\alpha$ は，確率分布 $f(\omega)$ の $\alpha \times 100$ パーセンタイルである．**図 5.10** も参考にすると理解しやすいだろう．

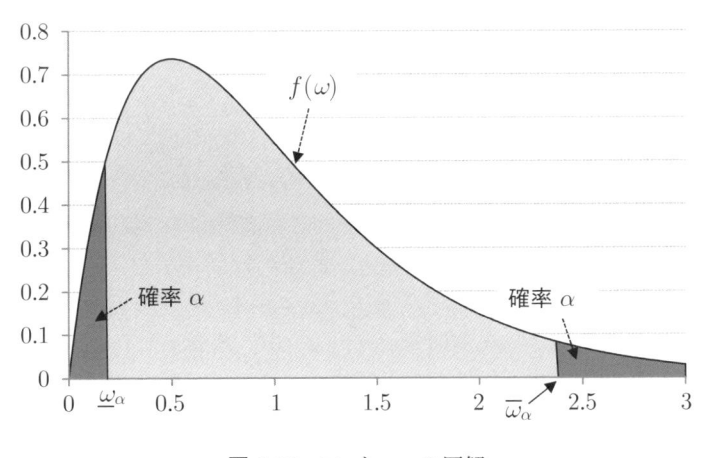

図 5.10　$\overline{\omega}_\alpha$ と $\underline{\omega}_\alpha$ の図解

5.4.4　相対評価の実践事例

　小濱等 [18] は，**5.3.4** で示したニューヨーク市の目視検査結果データを用いて相対評価を実践した．相対評価を実践するためには，各グループにおいてパラメータ ω_k を推定する必要がある．小濱等は，グループ k の固定効果 ε_k が平均を 1 とする確率分布に従うと仮定し，固定効果 ε_k がそのまま相対評価のためのパラメータ ω_k となるような手法を採用した．この時，式 (5.72a)～(5.72d)

で示されるモデルは，確率変数と考えた ε_k の条件付きマルコフ推移確率とな
る．さらに，モデルを実用的な段階まで簡略化するために，確率変数と考えた
固定効果を確率誤差項と同等であると考え，平均的なハザード関数と全グルー
プで観測される目視検査結果のばらつきを表現する確率分布を推定した．その
上で，推定した確率分布から実際にどの値が生じたかを推定する部分尤度関数
を定義し，固定効果を推定した．このような段階的な推定方法を，相対評価の
ためのパラメータ ω_k を直接的に推定できる方法の1つとして実践している．
本章まで読み進めてきた読者であれば，4章と同じように固定効果を確率変数
として考えることや，マルコフ推移確率が条件付きのマルコフ推移確率になる
ことは理解できるだろう．小濱等は，そこからさらに固定効果を確率誤差項と
同等であると考えている．

　少しだけ詳しく見ていこう．4章と同様にして，固定効果を考慮したマルコフ
劣化ハザードモデルの尤度関数を考えてみよう．構造物グループ k における検
査サンプルを l_k $(l_k = 1, \cdots, L_k)$ とし，情報サンプル $\bar{\Xi}_{l_k} = (\bar{\delta}_{i,j}^{l_k}, \bar{Z}_{l_k})$ が得ら
れたとしよう．ただし，$\bar{\delta}_{i,j}^{l_k}$ は状態の推移を表す変数であり，$\bar{Z}_{l_k}$ はモニタリン
グ間隔とする．構造物グループ k において，情報サンプル $\bar{\Xi}_k = (\bar{\Xi}_1, \cdots, \bar{\Xi}_{L_k})$
が観測される尤度関数 $\mathcal{L}_k(\boldsymbol{\theta}, \varepsilon_k; \bar{\Xi}_k)$ は，

$$\mathcal{L}_k(\boldsymbol{\theta}, \varepsilon_k; \bar{\Xi}_k) = \prod_{l_k=1}^{L_k} \prod_{i=1}^{I} \prod_{j=1}^{I} \left\{ \pi_{i,j}(\bar{Z}_{l_k}; \boldsymbol{\theta}, \varepsilon_k) \right\}^{\bar{\delta}_{i,j}^{l_k}} \tag{5.78}$$

と表すことができる．ただし，$\boldsymbol{\theta} = (\theta_1, \cdots, \theta_{I-1})$ は未知パラメータベクトル
である．固定効果を確率変数として考えることにより，上式は右辺をそのまま
に左辺は ε_k の条件付きの尤度関数 $\mathcal{L}_k(\boldsymbol{\theta} \mid \varepsilon_k; \bar{\Xi}_k)$ となるため，ε_k が従う確率
分布の確率密度関数を $g(\varepsilon_k)$ とすると，尤度関数 $\mathcal{L}_k(\boldsymbol{\theta}; \bar{\Xi}_k)$ は，確率変数 ε_k の
期待値を取り，

$$\mathcal{L}_k(\boldsymbol{\theta}; \bar{\Xi}_k) = \int_0^\infty \mathcal{L}_k(\boldsymbol{\theta} \mid \varepsilon_k; \bar{\Xi}_k) g(\varepsilon_k) d\varepsilon_k$$
$$= \int_0^\infty \prod_{l_k=1}^{L_k} \prod_{i=1}^{I} \prod_{j=1}^{I} \left\{ \pi_{i,j}(\bar{Z}_{l_k}; \boldsymbol{\theta}, \varepsilon_k) \right\}^{\bar{\delta}_{i,j}^{l_k}} g(\varepsilon_k) d\varepsilon_k \tag{5.79}$$

となる．ここまで説明すると，固定効果を確率誤差項と同等であると考えた理
由も理解できるだろう．式 (5.79) は積分を伴う非常に複雑な式となっており，
計算には数値積分を必要とする．小濱等は，固定効果を確率誤差項と同等であ

ると見なし，混合マルコフ劣化ハザードモデルとして定式化することにより，数値積分を必要としない段階までモデルを簡略化し，推計を可能としたのである．

混合マルコフ劣化ハザードモデルの定式化

ハザード関数が確率分布すると考えた混合マルコフ劣化ハザードモデルを定式化しよう．いま，マルコフ劣化ハザードモデルにおけるハザード関数 $\lambda_i(t)$ $(i = 1, \cdots, I-1)$ が

$$\lambda_i(t|\varepsilon) = \theta_i \varepsilon \tag{5.80}$$

と表されるとしよう．ε は確率誤差項であり，$\lambda_i(t|\varepsilon)$ を混合指数ハザード関数と呼ぶ．このとき，条件付きのマルコフ推移確率は，

$$\pi_{i,j}(Z|\varepsilon) = \sum_{s=i}^{j} \prod_{m=i}^{s-1} \frac{\theta_m}{\theta_m - \theta_s} \prod_{m=s}^{j-1} \frac{\theta_m}{\theta_{m+1} - \theta_s} \exp(-\theta_s Z \varepsilon) \tag{5.81a}$$
$$(i = 1, \cdots, I-1)\,(j = i, \cdots, I-1)$$

$$\pi_{i,I}(Z|\varepsilon) = 1 - \sum_{j=i}^{I-1} \pi_{i,j}(Z|\varepsilon) \tag{5.81b}$$
$$(i = 1, \cdots, I-1)$$

$$\pi_{I,I}(Z|\varepsilon) = 1 \tag{5.81c}$$

$$\pi_{i,j}(Z|\varepsilon) = 0 \tag{5.81d}$$
$$(j < i \,\text{のとき})$$

となる．ただし，式 (5.55) が成立しているとする．ここで，確率誤差項 ε の従う確率分布を $G(\varepsilon; \phi)$ とし，その確率密度関数を $g(\varepsilon; \phi)$ とすると，式 (5.81a) は

$$\pi_{i,j}(Z) = \int_{\varepsilon} \pi_{i,j}(Z|\varepsilon) g(\varepsilon; \phi) d\varepsilon \tag{5.82}$$

と書き換えることができる．次に，確率誤差項 ε の従う確率分布としてガンマ分布を取り上げ，平均を 1 とすることにより，ガンマ分布の確率密度関数 $g(\varepsilon; \phi)$ はパラメータが 1 つとなり，

$$g(\varepsilon; \phi) = \frac{\phi^{\phi}}{\Gamma(\phi)} \varepsilon^{\phi-1} \exp(-\phi\varepsilon) \tag{5.83}$$

と表される．分散は $1/\phi$ である．また，マルコフ推移確率 $\pi_{i,j}(Z|\varepsilon)$ において，表記の簡略化のために

$$\psi_{i,j}^s(\boldsymbol{\theta}) = \prod_{m=i}^{s-1} \frac{\theta_m}{\theta_m - \theta_s} \prod_{m=s}^{j-1} \frac{\theta_m}{\theta_{m+1} - \theta_s} \tag{5.84}$$

$$\boldsymbol{\theta} = (\theta_1, \cdots, \theta_{I-1})$$

とすると，マルコフ推移確率 (5.82) は

$$\pi_{i,j}(Z) = \int_\varepsilon \pi_{i,j}(Z|\varepsilon) g(\varepsilon; \boldsymbol{\phi}) \, d\varepsilon$$

$$= \int_0^\infty \sum_{s=i}^j \psi_{i,j}^s(\boldsymbol{\theta}) \exp(-\theta_s Z \varepsilon) \frac{\phi^\phi}{\Gamma(\phi)} \varepsilon^{\phi-1} \exp(-\phi\varepsilon) \, d\varepsilon$$

$$= \sum_{s=i}^j \frac{\psi_{i,j}^s(\boldsymbol{\theta}) \phi^\phi}{\Gamma(\phi)} \int_0^\infty \varepsilon^{\phi-1} \exp\{-(\theta_s Z + \phi)\varepsilon\} \, d\varepsilon \tag{5.85}$$

と表すことができる．ここで，$u = (\theta_i Z + \phi)\varepsilon$ と置き，$du = (\theta_i Z + \phi)d\varepsilon$ であることに留意すれば，

$$\int_0^\infty \varepsilon^{\phi-1} \exp\{-(\theta_i Z + \phi)\varepsilon\} d\varepsilon$$

$$= \int_0^\infty \left(\frac{u}{\theta_i Z + \phi}\right)^{\phi-1} \exp(-u) \frac{1}{\theta_i Z + \phi} \, du$$

$$= \frac{\Gamma(\phi)}{(\theta_i Z + \phi)^\phi} \tag{5.86}$$

であり，式 (5.85) は

$$\pi_{i,j}(Z) = \sum_{s=i}^j \frac{\psi_{i,j}^s(\boldsymbol{\theta}) \phi^\phi}{\Gamma(\phi)} \int_0^\infty \varepsilon^{\phi-1} \exp\{-(\theta_s Z + \phi)\varepsilon\} d\varepsilon$$

$$= \sum_{s=i}^j \frac{\psi_{i,j}^s(\boldsymbol{\theta}) \phi^\phi}{(\theta_s Z + \phi)^\phi} \tag{5.87}$$

と表される．したがって，マルコフ推移確率が

$$\pi_{i,j}(Z) = \sum_{s=i}^j \frac{\psi_{i,j}^s(\boldsymbol{\theta}) \phi^\phi}{(\theta_s Z + \phi)^\phi} \tag{5.88a}$$

$$(i = 1, \cdots, I-1) \, (j = i, \cdots, I-1)$$

$$\pi_{i,I}(Z) = 1 - \sum_{j=i}^{I-1} \pi_{i,j}(Z) \tag{5.88b}$$

$$(i = 1, \cdots, I-1)$$

$$\pi_{I,I}(Z) = 1 \tag{5.88c}$$

$$\pi_{i,j}(Z) = 0 \tag{5.88d}$$

$$(j < i \text{ のとき})$$

のように表されるモデルを，混合マルコフ劣化ハザードモデルと呼ぶ．パラメータは θ_i $(i = 1, \cdots, I-1)$ と ϕ である．混合マルコフ劣化ハザードモデルでは，式 (5.80) に示されるハザード関数の確率誤差項 ε が平均を 1 とするガンマ分布に従うと仮定している．したがって，$\varepsilon = 1$ としたときのハザード関数 $\tilde{\lambda}_i(t) = \theta_i$ は健全度 i の平均的なハザード関数を表すことになる．この平均的なハザード関数を標準ハザード関数と呼ぼう．

標準ハザード関数と固定効果の確率分布の推定

いま，2 つの時点のモニタリングにより，構造物グループ k の検査サンプル $l_k(l_k = 1, \cdots, L_k)$ に対して情報サンプル $\bar{\Xi}_{l_k} = (\bar{\delta}^{l_k}_{i,j}, \bar{Z}_{l_k}, \bar{a}_{l_k})$ が得られたとしよう．ただし，$\bar{\delta}^{l_k}_{i,j}$ は状態の推移を表す変数であり，$\bar{Z}_{l_k}$ はモニタリング間隔である．また，$\bar{a}_{l_k}$ は検査サンプル l_k に対する説明変数ベクトルである．ここで，検査サンプル l_k の劣化過程を表す混合ハザード率 $\lambda^{l_k}_i(t|\varepsilon)$ $(i = 1, \cdots, I-1)$ を

$$\lambda^{l_k}_i(t|\varepsilon) = \theta^{l_k}_i \varepsilon$$
$$= \exp\left(\beta_{i,1} + \bar{a}_{2,l_k}\beta_{i,2} + \cdots + \bar{a}_{J,l_k}\beta_{i,J}\right)\varepsilon \tag{5.89}$$

と表現しよう．ただし，$\boldsymbol{\beta}_i = (\beta_{i,1}, \cdots, \beta_{i,J})$ は推定すべき未知パラメータであり，J は説明変数の個数である．このとき，全ての情報サンプル $\bar{\Xi}$ が観測される同時生起確率，すなわち，混合マルコフ劣化ハザードモデルを推計するための尤度関数 $\mathcal{L}(\boldsymbol{\beta}, \phi; \bar{\Xi})$ は，

$$\mathcal{L}(\boldsymbol{\beta}, \phi; \bar{\Xi}) = \prod_{k=1}^{K} \prod_{l_k=1}^{L_k} \prod_{i=1}^{I} \prod_{j=1}^{I} \left\{\pi_{i,j}(\bar{Z}_{l_k}, \boldsymbol{a}_{l_k}; \boldsymbol{\beta}, \phi)\right\}^{\bar{\delta}^{l_k}_{i,j}} \tag{5.90}$$

と表現することができる．$\boldsymbol{\beta} = (\boldsymbol{\beta}_1, \cdots, \boldsymbol{\beta}_{I-1})$ である．式中の $\pi_{i,j}(\bar{Z}_{l_k}, \boldsymbol{a}_{l_k}; \boldsymbol{\beta}, \phi)$ は式 (5.88a)〜(5.88d) によって示されている．また，対数尤度関数は，

$$\log \mathcal{L}(\boldsymbol{\beta}, \phi; \bar{\Xi}) = \sum_{k=1}^{K} \sum_{l_k=1}^{L_k} \sum_{i=1}^{I} \sum_{j=1}^{I} \bar{\delta}^{l_k}_{i,j} \log\left\{\pi_{i,j}(\bar{Z}_{l_k}, \boldsymbol{a}_{l_k}; \boldsymbol{\beta}, \phi)\right\}$$
$$\tag{5.91}$$

となる．

固定効果の推定

　尤度関数 (5.91) を用いてパラメータの最尤推定値 $\hat{\chi} = (\hat{\boldsymbol{\beta}}, \hat{\phi})$ が求められた としよう. ^は最尤推定値であることを意味する. このとき, 混合マルコフ劣化 ハザードモデルのハザード関数 (5.80) は,

$$\lambda_i(t|\varepsilon) = \hat{\theta}_i \varepsilon$$
$$= \exp(\boldsymbol{a}\hat{\boldsymbol{\beta}}_i')\varepsilon \tag{5.92}$$

と書き換えることができる. また, $\tilde{\lambda}_i(t) = \hat{\theta}_i$ は健全度 i の標準ハザード関数 を表すことになる. ここで, ε を構造物グループ k における固定効果とみなし, 構造物グループ k のハザード関数を

$$\lambda_i^k(t) = \hat{\theta}_i \varepsilon_k$$
$$= \exp(\boldsymbol{a}\hat{\boldsymbol{\beta}}_i')\varepsilon_k \tag{5.93}$$

のように考えよう. さらに, ε_k を推定するための部分尤度関数 $\mathcal{L}_k^\circ(\varepsilon_k; \bar{\boldsymbol{\Xi}}_k, \hat{\chi})$ を,

$$\mathcal{L}_k^\circ(\varepsilon_k; \bar{\boldsymbol{\Xi}}_k, \hat{\chi}) = \prod_{l_k=1}^{L_k} \prod_{i=1}^{I} \prod_{j=1}^{I} \left\{ \pi_{i,j}^k(\bar{Z}_{l_k}, \hat{\boldsymbol{\beta}}; \varepsilon_k) \right\}^{\bar{\delta}_{i,j}^{l_k}} g(\varepsilon_k; \hat{\phi}) \tag{5.94}$$

と定義すれば, 固定効果 ε_k を推定することができる. $\pi_{i,j}^k(\bar{Z}_{l_k}, \hat{\boldsymbol{\beta}}; \varepsilon_k)$ は式 (5.72a)〜(5.72d) に示される通りであり,

$$\pi_{i,j}^k(\bar{Z}_{l_k}, \hat{\boldsymbol{\beta}}; \varepsilon_k)$$

$$= \begin{cases} \sum_{s=i}^{j} \psi_{i,j}^s(\hat{\boldsymbol{\theta}}^{l_k}) \exp\left(-\hat{\theta}_s^{l_k} \bar{Z}_{l_k} \varepsilon_k\right) \\ \qquad\qquad (i = 1, \cdots, I-1)\,(j = i, \cdots, I-1) \text{ のとき} \\ 1 - \sum_{j=i}^{I-1} \pi_{i,j}^k(\bar{Z}_{l_k}, \hat{\boldsymbol{\beta}}; \varepsilon_k) \qquad (i = 1, \cdots, I-1), (j = I) \text{ のとき} \\ 1 \qquad\qquad\qquad\qquad\qquad (i = j = I) \text{ のとき} \\ 0 \qquad\qquad\qquad\qquad\qquad (j < i) \text{ のとき} \end{cases} \tag{5.95}$$

である. ただし, $\hat{\boldsymbol{\theta}}^{l_k} = (\hat{\theta}_1^{l_k}, \cdots, \hat{\theta}_{I-1}^{l_k})$ とする. したがって, 部分対数尤度関 数は

$$\log \mathcal{L}_k^\circ(\varepsilon_k; \bar{\boldsymbol{\Xi}}_k, \hat{\chi}) = \sum_{l_k=1}^{L_k} \sum_{i=1}^{I} \sum_{j=1}^{I} \bar{\delta}_{i,j}^{l_k} \log \left\{ \pi_{i,j}^k(\bar{Z}_{l_k}, \hat{\boldsymbol{\beta}}; \varepsilon_k) \right\} + \log g(\varepsilon_k; \hat{\phi}) \tag{5.96}$$

と表すことができる. 以上より, 固定効果 ε_k の条件付き[*]最尤推定値は, 部分対数尤度の最大化問題

$$\max_{\varepsilon_k} \left\{ \log \mathcal{L}_k^{\circ}(\varepsilon_k; \bar{\Xi}_k, \hat{\chi}) \right\} \tag{5.97}$$

の最適解 $\hat{\varepsilon}_k$ として求めることができる.

　以上の手順により, 目視検査の対象となった全サンプルの標準ハザード関数 $\tilde{\lambda}_i(\boldsymbol{a}; \hat{\boldsymbol{\beta}}_i)$[**]と, そのばらつきの程度を表現するガンマ分布の確率密度関数 $g(\varepsilon; \hat{\phi})$, さらに, 構造物グループ k の条件付きの固定効果 $\hat{\varepsilon}_k$ を推定することができる. さて, 標準ハザード関数 $\tilde{\lambda}_i(\boldsymbol{a}; \hat{\boldsymbol{\beta}}_i)$ は, $\varepsilon = 1$ としたときのハザード関数であった. ここで, 式 (5.73) を思い出して欲しい. 式 (5.73) で示されるベンチマーキング期待劣化曲線のハザード関数 θ_i が標準ハザード関数 $\tilde{\lambda}_i(\boldsymbol{a}; \hat{\boldsymbol{\beta}}_i)$ に対応し, 相対評価のためのパラメータ ω が固定効果 ε に対応していることが読み取れるだろう. すなわち, 固定効果の推定値 $\hat{\varepsilon}_k$ と 1 との大小によって, 他の構造物と比較して相対的に劣化速度が大きいか小さいかを判定できるのである. 小濱等は, 固定効果を推定すると同時に相対評価を実施できる実践的な枠組みを提案したことになる. どのような仮定のもとでモデルを組み立てたのかを整理し, モデルの適用範囲などを確認しておこう. 大きな特徴として, 固定効果を確率誤差項として考えた点があげられる. 本来, 固定効果は構造物グループ固有の値として一定値をとる. しかし, 確率誤差項と同等と見なすことにより固定効果を一定値ではないと考えていることになる[***]. 固定効果が一定値ではなく, 1 つ 1 つのサンプルにグループの区別がなくなると, ハザード率のばらつきを考えたときにどのようなことが起こりうるだろうか? グループのサンプルサイズの違いがハザード率のばらつきに大きな影響を与えることになるのは想像に難くない. すなわち, 固定効果を推定するために 2 段階の推計手法を用いる場合には, 構造物グループ k のサンプルサイズを同程度にする必

---

[*] 標準ハザード関数のパラメータ $\boldsymbol{\beta}$ と固定効果の確率分布のパラメータ ϕ を $\hat{\boldsymbol{\beta}}$ および $\hat{\phi}$ とするという条件である.

[**] 分析対象とする構造物の説明変数に依存することを明示的に表現するために $\tilde{\lambda}_i(\boldsymbol{a}; \hat{\boldsymbol{\beta}}_i)$ と表記している.

[***] 固定効果を確率変数と考える段階 (式 (5.79)) では, まだ固定効果を一定値として考えていることに留意しよう.

要があることには注意しておこう[*].

分析結果

相対評価モデルの実践事例を見ていこう．データの詳細は **5.3.4** の通りである．同様のデータから，橋梁 RC 床版の劣化速度を相対評価する際の構造物グループとして橋梁単位を考え，1482 グループへと分類している．混合マルコフ劣化ハザードモデルを推計した結果，床版の劣化過程を説明する変数として

$$\begin{cases} a_2 & :平均交通量 \\ a_3 & :床版面積（橋面積/スパン数） \end{cases} \tag{5.98}$$

が採用された．各サンプル l_k の健全度 i における混合指数ハザード率は具体的に，

$$\begin{aligned} \hat{\lambda}_i^{l_k}(t|\varepsilon) &= \hat{\theta}_i^{l_k}\varepsilon \\ &= \exp\left(\hat{\beta}_{i,1} + \bar{a}_{2,l_k}\hat{\beta}_{i,2} + \bar{a}_{3,l_k}\hat{\beta}_{i,3}\right)\varepsilon \\ & \quad (i = 1, \cdots, I-1) \end{aligned} \tag{5.99}$$

となる．混合指数ハザード関数のパラメータの推定値 $\hat{\boldsymbol{\beta}}$ と ε が従うガンマ分布のパラメータの推定値 $\hat{\phi}$ は**表 5.6** に示す通りである．サンプル l_k の標準ハザード率である $\tilde{\lambda}_i^{l_k}(t) = \hat{\theta}_i^{l_k}$ は，サンプル l_k のベンチマーキング期待劣化曲線のハザード率と同等であることにも留意しておこう．また，グループ k の標準ハザード率 $\bar{\lambda}_i^k(t)$ は，グループ k に属するサンプル $l_k(l_k = 1, \cdots, L_k)$ を母集団 Θ_k とした時の標準ハザード率の平均化操作を実施することにより算出できる．すなわち，母集団 Θ_k の説明変数の分布関数を $\Gamma_k(\boldsymbol{a})$ としたとき，

$$\begin{aligned} \tilde{\lambda}_i^k(t) &= E[\hat{\lambda}_i^{l_k}(t)] \\ &= \int_{\Theta_k} \exp(\boldsymbol{a}\hat{\boldsymbol{\beta}}_i)\,d\Gamma_k(\boldsymbol{a}) \\ &\approx \frac{\sum_{l_k=1}^{L_k} \exp(\hat{\beta}_{i,1} + \bar{a}_{2,l_k}\hat{\beta}_{i,2} + \bar{a}_{3,l_k}\hat{\beta}_{i,3})}{L_k} \end{aligned} \tag{5.100}$$

により算出できる[**].

---

[*] 固定効果を直接算出した事例として貝戸等 [19) の論文があるが，そこでは推定した固定効果 ε_k の平均は 1 とはならず，ε は ω に対応していないため，ω_k を別途算出しなければならない．

[**] 論文中では全ての l_k において説明変数が同じであるとしており，$\hat{\lambda}_i^k(t) = \hat{\lambda}_i^{l_k}(t)$ となっている．

表 **5.6**　混合マルコフ劣化ハザードモデルの推計結果

健全度	定数項 $\hat{\beta}_{i,1}$	平均交通量 $\hat{\beta}_{i,2}$	床版面積 $\hat{\beta}_{i,3}$
1	-1.0401	—	3.1560
	—		(7.7)
2	-1.4863	—	3.3308
	—		(67.6)
3	-1.9617	0.7166	—
	—	(63.0)	
4	-2.4589	0.8705	0.5148
	—	(45.1)	(12.9)
5	-2.3599	—	—
	—		
6	-1.9984	1.5473	—
	—	(14.8)	
分散パラメータ $\hat{\phi}$		5.5373	
		(20.7)	

() 内は尤度比検定統計量を表す.

　続いてグループ k の固定効果を確率密度関数 $g(\varepsilon; \hat{\phi})$ から標本抽出された 1 つの確定した値 ε_k とみなし，ハザード関数を

$$\hat{\lambda}_i^k(t) = \tilde{\lambda}_i^k(t)\varepsilon_k \tag{5.101}$$

のように考えよう．グループ $k(k = 1, \cdots, 1482)$ の固定効果 ε_k を推定した結果を図 **5.11** のヒストグラムに示す．同図には，ガンマ分布 $g(\varepsilon; \hat{\phi})$ の概形も示している．固定効果 ε_k が 0.8〜1 を取るグループが多く，最小値は 0.064，最大値は 4.266 である．

　グループ k の標準ハザード率 $\tilde{\lambda}_i^k(t)$ と固定効果 ε_k を推定すると，グループ k のハザード率を

$$\hat{\lambda}_i^k(t) = \tilde{\lambda}_i^k(t)\hat{\varepsilon}_k \tag{5.102}$$

によって表すことができ，グループごとの期待寿命を算出後[*]，期待劣化曲線を描くことができる．1481 個の期待劣化曲線を図 **5.12** に示している．図中の

---

[*]　健全度 i の期待寿命は $1/\hat{\lambda}_i^k(t)$ によって算出できることを思い出そう.

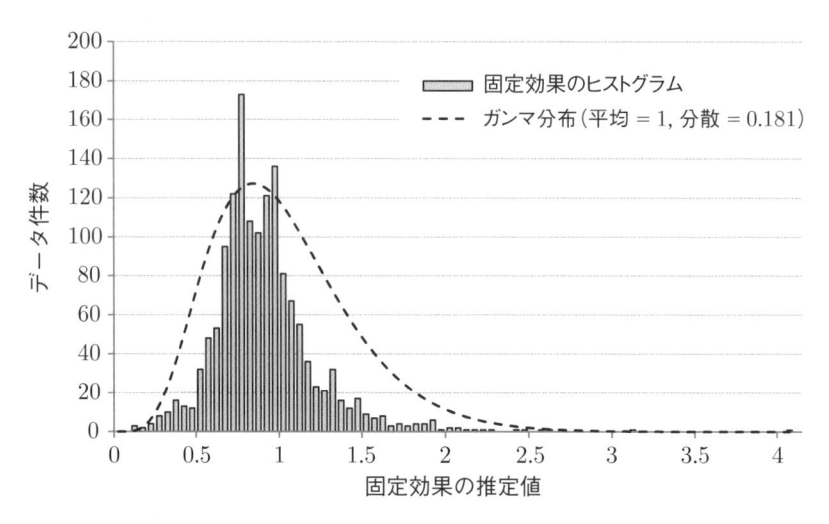

図 **5.11**　固定効果の推定結果

注）縦軸の確率密度は省略していること，ヒストグラムとガンマ分布の概形
が一致するようにガンマ分布の高さを任意に調整していることに留意して欲
しい.

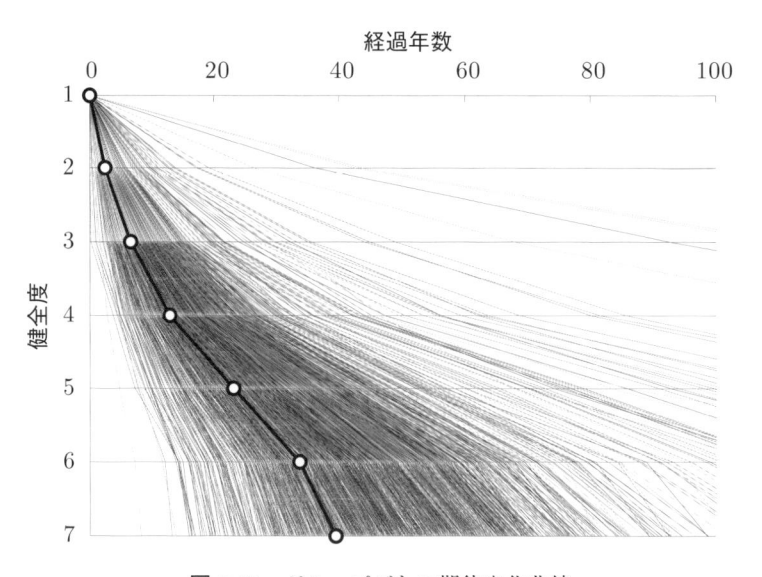

図 **5.12**　グループごとの期待劣化曲線

期待劣化曲線 1 つ 1 つに対してベンチマーキング期待劣化曲線を算出すること
ができる．その際には，$\varepsilon_k = 1$ とし，標準ハザード率 $\tilde{\lambda}_i^k(t)$ を用いて期待劣化

曲線を描けば，それがグループ k のベンチマーキング期待劣化曲線となる．また，1481 個の期待劣化曲線に対して 1 つのベンチマーキング期待劣化曲線を算出したいのであれば，全サンプルを母集団 Θ とした時の標準ハザード率の平均化操作を実施すればよい．すなわち，母集団 Θ の説明変数の分布関数を $\Gamma(\boldsymbol{a})$ としたとき，

$$
\begin{aligned}
\tilde{\lambda}_i(t) &= E[\hat{\lambda}_i^{l_k}(t)] \\
&= \int_\Theta \exp(\boldsymbol{a}\hat{\boldsymbol{\beta}}_i)\, d\Gamma(\boldsymbol{a}) \\
&\approx \frac{\sum_{k=1}^K \sum_{l_k=1}^{L_k} \exp(\hat{\beta}_{i,1} + \bar{a}_{2,l_k}\hat{\beta}_{i,2} + \bar{a}_{3,l_k}\hat{\beta}_{i,3})}{\sum_{k=1}^K L_k}
\end{aligned} \tag{5.103}
$$

によって表される全サンプルにおける標準ハザード率 $\tilde{\lambda}_i(t)$ $(i = 1, \cdots, I-1)$ を用いて期待寿命を算出し，期待劣化曲線を描けばよい．このようにして描いた図中の黒色実線のベンチマーキング期待劣化曲線は，1481 個のグループの平均的な期待劣化曲線であり，ベンチマーキング期待劣化曲線より右に位置するグループは劣化の進行が遅いグループ，左に位置するグループは劣化の進行が早いグループとなる．

　図 **5.12** を用いて 1482 個のグループの劣化速度の相対評価を実施することができた．その際，1482 個のグループにおける平均的な期待劣化曲線をベンチマークとしていた．しかしこの評価だけでは，各グループの期待劣化曲線が標準ハザード率 $\tilde{\lambda}_i^k(t)$ と固定効果 ε_k のどちらの影響を大きく受けているのかを判別することができない．そこで，標準ハザード率 $\tilde{\lambda}_i^k(t)$ と固定効果 ε_k を 2 つの評価軸として 2 次元的にプロットし，**5.4.3** で説明したモデルを用いた相対評価を実施しよう．図 **5.13** に結果を示している．横軸は平均が 1 となるように正規化した後の健全度 3 の標準ハザード率 λ_3（$\tilde{\lambda}_3^k(t)/\tilde{\lambda}_3(t)$ により算出）であり，縦軸は固定効果 ε である．図中の白丸はグループ k の推定値のプロットである．横軸の標準ハザード率，縦軸の固定効果ともに平均が 1 であるため，グループ k のプロットの位置により，劣化速度の相対評価を実施することができる．例えば，$(\lambda_3, \varepsilon) = (1, 1)$ より右上に位置するのか，右下に位置するのか，左上に位置するのか，左下に位置するのかといった分類をした上で，左下であれば当該グループは劣化速度が小さく比較的安全なグループであるといった評価を，左上であればグループ特有の何かしらの劣化要因が存在するために原因の究明に当たる必要があるといった評価を実施することができる．また，図中

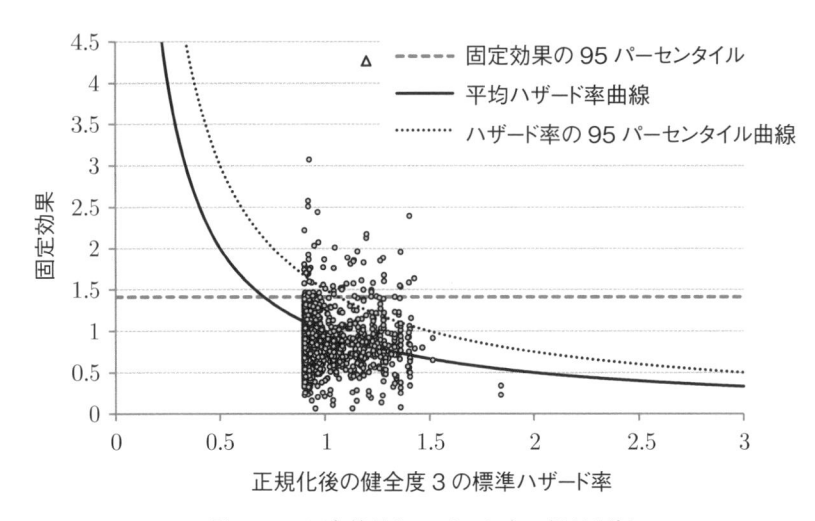

図 5.13 固定効果とハザード率の相対評価

には重点監視すべきグループを分類するために，固定効果が大きい上位 5 ％を考えて $\bar{\varepsilon}_{0.05}$ を算出し，固定効果の 95 パーセンタイルとして破線で示している．この破線より上方に位置するグループが重点監視集合 $\overline{\Omega}_{0.05}$ である．さらに，標準ハザード率と固定効果の積で表されるハザード率を用いた評価も実施することができる．すなわち，$\varepsilon \times \lambda_3 = 1$ となるような平均ハザード率をベンチマークとして，実線で示される平均ハザード率曲線より右上に位置すれば平均より劣化速度が大きいグループ，左下に位置すれば平均より劣化速度が小さいグループと判定することができる．また，ハザード率曲線に関しても，式 (5.102) で示されるハザード率の確率分布を考えて 95 パーセンタイルを算出すれば，95 パーセンタイル曲線を引くことができる*．図中の点線より右上に位置するグループが重点監視すべきであることは容易に理解できるだろう．推定値のプロットが右上に位置すればするほど劣化速度が大きいグループとなり，例えば図中に三角で示されるグループは劣化速度が非常に大きく，詳細な個別分析が必要となるグループであることも読み取れる．

---

* K 個のハザード率を大きい順に並び替え，上位 5 ％と下位 95 ％との閾値となるハザード率 $\overline{\lambda}_3(t)$ を用いて $\varepsilon \times \lambda_3 = \overline{\lambda}_3(t)/\tilde{\lambda}_3(t)$ を満たす曲線を引けばよい

1. 2000 年度に供用を開始した 4 つの構造物に対する点検の結果が**表 1** のように記録されていた．以下の問いに答えよ．

(a) 点検記録を用いてマルコフ劣化ハザードモデルの尤度関数を組み立てよ．ただし，健全度は 3 段階とし，説明変数は用いずに 4 つの構造物を同等に扱ってよい．

(b) 構造物 c と d に関して補修の記録が見つかった．2008 年度に構造物 c が，2014 年度に構造物 d が補修されていた．点検記録と補修記録を用いてマルコフ劣化ハザードモデルの尤度関数を組み立てよ．なお，補修は健全度 3 に対して実施され，補修が実施されると直ちに健全度 1 に回復するものとする．

表 1　点検記録

構造物	点検年度	健全度	構造物	点検年度	健全度
	2004	2		2002	1
a	2010	2	c	2010	1
	2015	3		2015	1
	2004	1		2003	2
b	2008	1	d	2007	2
	2012	2		2010	2
	2017	3		2017	2

2. ある構造物を対象としてマルコフ劣化ハザードモデルを推計した結果，状態 1，状態 2 のハザード率がそれぞれ $\theta_1 = 0.91$，$\theta_2 = 0.51$ と推定された．状態 3 を最終状態と考え，以下の問いに答えよ．

(a) 時点 t における点検により構造物の状態 1 が観測された．単位期間経過後 $(Z = 1)$ に状態が 2 となっている確率を求めよ．ただし，$\exp(-0.91) = 0.40$，$\exp(-0.51) = 0.60$ とし，四捨五入をして小数点第 2 位まで求めれば良い．

(b) 単位期間 $(Z = 1)$ の状態推移を表すマルコフ推移確率行列を求めよ．

(c) 2 期間経過後 $(Z = 2)$ に状態が 3 となっている確率を求めよ．

3. マルコフ劣化ハザードモデルを推計した結果，10 個の構造物に対して**表 2** に示すような健全度別のハザード率を算出することができた．各構造物の期待劣化曲線，および 10 個の構造物の平均的な期待劣化曲線を示せ．

4. 自らがある社会基盤施設の管理者になったと想定して以下の問いに答えよ．（道

表 2 健全度別のハザード率

健全度	構造物番号									
	1	2	3	4	5	6	7	8	9	10
1	0.4	0.2	0.3	1	0.4	0.8	0.25	0.25	0.2	0.5
2	0.25	0.15	0.2	0.4	0.25	0.4	0.15	0.2	0.15	0.3
3	0.2	0.1	0.1	0.25	0.15	0.25	0.1	0.1	0.1	0.2
4	0.1	0.05	0.1	0.15	0.1	0.15	0.06	0.05	0.05	0.1
5	0.1	0.05	0.1	0.15	0.1	0.15	0.05	0.06	0.1	0.1
6	0.2	0.1	0.1	0.3	0.15	0.2	0.1	0.1	0.15	0.25

路，橋梁，下水道など，具体的に1つ設定しよう）

(a) 固定効果 ε_k は，寿命の違いを考える際に説明変数では表現しきれない何かしらの影響要因であると述べた．管理している社会基盤施設においてどのような影響要因が考えられるだろうか？（説明変数として獲得することができない要因を考えてみよう）

(b) 管理している社会基盤施設において図 **5.13** のような，平均が1となるように正規化された標準ハザード率 λ と固定効果 ε によって定められる座標平面を設定し，$\lambda = 1$, $\varepsilon = 1$ によって区分される4つの象限を考える．各象限に属する社会基盤施設に対して，どのような管理を実施すべきであるかを考えてみよう．

第**6**章
費用を予測しよう

6.1　ライフサイクル費用の考え方

　4章, **5**章の議論により, 私たちは多様なものの寿命を予測することができるようになった. 生物の寿命であればワイブルハザードモデルを用い, 構造物の寿命であればマルコフ劣化ハザードモデルを用いて分析すればよい. 寿命を予測することによって私たちは様々な行動に移ることができる. 適度な運動が私たちの寿命を延ばすとなれば, ジョギングを習慣化したりスポーツジムに通うことを考えるだろう. 複数の状態で表される構造物の寿命を予測することができれば, 長寿命化のための部分的な予防補修の実施や構造物全体の大規模な補修といった行動を考えることができる. また, 構造物が寿命を迎えた際には廃棄するか更新するかの選択をしなければならないが, いずれにせよ必ず生じる費用のために予算を積み上げておくことも可能となる. 本章では, 主に土木施設や土木構造物（以下, 社会インフラと呼ぼう）を対象とし*, 社会インフラの管理者としてどのような行動を取るべきであるのか？ に対する１つの指針を示したい. その際, 社会インフラを管理し続ける際に必要となる費用の視点と, 安全な状態で維持し続けるための安全性の視点から議論を進めていく.

　社会インフラを維持管理するにあたって必要となる費用の考え方としてライフサイクル費用 (Life cycle cost; LCC) がある. LCC はその名の通り, 建設から運用, 補修, 更新, 廃棄に至るまで, 生涯にわたって発生する費用として捉えることができる. しかし, LCC の定義は確立されておらず, 対象とするも

---

　　*　本章の分析手法の一部は生物を対象としても適用可能ではあるが, 更新といった考え方は生物に対しては適さないため, 対象から外すことにしている.

のや分析したい事柄に応じて使い分けられることが多い. 本書では社会インフラを維持管理するための費用を考えることから,「社会インフラの維持・補修のために発生する各期の費用の流列」を LCC と定義する. 社会インフラは基本的に廃棄されることは少なく, 補修や更新を通じて半永久的に供用されるため, LCC は無期の費用の流列を持つことになる. このような LCC を評価する方法として, 1) LCC の割引現在価値を評価する割引現在価値法, 2) 割引率を用いず LCC を直接評価する非割引現在価値法, がある.

6.1.1 ・ 割引現在価値法

割引現在価値法は, 異なる将来時点に発生する費用に対して割引率という重みをかけることによって現在価値として集計する方法である. いま, $r(r = 1, 2, \cdots)$ 期において社会インフラの維持・補修のために発生する費用を c_r としよう. このとき, 割引現在価値法を用いて LCC を評価すると,

$$\text{LCC} = \sum_{r=1}^{\infty} \gamma^{r-1} c_r$$
$$= \sum_{r=1}^{\infty} \frac{c_r}{(1+\rho)^{r-1}} \tag{6.1}$$

と表される. $\gamma = 1/(1+\rho)$ は割引因子であり, ρ は割引率である[*]. 図 **6.1** は費用 $c_r = 1(r = 1, 2, \cdots)$ とし, 毎期に等しい費用が発生すると仮定したときの各期の費用の現在価値を示している. 割引率に起因して現在価値は急速に減少していき, 7 期先の費用で現在価値はおおよそ 80 % 程度となり, 25 期先の費用ともなれば現在価値は 50 % を下回ってくることが読み取れるだろう. また, 図 **6.2** には, 横軸に x 期を取り, 縦軸に x 期までの累積 LCC

$$\text{LCC}(x) = \sum_{r=1}^{x} \frac{c_r}{(1+\rho)^{r-1}} \tag{6.2}$$

を取ったグラフを示す. $\rho = 0.03$ のときには 80 期までに全費用の 90 % が計上され, $\rho = 0.04$ では 60 期まで, $\rho = 0.05$ では 50 期までに全費用の 90 % が計上されていることが読み取れる. したがって, 割引現在価値法による LCC 評価では, 補修戦略の違いによる LCC の比較において, 社会インフラの長寿命化戦略の経済効率性を正当化できない場合が少なからず存在する. 例えば, 社

---

[*] 国土交通省による費用便益分析マニュアルにおいて, 1 年あたりの割引率として 0.04 を用いて計算を行うものとされている. この 0.04 は日本の長期国債の利回り等を参考として設定されている.

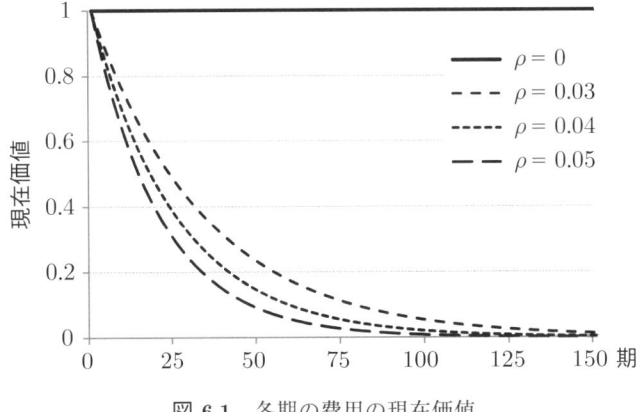

図 **6.1** 各期の費用の現在価値

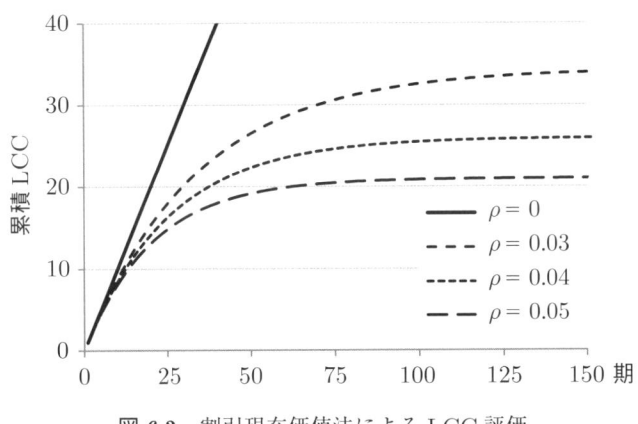

図 **6.2** 割引現在価値法による LCC 評価

会インフラの長寿命化による費用縮減効果が長期的に出現する場合，将来的な節約額の現在価値が小さくなることにより，単純な LCC の比較では長寿命化戦略を正当化できないのである．

6.1.2 非割引現在価値法

割引率を用いずに LCC を直接評価する場合，無限の将来にわたって発生する費用 $c_r(r = 1, 2, \cdots)$ を単純に加算すると

$$\text{LCC} = \sum_{r=1}^{\infty} c_r \tag{6.3}$$

と表されるが，上式は無限大に発散する．そのため，初年度である 1 期からマネジメントの目標年度である I 期までの期間 (目標期間と呼ぼう) に発生する

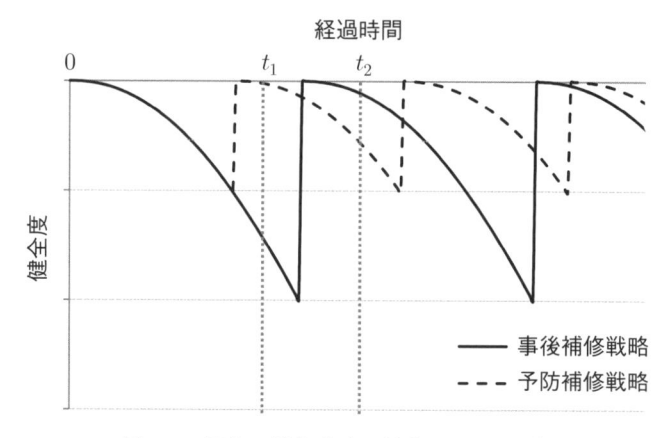

図 **6.3**　異なる補修戦略に対する LCC 評価

LCC を加算した累積 LCC などの評価指標を用いる必要がある．しかし，この方法では，1) 目標期間の設定に任意性が残る．2) 異なる目標期間を持つ補修戦略の効果を単純に比較できない．という問題が生じる．図 **6.3** は事後補修戦略と予防補修戦略といった異なる 2 つの補修戦略を適用した場合，健全度が時間とともにどの様に推移するかを示した図である．予防補修戦略の補修費用は事後補修戦略の補修費用よりも小さいが，比較的早い初期の段階において費用が発生するとし，一方，事後補修戦略では初期の段階において費用は発生しないが補修時点において予防補修戦略よりも補修費用が大きくなるとしよう．このとき，目標期間を供用開始時点 0 と時点 t_1 の期間 $I_1 = [0, t_1)$ とすると，破線で示される予防補修戦略では補修費用が発生しているが，実線で示される事後補修戦略では補修費用が発生しないため，予防補修戦略の累積 LCC の方が大きくなる．一方，目標期間を期間 $I_2 = [0, t_2)$ と設定すると，事後補修戦略においても補修費用が発生し，事後補修戦略の累積 LCC の方が大きくなる．目標期間の設定によって補修戦略に対する LCC 評価の結果が異なるといった問題が生じることが理解できるだろう．ある期間中に発生する LCC を毎年等価な平均費用の流列として評価することが考えられるが，この場合においても累積 LCC を用いた評価方法と同様に，目標期間の設定の任意性の問題が存在する．しかし，社会インフラは半永久的に供用される資産と位置づけられることを思い出して欲しい．社会インフラの LCC を評価する際には，目標期間の設定の任意性の問題は生じないと考えてよい．すなわち，社会インフラは劣化・補修あるいは劣化・更新のサイクルが半永久的に繰り返されるため，1 つのサ

イクルに着目して累積 LCC を計算し，その後，単位期間あたりの平均費用を算出してやればよい．LCC を平均費用を用いて評価する方法を，平均費用法と呼ぶ．

6.2 ライフサイクル費用の計算方法

　LCC の計算において社会インフラの劣化過程を確定的にモデル化できる場合には，図 **6.3** に示したように，ある補修戦略の下での劣化・補修過程によって表される状態の推移過程をただ 1 つに記述することができ，発生する費用を容易に計算することができる．しかし，劣化過程に不確実性が存在する場合，時間を通じた状態の変化を一意的に定義することができなくなる．したがって，無限期間にわたって発生する不確実な LCC の流列から，費用の期待値を求める方法が必要となる．さて，私たちがこれまで学んできた寿命予測モデルを推計して得られる状態間の推移確率行列は，劣化過程の不確実性を状態の確率分布として表現するためものである．本節では，この状態間の推移確率行列を用いて，ある補修戦略の下での劣化・補修過程によって表される状態の推移過程を確率的に記述した上で，LCC を計算する方法を説明する．

6.2.1 状態の劣化過程

　時点 $t_0 = 0$ において社会インフラが供用され，時点 $t_r = t_{r-1} + Z (r = 1, 2, \cdots)$ において点検が実施されるとしよう．ただし，Z は点検間隔とする．また，社会インフラの劣化による状態間のマルコフ推移確率行列として，

$$\Pi(Z) = \begin{pmatrix} \pi_{1,1}(Z) & \cdots & \pi_{1,I}(Z) \\ \vdots & \ddots & \vdots \\ 0 & \cdots & \pi_{I,I}(Z) \end{pmatrix} \tag{6.4}$$

が得られているとしよう．マルコフ推移確率行列に関しては，**5.3** でその導出過程も含めて詳細に説明している．時点 t_r における状態の確率分布を表した状態ベクトル $\boldsymbol{s}(t_r) = (s_1(t_r), \cdots, s_I(t_r))$ を定義してやると，

$$\begin{aligned} \boldsymbol{s}(t_r) &= \boldsymbol{s}(t_{r-1})\Pi(Z) \\ &= \boldsymbol{s}(t_0) \{\Pi(Z)\}^r \end{aligned} \tag{6.5}$$

と表されることを思い出して欲しい．

6.2.2 状態の補修過程

　時点 t_r において点検を実施し，必要があれば直ちに補修を実施することを考える．管理者は，点検により状態 I を観測した場合には必ず補修を実施して状態を 1 へと回復させるとし，それ以外の状態 i $(i = 1, \cdots, I-1)$ を観測した場合には，事前に定められたルールに従って補修の実施の有無を判断し，補修を実施する際の補修工法もルールに従って選択するとしよう．補修過程は劣化過程と異なり確定的であり，補修が実施されない場合には状態 i は確率 1 で状態 i のまま継続し，補修が実施される場合には状態 i は確率 1 で回復先の状態 j へと推移する．このような状態間の推移を表現する推移確率行列を作成していこう．いま，補修の実施の有無や補修工法を指定するルールを「補修アクション」と呼び，補修アクションベクトル

$$\boldsymbol{\eta} = (\eta(1), \cdots, \eta(I)) \tag{6.6}$$

によって規定する．補修アクション $\eta(i)$ は状態 i を状態 $\eta(i)$ へと推移させる操作を表す．すなわち，$\eta(i) = j$ は，状態 i を状態 j へと推移させる操作を意味する．状態 1 はもっとも健全な状態であるため補修の実施の有無にかかわらず $\eta(1) = 1$ である．また，状態 I が観測された場合には必ず補修が実施されて状態 1 に回復するため $\eta(I) = 1$ である．その他の $\eta(i)$ $(i = 2, \cdots, I-2)$ に対しても，補修を実施しないのであれば $\eta(i) = i$ とし，補修を実施するのであれば回復先を状態 j として $\eta(i) = j$ のようにルールを決めてやればよい．このような状態間の推移関係を用いて補修による状態間の推移確率行列

$$Q(\boldsymbol{\eta}) = \begin{pmatrix} q_{1,1} & \cdots & q_{1,I} \\ \vdots & \ddots & \vdots \\ q_{I,1} & \cdots & q_{I,I} \end{pmatrix} \tag{6.7}$$

を作成すると，その要素 $q_{i,j}$ は

$$q_{i,j} = \begin{cases} 1 & (\eta(i) = j \text{ の時}) \\ 0 & (\eta(i) \neq j \text{ の時}) \end{cases} \tag{6.8}$$

と表すことができる．時点 t_r において点検が実施された後，直ちに補修が実施されるとすると，補修実施後の時点 $\tilde{t}_r$ における状態ベクトル $\boldsymbol{s}(\tilde{t}_r)$ は

$$\boldsymbol{s}(\tilde{t}_r) = \boldsymbol{s}(t_r)Q(\boldsymbol{\eta}) \tag{6.9}$$

と表される．

6.2.3 マルコフ決定過程

　社会インフラの状態はこれまで見てきた確率的な劣化過程と確定的な補修過程が交互に繰り返されることによって変化していく．マルコフ推移確率に従って推移する状態に対して，意思決定による行動を追加することにより状態を制御する確率モデルをマルコフ決定過程と呼ぶ．すなわち，本書で扱う社会インフラにおいてはマルコフ決定過程を，1) 社会インフラの不確実な劣化過程をマルコフ推移確率を用いて表現する．2) 社会インフラに対して補修を実施することにより劣化状態を制御する．のように，劣化過程と補修過程の 2 つを用いて表現しているのである[*]．さて，r 回目の点検時点 t_r，および点検後直ちに補修が実施された時点 $\tilde{t}_r$ における社会インフラの状態ベクトル $\boldsymbol{s}(t_r)$，$\boldsymbol{s}(\tilde{t}_r)$ は，

$$\boldsymbol{s}(t_r) = \boldsymbol{s}(t_0) \left\{ \Pi(Z) Q(\boldsymbol{\eta}) \right\}^{r-1} \Pi(Z) \tag{6.10a}$$

$$\boldsymbol{s}(\tilde{t}_r) = \boldsymbol{s}(t_0) \left\{ \Pi(Z) Q(\boldsymbol{\eta}) \right\}^{r} \tag{6.10b}$$

$$(r = 1, 2, \cdots)$$

と整理され，半永久的に繰り返される社会インフラの劣化・補修のサイクルを定式化することができる．

　理解を深めるために具体的な例を取り上げて状態の推移過程を見てみよう．いま，社会インフラの状態の不確実な劣化過程を表現するマルコフ推移確率が

$$\Pi(Z) = \begin{pmatrix} 0.80 & 0.20 & 0 & 0 \\ 0 & 0.70 & 0.30 & 0 \\ 0 & 0 & 0.60 & 0.40 \\ 0 & 0 & 0 & 1 \end{pmatrix} \tag{6.11}$$

のように得られているとしよう．また，状態 4 が観測されると直ちに状態 1 へと回復させる補修のみを考え，補修アクションベクトルを

$$\boldsymbol{\eta} = (1, 2, 3, 1) \tag{6.12}$$

のように設定しよう．この時，補修による状態間の推移確率行列 $Q(\boldsymbol{\eta})$ は，要素 $q_{1,1}$，$q_{2,2}$，$q_{3,3}$，$q_{4,1}$ のみ 1 をとり，その他の要素はすべて 0 となるような行列であり，

---

　[*]　一般的なマルコフ決定過程との違いは，行動を表す補修過程を確定的としている点，行動による報酬 (reward) に費用 (cost) を割り当てている点である．

$$Q(\boldsymbol{\eta}) = \begin{pmatrix} 1 & 0 & 0 & 0 \\ 0 & 1 & 0 & 0 \\ 0 & 0 & 1 & 0 \\ 1 & 0 & 0 & 0 \end{pmatrix} \tag{6.13}$$

のように表すことができる．初期状態 $\boldsymbol{s}(t_0) = (1,0,0,0)$ とすると，状態の推移過程は図 **6.4**，図 **6.5** のようになる．図 **6.4** において，時点 t_3 までは状態 4 が出現しないため補修過程を省略して劣化過程のみを記している．時点 t_3 における状態の確率分布は式 (6.10a) を用いて計算でき，$\boldsymbol{s}(t_3) = (0.51, 0.34, 0.13, 0.02)$ となる．状態 4 が観測されると直ちに補修が実施され確率 1 で状態 1 に回復するため，時点 $\tilde{t}_3$ における状態の確率分布は式 (6.10b) を用いて計算でき，$\boldsymbol{s}(\tilde{t}_3) = (0.53, 0.34, 0.13, 0)$ となる．次の点検時点 t_4 における状態の確率分布 $\boldsymbol{s}(t_4)$ は，補修が実施された後の状態 $\boldsymbol{s}(\tilde{t}_3)$ に対して不確実な劣化過程を考え，$\boldsymbol{s}(t_4) = (0.43, 0.34, 0.18, 0.05)$ となる．また，期間 $[t_3, t_4)$，あるいは期間 $[\tilde{t}_3, \tilde{t}_4)$ を社会インフラの劣化・補修の 1 サイクルと考えることができる．

6.2.4 LCC の計算

費用は社会インフラの管理にあたって点検が実施された時，および補修が実施されたときに発生すると考える．すなわち，点検にかかる固定費用は点検時点ごとに発生し，補修費用は補修アクション $\eta(i)$ $(i = 1, \cdots, I)$ により補修が実施されたときに発生すると考える．いま，補修アクションを $\eta(i) = j$ とし，状態 i の社会インフラを状態 j へと回復させるときに生じる補修費用を $c_{i,j}$ としよう．状態 i の社会インフラに対して発生する補修費用 $C_m(i)$ は，

$$C_m(i) = \sum_{j=1}^{I} q_{i,j} c_{i,j} \tag{6.14}$$

と表される．ただし，$q_{i,j}$ は補修による状態間の推移確率行列 $Q(\boldsymbol{\eta})$ の要素である．式 (6.14) は補修が実施されればその補修に対応した補修費用が発生することを表しているだけである．さて，状態に応じて発生する補修費用がわかれば，劣化・補修の 1 サイクルにおける補修費用も計算することが可能となる．期間 $[t_r, t_{r+1})$ として表される劣化，補修の 1 サイクルにおける補修費用を計算してみよう．時点 t_r における状態の確率分布は $\boldsymbol{s}(t_r)$ であり，補修過程によって状態が $\boldsymbol{s}(t_r)$ から $\boldsymbol{s}(\tilde{t}_r)$ へと推移する際に補修費用が発生する．劣化過程においては補修費用が発生しないため，期間 $[t_r, t_{r+1})$ において発生する補

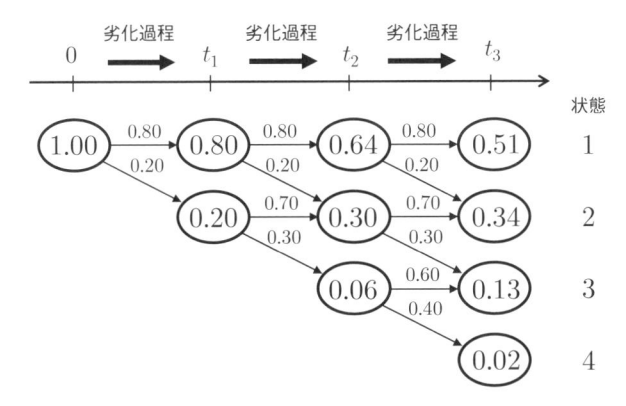

図 6.4 状態の推移過程その 1

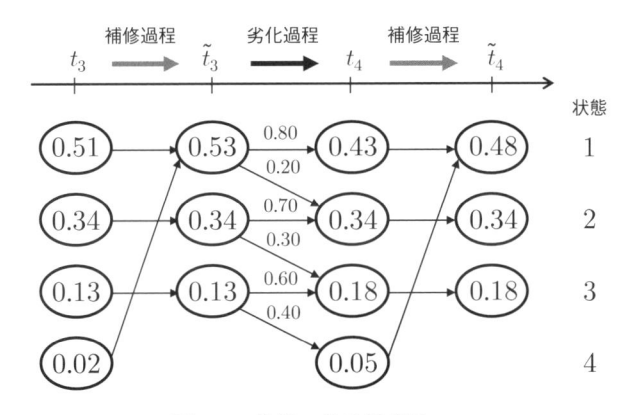

図 6.5 状態の推移過程その 2

修費用としては，期間 $[t_r, \tilde{t}_r)$ において生じる補修費用のみを計算すればよい．したがって，期間 $[t_r, t_{r+1})$ に生じる費用 $C_M(t_r)$ は，補修費用と点検にかかる固定費用 C_I を考え，

$$C_M(t_r) = \sum_{i=1}^{I} C_m(i)s_i(t_r) + C_I$$

$$= \sum_{i=1}^{I}\sum_{j=1}^{I} q_{i,j}c_{i,j}s_i(t_r) + C_I \tag{6.15}$$

と表される．

■割引現在価値法による LCC 評価　割引現在価値法によって LCC を評価すると，割引率を ρ として

$$\mathrm{LCC}(Z, \boldsymbol{\eta}) = \sum_{r=0}^{\infty} \frac{C_M(t_r)}{(1+\rho)^r}$$

$$= \sum_{r=0}^{\infty} \frac{\sum_{i=1}^{I} \sum_{j=1}^{I} q_{i,j} c_{i,j} s_i(t_r) + C_I}{(1+\rho)^r} \tag{6.16}$$

と表される．上式の割引率 ρ は期間長 Z に対する割引率であるため，実際の計算においては，たとえば 1 年あたりの割引率が 0.04 となるように割り引かれるとすると，分母は

$$(1+\rho)^r = (1+0.04)^{Zr} \tag{6.17}$$

のように書き換えればよい[*]．

■平均費用法による LCC 評価　平均費用法を用いて LCC を評価する場合，劣化・補修の 1 つのサイクルに着目すればよい．しかし，確定的な劣化過程の時と異なり，図 **6.4**，図 **6.5** に示されるように，どの時点のサイクルに着目するかによって状態ベクトル $\boldsymbol{s}(t_r)$ が変化し，累積 LCC の値が変化してしまうため，着目するサイクルを適切に定めなければならない．本書で取り扱うような社会インフラの劣化・補修過程では，初期時点からの点検回数である r が十分に大きくなると，状態の確率分布 $\boldsymbol{s}(t_r)$ は前回点検時と比較して大きく変化せず，定常分布 $\boldsymbol{s} = (s_1, \cdots, s_I)$ へと近づいていく[**]．定常分布は

$$\boldsymbol{s} = \boldsymbol{s} Q(\boldsymbol{\eta}) \Pi(Z) \tag{6.18}$$

を満たし，初期状態 $\boldsymbol{s}(t_0)$ に依存しない．また，社会インフラは半永久的に供用される資産であるため，着目するサイクルとしては供用開始時点から十分に時間が経過した後の 1 つのサイクルを考えればよく，その時の状態の確率分布として定常分布を用いればよい．以上より，平均費用法による LCC は

$$\mathrm{LCC}(Z, \boldsymbol{\eta}) = \frac{\sum_{i=1}^{I} \sum_{j=1}^{I} q_{i,j} c_{i,j} s_i + C_I}{Z} \tag{6.19}$$

により計算することができる．

　式 (6.16)，式 (6.19) に示される LCC は，1 サイクルの長さとなる点検間隔 Z と，補修ルールを表す補修アクションベクトル $\boldsymbol{\eta}$ に依存しており，いずれも管理者が制御可能な変数である．したがって，管理者は点検間隔 Z と補修アク

---

　[*]　期間長 Z の単位が ［年］のときに成立する式である．

　[**]　既約かつ非周期的なマルコフ連鎖において，正再帰的であれば，定常分布がただ 1 つ存在する．

ションベクトル $\boldsymbol{\eta}$ を任意に変化させて LCC を計算，比較することができるのである.

6.3 ライフサイクル費用の最小化

社会インフラの管理者は，点検間隔 Z と補修アクションベクトル $\boldsymbol{\eta}$ の組み合わせで表される補修施策 $d = (Z, \boldsymbol{\eta})$ に応じた LCC を計算できるようになった．このことは，LCC を最小化するような補修施策 $d^* = (Z^*, \boldsymbol{\eta}^*)$ を探せるようになったことを意味する．LCC の最小化問題を考えると，目的関数は式 (6.16)，式 (6.19) で与えられる．よって，割引現在価値法を用いた場合には

$$\min_{d \in D} \sum_{r=0}^{\infty} \frac{\sum_{i=1}^{I} \sum_{j=1}^{I} q_{i,j} c_{i,j} s_i(t_r) + C_I}{(1+\rho)^r} \tag{6.20}$$

を，平均費用法を用いた場合には

$$\min_{d \in D} \frac{\sum_{i=1}^{I} \sum_{i=1}^{I} q_{i,j} c_{i,j} s_i + C_I}{Z} \tag{6.21}$$

を解けばよい．ただし，D は補修施策の集合を表す.

式 (6.20)，式 (6.21) の両式ともに，点検間隔 Z を大きくして点検をほぼ実施しないという選択，あるいは，補修をしないという補修アクションベクトルを選択することにより，LCC は限りなく小さくなる．しかし，現実的に考えて点検・補修をしないという補修施策を選択することはあり得ないだろう．よって，式 (6.20)，式 (6.21) は現実を表現できていないことになる．それでは，何が足りないのであろうか？点検・補修を実施する目的を考えれば答えは明白である．点検・補修は，社会インフラの利用者の安全の確保を目的として実施される．すなわち，安全性の視点が抜けているのである.

安全を確保するための条件を考えよう．補修施策 d によって社会インフラの状態は多様に異なることになる．たとえば，点検間隔 Z を大きくすると，点検時点における状態の確率分布の期待値は悪い状態へ推移していくだろう．一方で，補修アクションとして事後補修戦略だけでなく予防補修戦略を取り入れると，状態の確率分布の期待値は良い状態へと推移していくだろう．社会インフラの安全を確保するための1つの方法は，社会インフラの状態に制約を設けることである．たとえば，最も簡単な制約の設定方法は，任意の時点 t_r において状態 I となる確率 $s_I(t_r)$ が一定値 $\overline{s}_I$ 以下となるように制約を設ける方法である．この場合，$s_I(t_r) \leq \overline{s}_I$ となるような補修施策 d から，LCC を最小とする

ような補修施策 d^* を探さなければならない．一般に，社会インフラの状態に
よるリスクを $R(d)$ としたとき，リスク $R(d)$ に対して許容できる範囲と許容で
きない範囲の閾値である $\overline{R}$ を設定し，リスク $R(d)$ を閾値 $\overline{R}$ 以下とするような
補修施策 d の中から補修施策 d^* を探さなければならない．よって，式 (6.20)，
式 (6.21) は次のように書き換えられる．

$$\min_{d \in D} \mathrm{LCC}(Z, \boldsymbol{\eta}) \tag{6.22a}$$
$$subject \quad to$$
$$R(d) \leq \overline{R} \tag{6.22b}$$

閾値 $\overline{R}$ は管理水準と呼ばれる．制約条件を設定することにより，点検間隔 Z を
限りなく大きくするような補修施策は選択されなくなっている．もう 1 つの方
法は，社会インフラの状態に起因するリスクにかかる費用を計算することによ
り，条件 (6.22b) を目的関数の中に組み込む方法である．たとえば，管理してい
る社会インフラは状態 I のときにある一定の確率 p で多大な損失 C_r を引き起
こすと考え，リスク費用 $C_R = \sum_{r=0}^{\infty} s_I(t_r) \times p \times C_r \times Z$ や $C_R = s_I \times p \times C_r$
を計上しておくことは合理的であろう．社会インフラの状態に起因するリスク
費用を $C_R(d)$ とすると，式 (6.20)，式 (6.21) は次のように書き換えられる．

$$\min_{d \in D} \{\mathrm{LCC}(Z, \boldsymbol{\eta}) + C_R(d)\} \tag{6.23}$$

式 (6.23) に制約条件は設定されていないが，点検間隔 Z を大きくしていくと
状態 I となる確率が大きくなることにより，リスク費用 $C_R(d)$ も大きくなる．
よって，導出手順を考えると当然ではあるが，点検間隔 Z を限りなく大きくす
るような補修施策は選択されなくなっている．これら 2 つの方法により LCC
の最小化を図る時，管理者によるリスク $R(d)$ の設定，およびリスク費用 $C_R(d)$
の設定が重要となることは言うまでもない．

6.4 ライフサイクル費用の計算事例

　基本的な LCC の計算方法，および LCC 最小化の手順は前節の通りである．
本節では平均費用法に重点を置き，平均費用法による LCC の計算事例を紹介
する．また，事例の中でも前節の手順の通りにいかない場合を紹介する．基本
的な考え方は同じであり，1) 社会インフラの劣化過程と補修過程を考えるこ
とにより LCC を計算する，2) 社会インフラの状態に対して制約を設けた上で
LCC の最小化を図る，といった手順を踏む．しかし，本節で紹介する事例はい

ずれも劣化・補修過程が前節とは異なる. 1つは, 劣化過程がワイブルハザードモデルに従う場合である. 劣化過程がワイブルハザードモデルに従う場合, 各状態の使用時間に関する情報が必要となる. もう1つは, 劣化過程はマルコフ推移確率に従うものの, 劣化・補修過程に部分的な不可逆性がある場合である. すなわち, 1度劣化が進んだ社会インフラに対しては補修アクションを繰り返して状態1へと回復するという設定は現実的ではないため, ある時点 $\tilde{t}_r$ における状態の確率分布 $s(\tilde{t}_r)$ に対して, 劣化により状態 i に至ったのか, 補修により状態 i に至ったのかを明確に区別することが必要となる.

劣化過程がワイブルハザードモデルに従う場合

青木等[20] は, 一連の照明ランプ群で構成されるトンネル照明システムの点検・更新過程を考え, 点検・更新施策 d として点検・更新間隔 Z と照明ランプの最大使用時間長 mZ をとりあげて LCC を計算し, 最適[*]な点検・更新施策 d を求めるための方法論を提案した.

照明ランプの劣化過程は使用時間に依存し, 使用時間が長くなればなるほど不点となる確率が増大するようなワイブルハザードモデルに従うと考えられる. そのため, 照明ランプの状態を不点であるか否かの2つの状態として設定すると, 各点検時点において不点でないような照明ランプに対して使用時間の違いを区別できず, 使用時間が長くなるほど不点確率が大きくなるといった現象を表現できない. そこで, 不点であるか否かの2つの状態を設定するのではなく, 使用時間長に応じた複数の状態を設定している点に本事例の特徴がある.

■**状態の設定** 時点 t_r における照明ランプの状態を考えてみよう. 前提として, 不点となっている照明ランプ, および使用時間長が mZ となっている照明ランプは点検時点に観測されることによって直ちに取り替えられるとし, それ以外の時点において取り替えられることはないとする. この時, 時点 $t_r = t_{r-1} + Z(r = m, m+1, \cdots)$ では, 不点となっている照明ランプ, および使用時間長が $Z, \cdots, mZ$ となっている照明ランプが観測されうる. 不点となっている照明ランプと使用時間長が mZ となっている照明ランプは直後の時点 $\tilde{t}_r$ において取り替えられるため, 時点 $\tilde{t}_r$ では, 使用時間長が $0, \cdots, (m-1)Z$ となる照明ランプが観測されうる. よって, 照明ランプの劣化過程, 更新過程において考えるべき状態は, 使用時間長が

---

[*] ここでいう最適とは, 照明ランプの状態に起因するリスクを考慮した上で LCC を最小化するという意味である.

$0, Z, \cdots, mZ$, および不点の合計で $m+2$ 個となる. 時点 t における照明ランプの状態ベクトルを $\boldsymbol{s}(t) = (s_1(t), \cdots, s_{m+1}(t), s_{m+2}(t))$ と定義しよう. ただし, $s_1(t), \cdots, s_{m+1}(t)$ はそれぞれ使用時間が $0, \cdots, mZ$ となる状態に対応し, $s_{m+2}(t)$ は不点状態を表す. また, $\sum_{i=1}^{m+2} s_i(t) = 1$ である. 考えるべき状態を設定できたので, あとは状態の劣化過程, 更新過程を記述していけばよい. 図 **6.6** に, 期間 $[t_r, t_{r+1})$ における状態の推移過程を示すので参考にしてほしい.

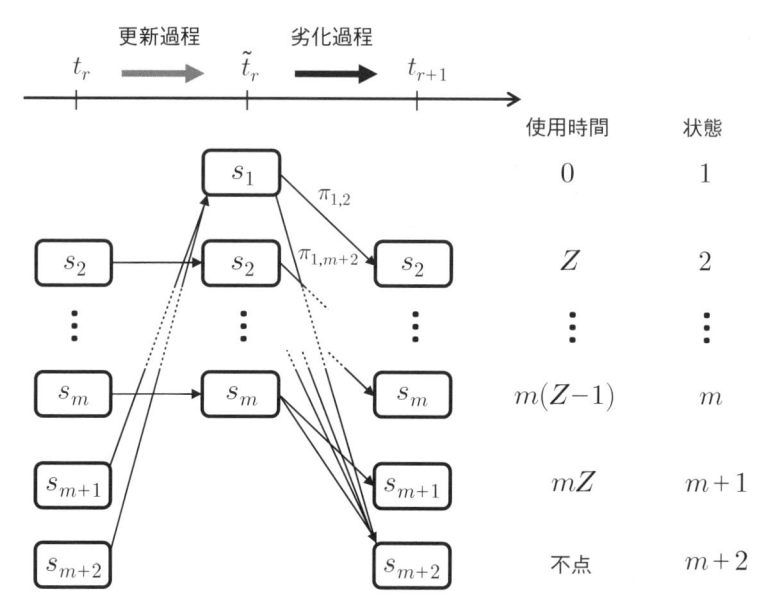

図 **6.6**　トンネル照明システムの状態の推移過程

■**状態の劣化過程**　図 **6.6** に示すように, 更新直後の時点 $\tilde{t}$ において状態 $i\,(i = 1, \cdots, m)$ である照明ランプの次の点検時点における推移先は, 状態 $i+1$ か状態 $m+2$ のいずれかである. 状態 $i+1$ は照明ランプが不点とならず使用時間長が Z だけ増加した場合であり, 状態 $m+2$ は照明ランプが不点となった場合である. したがって, 状態 i から状態 $i+1$ へと推移する確率 $\pi_{i,i+1}$ は, 照明ランプが期間 $[0, (i-1)Z)$ にわたって不点とならなかったという条件の下で, 期間 $[(i-1)Z, iZ)$ においても不点とならない条件付き確率により表され, 照明ランプの生存関数を $S(t)$ とすると,

$$\pi_{i,i+1} = \frac{S(iZ)}{S((i-1)Z)} \tag{6.24}$$

と定義できる．一方，状態 i から状態 $m+2$ へと推移する確率 $\pi_{i,m+2}$ は，照明ランプが期間 $[0,(i-1)Z)$ にわたって不点とならなかったという条件の下で，期間 $[(i-1)Z,iZ)$ 内のいずれかの時点において不点となる条件付き確率により表され，照明ランプの寿命の分布関数を $F(t)$ とすると，

$$\pi_{i,m+2} = \frac{F(iZ) - F((i-1)Z)}{S((i-1)Z)} \tag{6.25}$$

となる．推移先は状態 $i+1$ と状態 $m+2$ のみであるため，$\pi_{i,i+1}+\pi_{i,m+2}=1$ が成立しており，その他の状態 $j(j=1,\cdots,i,i+2,i+3,\cdots,m+1)$ に対しては $\pi_{i,j}=0$ が成立している．また，状態 $m+1$ と状態 $m+2$ は観測されないため，$\pi_{m+1,j}=\pi_{m+2,j}=0(j=1,\cdots,m+2)$ とする．以上より，劣化過程における推移確率行列 $\Pi(Z,m)$ は

$$\Pi(Z,m) = \begin{pmatrix} 0 & \pi_{1,2} & 0 & \cdots & 0 & 0 & \pi_{1,m+2} \\ 0 & 0 & \pi_{2,3} & \cdots & 0 & 0 & \pi_{2,m+2} \\ \vdots & \vdots & \vdots & \ddots & \vdots & \vdots & \vdots \\ 0 & 0 & 0 & \vdots & 0 & \pi_{m,m+1} & \pi_{m,m+2} \\ 0 & 0 & 0 & \vdots & 0 & 0 & 0 \\ 0 & 0 & 0 & \cdots & 0 & 0 & 0 \end{pmatrix} \tag{6.26}$$

と表すことができる．

■状態の更新過程 図 **6.6** に示すように，点検時点 t において不点となっている照明ランプ，および使用時間長が mZ となっている照明ランプは直ちに取り替えられる．すなわち，状態 $m+1$ と状態 $m+2$ に対して照明ランプの更新が実施され，その他の状態 $j(j=1,\cdots,m)$ に対してはその状態が維持されると考えることができる．よって，更新アクションベクトルを

$$\boldsymbol{\eta} = (0,2,3,\cdots,m-1,m,1,1) \tag{6.27}$$

のように設定しよう．ただし，点検時点において状態 1 が観測されることはないため，便宜上 $\eta(1)=0$ と設定している．この時，更新による状態間の推移確率行列 $Q(\boldsymbol{\eta},m)$ は，要素 $q_{2,2}$，$q_{3,3}$，$\cdots$，$q_{m-1,m-1}$，$q_{m,m}$，$q_{m+1,1}$，$q_{m+2,1}$ のみ 1 をとり，その他の要素はすべて 0 となるような行列であり，具体的に

$$Q(\boldsymbol{\eta}, m) = \begin{pmatrix} 0 & 0 & \cdots & 0 & 0 & 0 \\ 0 & 1 & \cdots & 0 & 0 & 0 \\ \vdots & \vdots & \ddots & \vdots & \vdots & \vdots \\ 0 & 0 & \cdots & 1 & 0 & 0 \\ 1 & 0 & \cdots & 0 & 0 & 0 \\ 1 & 0 & \cdots & 0 & 0 & 0 \end{pmatrix} \tag{6.28}$$

のように表すことができる. 以上のように状態の劣化に関する推移確率行列 $\Pi(Z, m)$, 状態の更新に関する推移確率行列 $Q(\boldsymbol{\eta}, m)$ を定義してやると, 状態の推移過程は式 (6.10a), 式 (6.10b) と全く同様の形により表すことができる.

■LCC の計算 トンネル照明システムの LCC を平均費用法を用いて評価しよう. 照明ランプの状態 $\boldsymbol{s}$ が

$$\boldsymbol{s} = \boldsymbol{s}Q(\boldsymbol{\eta}, m)\Pi(Z, m) \tag{6.29}$$

を満たし, 定常状態にあると考える. さらに, トンネルの照明システムが N 個の照明ランプによって構成されているとし, 照明ランプのトンネル単位延長辺りの点検費用 (固定費用) を C_I, トンネルの管理延長を L, 照明ランプの単価を c, 照明ランプの交換費用を f, 点検・更新時にトンネル延長に応じて発生する交通規制費用を h とする. 状態 $m+1$ と状態 $m+2$ のときに取り替え費用が発生することに留意すると, 平均費用法による照明ランプ 1 個当たりの LCC は

$$\mathrm{LCC}(Z, m) = \frac{(c+f)(s_{m+1} + s_{m+2})N + C_I L + h}{ZN} \tag{6.30}$$

と表される. 式 (6.30) に示される LCC は, 1 サイクルの長さとなる点検間隔 Z と, 照明ランプの交換ルールである最大使用時間長に関するパラメータ m に依存している. したがって, 管理者は点検間隔 Z とパラメータ m を任意に変化させて LCC を計算, 比較することができる.

■リスク管理指標 青木等はリスク管理指標として, 不点となる照明ランプの発生確率を考えた. 照明ランプの状態が定常状態 $\boldsymbol{s}$ にあるとき, 不点となる照明ランプの発生確率は s_{m+2} によって表される. しかし, s_{m+2} は, 管理している照明システムを構成する全照明ランプ N 個のうち, 不点となっている照明ランプの割合 (以下, 不点照明ランプのシェアと呼ぶ) の期待値を定義したものであり, 現実に各点検時点において観測される不点照明ランプのシェアを表したものではない. 青木等は, 不点照明ランプのシェアの確率分布を求めて

VaR を算出することにより，安全の確保をより強固な形にした上で LCC の最小化を図った．

N 個の照明ランプの不点確率が互いに独立と仮定しよう．この時，N 個の照明ランプのうち，n 個の照明ランプが不点となる確率分布は，2 項分布

$$Bi(n; N, s_{m+2}) = {}_N C_n (s_{m+2})^n (1 - s_{m+2})^{N-n} \tag{6.31}$$

により表される．ここで，不点照明ランプのシェアを表す確率変数 $\alpha = n/N$ を定義しよう．各点検時点において観測される不点照明ランプのシェア α は，図 **6.7** に示すような離散的な確率分布に従うことになる．同図では，$s_{m+2} = 0.0828$ とし，照明ランプの総数 N を 3 通りに変化させた場合のそれぞれに対して，不点照明ランプのシェアが生起する確率分布を表したものである．確率分布を求

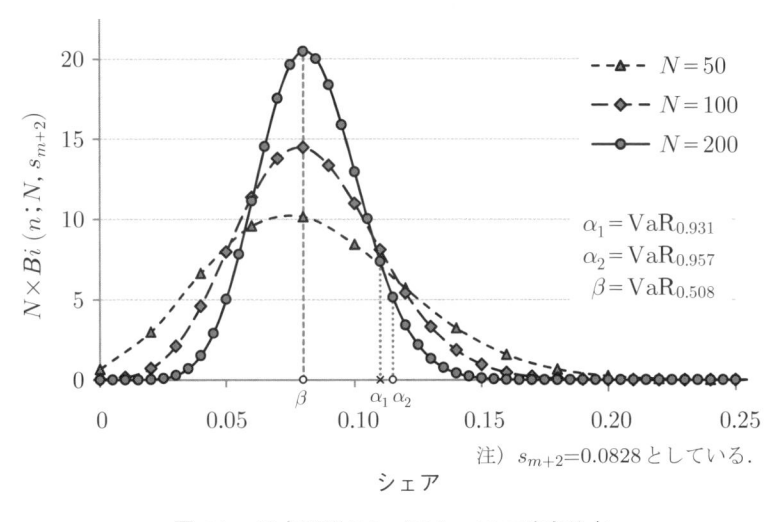

図 **6.7** 不点照明ランプのシェアの確率分布

めることができれば，**2.3** において説明した VaR の考え方を用いて照明ランプの不点リスクを考えていくことができる．しかし，1 つだけ注意しなければならないことがある．**図 6.7** を見れば分かるように，不点照明ランプのシェアの分布は離散的な確率分布である．よって，信頼水準を ω とするような VaR_ω を求めようとしても，連続的な確率分布の時とは異なり VaR_ω の値そのものは求められない．例えば，$N = 200$ として信頼水準 $\omega = 0.95$ の $VaR_{0.95}$ を求めようとすると，図に示すようにシェアが α_1 となる $VaR_{0.931}$ と α_2 となる $VaR_{0.957}$ しか求めることができず，$VaR_{0.95}$ の値そのものが求められないこと

に気がつくだろう．$\text{VaR}_{0.931}$ と $\text{VaR}_{0.957}$ のどちらかで代替すればよいが，どちらを用いればよいだろうか？　VaR_{ω} は，確率 0.95 で生じる不点照明ランプのシェアの最大値を表す指標である．より悪い状況を想定し，不測の事態に備えるといった観点から選択をすると，$\text{VaR}_{0.957}$ を用いればよいことがわかるだろう．このことを数式を用いて表現すると，点検・更新施策 $d = (Z, m)$ における照明ランプの不点リスク $R(Z, m; \omega)$ は

$$R(Z, m; \omega) = \min_{\alpha} \left\{ \alpha \,\middle|\, \sum_{n=0}^{\alpha} Bi(n; N, s_{m+2}) \geq \omega \right\} \tag{6.32}$$

のように定義できる．このように定義した照明ランプの不点リスク $R(Z, m; \omega)$ は不点発生確率 s_{m+2} と大きく値が異なり，図 **6.7** の例を用いると，$s_{m+2} = 0.0828$ であるのに対して，信頼水準 $\omega = 0.95$ のとき $R(Z, m; 0.95) = \alpha_2 = 0.115$ であり，信頼水準 $\omega = 0.50$ のとき $R(Z, m; 0.50) = \beta = 0.08$ である[*]．

■最適点検・更新モデル　照明ランプの不点リスク $R(Z, m; \omega)$ に対して，許容可能な水準と許容不可能な水準との閾値を表す管理限界 $\overline{R}$ として，最適点検・更新モデルは

$$\min_{d \in D} \text{LCC}(Z, m) \tag{6.33a}$$
$$subject \quad to$$
$$R(Z, m; \omega) \leq \overline{R} \tag{6.33b}$$

のように定式化できる．上式は式 (6.22a)，(6.22b) と同じ形をしていることからも，LCC やリスクを求めるための方法が少し異なるだけで，基本的な考え方は大きく違わないことが理解できるだろう．上式において求めるべき最適点検・更新施策 $d^* = (Z^*, m^*)$ は，信頼水準 ω と管理限界 $\overline{R}$ を指定することにより決定できる．

■分析結果　式 (6.33a)，(6.33b) を解くにあたっては以下の手順に従えばよい．1) 点検・更新施策 $d = (Z, m)$ の値を固定し，$\text{LCC}(Z, m)$ と $R(Z, m; \omega)$ を求める．2)$d = (Z, m)$ を取りうる値の中で動かし，すべての $d = (Z, m)$ に対して $\text{LCC}(Z, m)$ と $R(Z, m; \omega)$ を求め，縦軸を LCC，横軸を R としたグラフにプロットする．3)$R(Z, m) \leq \overline{R}$ となる領域において LCC が最小となる点を見つけ，その点における点検・更新施策 d を最適点検・更新施策 $d^* = (Z^*, m^*)$ とする．手順に従って分析の結果を見ていこう．

---

[*]　$\text{VaR}_{0.50}$ は期待値ではなく中央値を表していることに注意しよう．

いま，点検・更新施策として $d = (6, 4)$ を考える．すなわち，点検間隔として 6 ヶ月，照明ランプの最大使用時間長として 2 年を考える．照明ランプの劣化過程を表すワイブルハザードモデルの生存関数として $S(t) = \exp(-0.003667t^{1.440})$ を用いる[*]と，劣化過程における状態間の推移確率行列は

$$\Pi(6, 4) = \begin{pmatrix} 0 & 0.9528 & 0 & 0 & 0 & 0.04725 \\ 0 & 0 & 0.9204 & 0 & 0 & 0.07958 \\ 0 & 0 & 0 & 0.9011 & 0 & 0.09889 \\ 0 & 0 & 0 & 0 & 0.8862 & 0.1138 \\ 0 & 0 & 0 & 0 & 0 & 0 \\ 0 & 0 & 0 & 0 & 0 & 0 \end{pmatrix}$$
(6.34)

となる．更新過程における状態間の推移確率行列は

$$Q(\boldsymbol{\eta}, 4) = \begin{pmatrix} 0 & 0 & 0 & 0 & 0 & 0 \\ 0 & 1 & 0 & 0 & 0 & 0 \\ 0 & 0 & 1 & 0 & 0 & 0 \\ 0 & 0 & 0 & 1 & 0 & 0 \\ 1 & 0 & 0 & 0 & 0 & 0 \\ 1 & 0 & 0 & 0 & 0 & 0 \end{pmatrix}$$
(6.35)

である．よって，定常状態となった際の照明ランプの状態 $\boldsymbol{s}$ は

$$\boldsymbol{s} = \boldsymbol{s}Q(\boldsymbol{\eta}, 4)\Pi(6, 4)$$
(6.36)

を解いて，

$$\boldsymbol{s} = (0, 0.2632, 0.2423, 0.2183, 0.1934, 0.08280)$$
(6.37)

となる．s_5，s_6，および**表 6.1** に表す各種情報を用いて LCC$(6, 4)$ を計算すると，

$$\mathrm{LCC}(6, 4)$$
$$= \frac{(11000 + 1400)(0.1934 + 0.08280) \times 200 + 70000 \times 1 + 103000}{6 \times 200}$$
$$\approx 715$$
(6.38)

となる．次に，照明ランプの不点リスク $R(6, 4; \omega)$ を求める．定常状態におい

---

[*] **4章**の式 (4.36) において，低圧ナトリウムランプを考え $a_2 = 1$ とし，基本照明 (深夜) の日平均点灯時間を考え $a_3 = 24$ とした場合である．また，式 (4.36) においては単位期間が 100 日であったため，ここでは単位期間が 1 ヶ月となるようにしている．

表 **6.1** 分析に用いた各パラメータの値

c	f	C_I	h
11,000[円/個]	1,400[円/個]	70,000[円/km]	103,000[円]

N	L	ω	
200[個]	1.0[km]	0.95	

て不点となっている確率 $s_{m+2} = 0.08280$ と管理する照明ランプの数 $N = 200$ を用いて2項分布を作成すると**図 6.7** のようになる. 信頼水準として $\omega = 0.95$ を用いると $R(6,4) = 0.115$ となる.

$d = (Z, m)$ の取りうる値として, まず, 点検・更新間隔 Z は1ヶ月刻みで最長2年を考え, $Z = 1, \cdots, 24$ とした. 最長使用時間長としては点検時点において5年を超えるまでを考え, $m = 1, 2, \cdots, \lceil 60/d \rceil$ とした*. したがって, 点検・更新施策 d として合計で233通りを考え, それぞれに対して LCC(Z, m) と $R(Z, m)$ を計算すると**図 6.8** に示すような図を作成することができる. 図中の破線は点検・更新間隔 Z が等しい値を取るものを結んでおり, 左上に行けば行くほど Z の値は小さくなる. また, 破線上の点の位置の違いは m の違いによるものであるが, Z と同様に, 左上に行けば行くほど m の値は小さくなる. 言い換えると, 点検・更新間隔 d, および最大使用時間長のパラメータ m を小さくすればするほど照明ランプの不点リスクは小さくなるが, LCC は大きくなり, 一方で, d と m を大きくすればするほど LCC は小さくなるが, 照明ランプの不点リスクは大きくなる. すなわち, LCC と不点リスクの間にはトレードオフの関係が見いだせる. 図中の実線は任意の不点リスクに対して達成可能な LCC の最小値を示したものであり, 費用 - リスク曲線と呼ぶ. 費用 - リスク曲線を用いると, 管理限界 $\overline{R}$ に対して LCC を最小とするような点検・更新施策 d^* を容易に見つけることができ, $\overline{R} = 0.3$ とした場合には, $d^* = (14, 5)$, LCC $= 335$ となり, $\overline{R} = 0.1$ とした場合には, $d^* = (4, 12)$, LCC $= 572$ となる. このように, LCC とリスクの関係を予め図示しておくことによって, 任意の管理限界に応じて最適な点検・更新施策を容易に見つけることができる.

---

* $\lceil x \rceil$ は x を超える最小の整数を表す.

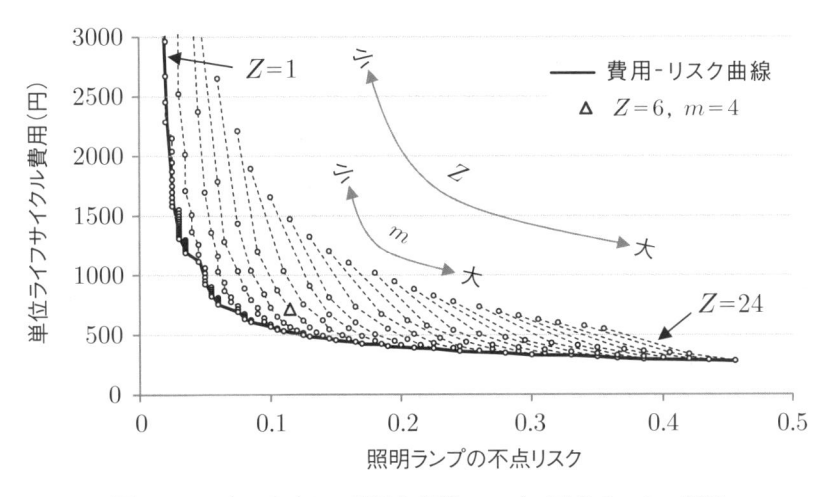

図 **6.8**　ライフサイクル費用と照明ランプの不点リスクの関係

劣化・補修過程に部分的な不可逆性がある場合

　貝戸等 [21] は橋梁部材の点検・補修過程を考え，LCC を最小化するような補修戦略を求める方法論を提案した．また，劣化・補修過程において状態間の推移に制約があると考え，より現実的なモデル化を行っている．

　これまで説明してきた状態の推移過程においては，補修アクションによって状態間の推移が常に達成できることを想定していた．例えば，状態 i から状態 $j\,(1 < j < i)$ へと回復させる補修アクションと，状態 j から状態 1 へと回復させる補修アクションを含む補修戦略を考えよう．この時，時点 t_r においてある状態 i から補修アクションにより状態 j へ回復させ，次の時点 t_{r+1} において状態 j が継続した場合にさらに状態 1 へと回復させることが可能となる．しかし，橋梁部材の劣化・補修過程を考えた場合，現実には健全度がある一定の値を超えてしまうと当該部材を取り替えない限り健全度を 1 まで回復させることが不可能な場合が存在する．よって，点検時点における観測された状態 j に関して，状態 $i\,(i > j)$ から補修により状態 j に至ったのか，状態 $k\,(1 \leq k < j)$ からの劣化により状態 j に至ったのかを明確に区別して分析する必要がある．

■**状態の推移過程**　劣化による状態間のマルコフ推移確率行列として

$$\Pi(Z) = \begin{pmatrix} \pi_{1,1}(Z) & \cdots & \pi_{1,I}(Z) \\ \vdots & \ddots & \vdots \\ 0 & \cdots & \pi_{I,I}(Z) \end{pmatrix} \tag{6.39}$$

が得られているとしよう．補修直後の時点 $\tilde{t}_{r-1}$ において状態ベクトル $\boldsymbol{s}(\tilde{t}_{r-1})$ が得られたとしよう．そこから Z 経過した時点 t_r までに状態は推移確率行列 $\Pi(Z)$ にしたがって推移する．推移後の状態ベクトル $\boldsymbol{s}(t_r) = (s_1(t_r), \cdots, s_I(t_r))$ に対して補修による状態間の推移確率行列 $Q(\boldsymbol{\eta})$ を用いて時点 t_r における状態ベクトルが算出されるが，部分的な不可逆性を考慮すると状態ベクトル $\boldsymbol{s}(t_r)$ の要素 $s_i(t_r)$ $(i = 1, \cdots, I)$ に対して補修により推移した状態 $s_i^-(t_r)$ であるのか，劣化により推移した状態 $s_i^+(t_r)$ であるのかを区別する必要がある．そこで，マルコフ推移確率行列 $\Pi(Z)$ を，

$$\Pi(Z) = \Pi^-(Z) + \Pi^+(Z) \tag{6.40}$$

と分解する．ただし，$\Pi^-(Z)$ の要素 $\pi_{i,j}^-$ は，

$$\pi_{i,j}^- = \begin{cases} \pi_{i,j} & (i = j \text{ の時}) \\ 0 & (\text{それ以外の時}) \end{cases} \tag{6.41}$$

と定義され，$\Pi^+(Z)$ の要素 $\pi_{i,j}^+$ は，

$$\pi_{i,j}^+ = \begin{cases} \pi_{i,j} & (i < j \text{ の時}) \\ 0 & (\text{それ以外の時}) \end{cases} \tag{6.42}$$

と定義される．先程と同様に状態 i から状態 $j\,(1 < j < i)$ へと回復させる補修アクションと，状態 j から状態 1 へと回復させる補修アクションを含む補修施策を考えてみよう．状態 j が観測されたとき，状態 i から状態 j への補修が実施されたものを $\Pi^-(Z)$ を用いて，状態 $k\,(1 \leq k < j)$ から状態 j へと劣化したものを $\Pi^+(Z)$ を用いて表現していることになる．これがなぜ正しいのかを考えよう．時点 t_r の 1 つ前の時点 t_{r-1} において状態 j が観測された場合には直ちに状態 1 へと回復させられるため，補修後の時点 $\tilde{t}_{r-1}$ において状態 j が観測された場合，それは補修によって推移したものに他ならない．よって，時点 t_r において状態 j が観測されたとき，時点 $\tilde{t}_{r-1}$ において状態が j であれば補修による推移，時点 $\tilde{t}_{r-1}$ において状態が $k\,(1 \leq k < j)$ であれば劣化による推移と考えることができ，それぞれ推移確率行列 $\Pi^-(Z)$ と $\Pi^+(Z)$ によって表現できるのである[*]．以上より，時点 t_r，時点 $\tilde{t}_r$ における状態ベクトルはそれぞれ，

$$\boldsymbol{s}(t_r) = \boldsymbol{s}(t_0) \left\{ \Pi^-(Z) + \Pi^+(Z)Q(\boldsymbol{\eta}) \right\}^{r-1} \Pi(Z) \tag{6.43a}$$

---

[*] 補修アクションとして $\eta(i) = j$，$\eta(j+1) = 1$ のような施策を考える場合には貝戸等の考え方を用いることはできないことに注意しよう．

$$s(\tilde{t}_r) = s(t_0)\Big\{\Pi^-(Z) + \Pi^+(Z)Q(\boldsymbol{\eta})\Big\}^r \tag{6.43b}$$
$$(r = 1, 2, \cdots)$$

と整理される. 図 **6.9** に, 状態を 5 つ, 補修アクションベクトルとして $\boldsymbol{\eta} = (1,1,2,3,1)$ を選択したときの状態の推移過程を示しているので参考にして欲しい. 図中の劣化過程における点線は補修による推移 $\Pi^-(Z)$ を表しており, 実線は劣化による推移 $\Pi^+(Z)$ を表している. 劣化によって状態 $j\,(j = 2, \cdots, 5)$ へと推移してきた場合のみ補修が実施され, 図中の補修過程における実線は補修の実施による推移を表している. 状態の推移過程を図に書くと部分的な不可逆性をうまく表現できていることが理解できるだろう.

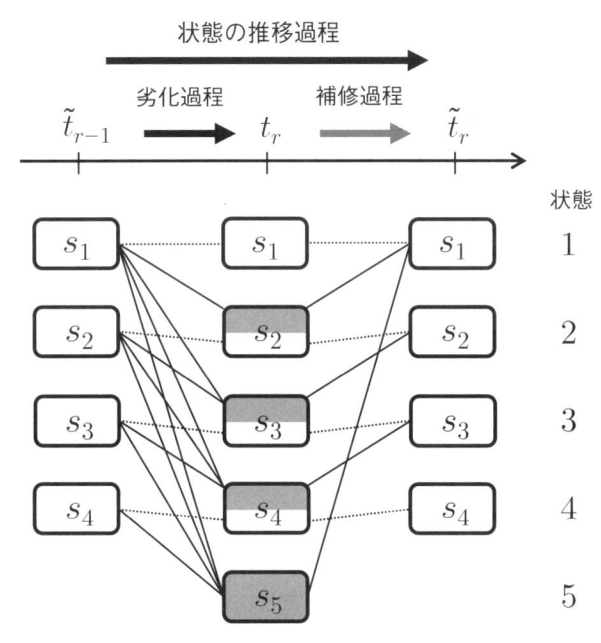

図 **6.9** 部分的な不可逆性を持つシステムの推移過程

■**LCC の計算** 平均費用法による LCC は, 式 (6.19) と同じように

$$\mathrm{LCC}(Z, \boldsymbol{\eta}) = \frac{\sum_{i=1}^{I}\sum_{j=1}^{I} q_{i,j}c_{i,j}s_i^+ + C_I}{Z} \tag{6.44}$$

により計算できる. 異なる点は, 定常分布 $s = (s_1, \cdots, s_I)$ を補修によって推移した状態 s^- と劣化によって推移した状態 s^+ に分解したとき, s^+ にのみ補修が実施され費用が発生する点である. また, s^+ は, 補修の時点における定

常状態ベクトル $\tilde{s}$ を用いて,

$$s^+ = \tilde{s}\Pi^+(Z) \tag{6.45}$$

により求めることができる. ただし, 補修の時点における定常状態ベクトルは

$$\tilde{s} = \tilde{s}\left\{\Pi^-(Z) + \Pi^+(Z)Q(\boldsymbol{\eta})\right\} \tag{6.46}$$

を満たす.

■最適補修施策モデル　貝戸等は, 点検間隔 Z を固定し, 補修アクションベクトル $\boldsymbol{\eta}$ に注目をして最適補修施策モデルを定式化した. したがって, 最適補修施策モデルは

$$\min_{\boldsymbol{\eta}} \mathrm{LCC}(Z, \boldsymbol{\eta}) \tag{6.47}$$

のように定式化できる. 上式はリスク管理指標による制約条件が設定されていない. これは, 点検間隔 Z の下ではどのような補修アクションベクトルを選択しようとも, 考えられるリスク $R(d = (Z, \boldsymbol{\eta}))$ がリスク管理水準を上回ることがないためである[*].

■分析結果　推移確率行列 $\Pi(Z = 1)$ が

$$\Pi(Z=1) = \begin{pmatrix} 0.90 & 0.092 & 0.008 & 0 & 0 \\ 0 & 0.95 & 0.48 & 0.002 & 0 \\ 0 & 0 & 0.95 & 0.042 & 0.008 \\ 0 & 0 & 0 & 0.96 & 0.004 \\ 0 & 0 & 0 & 0 & 1 \end{pmatrix} \tag{6.48}$$

と与えられているとしよう[**]. また, 補修施策の検討対象として, 各状態における補修工法と補修単価, 回復水準を**表 6.2**に示す. また, 固定費用 $C_I = 0$ としよう. このとき, LCC は

$$\mathrm{LCC}(\boldsymbol{\eta}) = \sum_{i=1}^{I}\sum_{j=1}^{I} q_{i,j} c_{i,j} s_i^+ \tag{6.49}$$

によって計算される. 例えば, 補修施策として補修アクションベクトル $\boldsymbol{\eta} = (1, 1, 2, 4, 1)$ を考えると, 補修による状態間の推移確率行列 $Q(\boldsymbol{\eta})$ は

---

[*]　点検間隔は Z という制約条件が設定されていると考えることもできる.

[**]　読者が実際に計算できるように論文を参考にして値を設定している.

表 6.2 検討対象となる補修工法

状態	補修工法	補修単価	回復水準
2	表面被覆工法	$13[千円/m^2]$	1
3	ひび割れ注入工法	$35[千円/m^2]$	2
4	鋼板接着工法	$80[千円/m^2]$	3
5	床版打替工法	$350[千円/m^2]$	1

$$Q(\boldsymbol{\eta}) = \begin{pmatrix} 1 & 0 & 0 & 0 & 0 \\ 1 & 0 & 0 & 0 & 0 \\ 0 & 1 & 0 & 0 & 0 \\ 0 & 0 & 0 & 1 & 0 \\ 1 & 0 & 0 & 0 & 0 \end{pmatrix} \tag{6.50}$$

である. 推移確率行列 $\Pi^-(Z=1)$ と $\Pi^+(Z=1)$ はそれぞれ

$$\Pi^-(Z=1) = \begin{pmatrix} 0.90 & 0 & 0 & 0 & 0 \\ 0 & 0.95 & 0 & 0 & 0 \\ 0 & 0 & 0.95 & 0 & 0 \\ 0 & 0 & 0 & 0.96 & 0 \\ 0 & 0 & 0 & 0 & 1 \end{pmatrix} \tag{6.51}$$

$$\Pi^+(Z=1) = \begin{pmatrix} 0 & 0.092 & 0.008 & 0 & 0 \\ 0 & 0 & 0.48 & 0.002 & 0 \\ 0 & 0 & 0 & 0.042 & 0.008 \\ 0 & 0 & 0 & 0 & 0.004 \\ 0 & 0 & 0 & 0 & 0 \end{pmatrix} \tag{6.52}$$

と表される. したがって, 式 (6.46) を用いて補修の時点における定常ベクトルを求めると

$$\tilde{\boldsymbol{s}} = (0.1923, 0.7692, 0, 0.03846, 0) \tag{6.53}$$

となり, 定常ベクトル $\boldsymbol{s}^+$ は式 (6.45) を用いて

$$\boldsymbol{s}^+ = (0, 0.01769, 0.03846, 0.001539, 0.001539) \tag{6.54}$$

と求めることができる. このとき, LCC は

$$\mathrm{LCC}(\boldsymbol{\eta}) = 0.01769 \times 13 + 0.03846 \times 35 + 0.001539 \times 350$$

$$\approx 2.11 \tag{6.55}$$

と計算することができる．4 つの補修施策に対して LCC を計算した結果を**表 6.3** に示す．また，同表には不可逆性を考慮しない場合の LCC の計算結果も示す．表中の状態の欄には，各状態に対して実施する補修工法を示しており，

表 6.3　補修施策

施策番号		1	2	3	4
η		(1,1,2,4,1)	(1,1,2,3,1)	(1,2,2,3,1)	(1,2,3,4,1)
状態	1	なし	なし	なし	なし
	2	表面被覆	表面被覆	なし	なし
	3	ひび割れ注入	ひび割れ注入	ひび割れ注入	なし
	4	なし	鋼板接着	鋼板接着	なし
	5	床版打替	床版打替	床版打替	床版打替
LCC[円/m^2] (不可逆性有)		2.11	2.50	2.67	5.09
LCC[円/m^2] (不可逆性無)		1.59	1.58	1.92	5.09

補修をしない場合には「なし」と記入している．LCC を比較すると補修施策 1 が LCC を最小とするような最適な補修施策だということが求められる．また，不可逆性を考慮しない場合，補修を繰り返して状態が 1 へと回復することを許容しているため，すべての段階において補修を実施するような補修施策 2 が最適な補修施策だと選ばれてしまい，不可逆性の考慮によって結果が変わってくることが読み取れる．すなわち，予防補修が補修施策の候補として考えられる社会インフラの LCC を計算する際には，予防補修を繰り返して状態 1 へと回復するような推移を制限するようにモデル化を行わなければならず，そうしなければすべての予防補修を実施するような補修施策が選ばれやすくなってしまうのである．

 Coffee break：どちらの LCC 評価方法を用いるべきか？

　複数のインフラを同時に管理する場合，個別のインフラに対する LCC 評価により決定した最適な補修施策が，管理しているインフラ全体を考えた時においても最適な補修施策となっているかどうかが問題となる．簡単な数値事例を用いてこの問題を考えてみよう．

		1 期	2 期	3 期	4 期	$\cdots$
事後補修	インフラ A	10	0	10	0	$\cdots$
	インフラ B	0	10	0	10	$\cdots$
	合計	10	10	10	10	$\cdots$
予防補修	インフラ A	4	4	4	4	$\cdots$
	インフラ B	4	4	4	4	$\cdots$
	合計	8	8	8	8	$\cdots$

あるインフラに対して，事後補修を選択すると 1 期目に 0，2 期目に 10 の費用がかかるとし，予防補修を選択すると 1 期目，2 期目ともに 4 の費用がかかるとする．補修によりインフラは健全な状態に回復する．割引因子を 0.5 と考える．1 期目の始めに割引現在価値法を用いて最適補修戦略を選択する問題を考える．事後補修を選択した時，LCC の割引現在価値は $0 + 0.5 \times 10 = 5$ となる．一方，予防補修の場合，$4 + 0.5 \times 4 = 6$ となる．LCC の割引現在価値を用いた場合，事後補修が選択される．一方，平均費用法を用いて評価すると事後補修の場合，毎期平均 $(0 + 10)/2 = 5$ の費用が発生する．一方，予防補修の場合は毎期 $(4 + 4)/2 = 4$ の費用が発生する．平均費用法を用いた場合，予防補修の方が優位な戦略として選ばれる．

以上の議論は，個別の 1 つのインフラのみに着目して LCC 評価を行った結果である．しかし，多くの事業者は，建設時点の異なる多くのインフラを同時に管理している場合が多い．いま，インフラ管理者が建設整備時点が異なる 2 つのインフラ A，B を管理していると考えよう．インフラ A と B の双方を事後補修している場合，合計欄に記載しているように毎期 10 の費用が発生する．一方，2 つのインフラを予防補修している場合，毎期 8 の費用が発生する．インフラ全体の補修費用を考えた場合，割引現在価値法を用いても平均費用法を用いても，予防補修の方が優位であることが理解できる．インフラの補修戦略を個別に LCC 評価した場合と全体として LCC 評価を行った場合に異なった評価結果がもたらされる．なぜこのような食い違った結果が生まれるのだろうか？

割引現在価値法を用いて LCC 評価をすれば予防補修が正当化されないというインフラ管理者の直感に合わない結果が生まれることがある．これは割引現在価値法に問題があるのではなく，多くのインフラの中か

ら，単独のインフラだけを切り出して，割引現在価値法を用いて LCC
評価により最適補修政策を求めるという考え方に問題がある．部分最適
化が全体最適化につながらないのである．インフラ管理者が多様なイン
フラを同時に管理している場合，平均費用法を用いて LCC 評価を行う
ことにより，結果として（近似的にせよ）インフラ全体の LCC の割引
現在価値の最小化につながる可能性が大きい．このような LCC 評価に
興味のある読者は小林[22]を参考にして欲しい．

演習問題

1. マルコフ推移確率が

$$\Pi(Z=1) = \begin{pmatrix} 0.80 & 0.20 & 0 & 0 \\ 0 & 0.70 & 0.30 & 0 \\ 0 & 0 & 0.60 & 0.40 \\ 0 & 0 & 0 & 1 \end{pmatrix} \tag{6.56}$$

と与えられている．補修アクションベクトルを $\boldsymbol{\eta} = (1,1,3,1)$，点検間隔 $Z=2$ と
したとき，定常状態ベクトル $\boldsymbol{s}$ を求めよ．

2. 社会インフラの劣化過程を表現するマルコフ推移確率が式 (6.56) のように与え
られており，現在，点検間隔 $Z=1$ の点検において，状態 4 が観測されたときに
のみ補修が実施される補修施策が採用されている．固定費用 $C_I = 60$，補修費用
$c_{4,1} = 130$ とし，以下の問いに答えよ．

(a) 定常状態における状態ベクトル $\boldsymbol{s}$ を求めよ．

(b) 平均費用法により LCC を評価せよ．

(c) 新しい補修施策として，状態が 3 のときに予防的に補修を実施する施策を考
える．新しい補修施策が採用されるための補修費用 $c_{3,1}$ の範囲を求めよ．

3. マルコフ推移確率が式 (6.56) のように与えられている．補修アクションベクトル
を $\boldsymbol{\eta} = (1,1,2,1)$，点検間隔 $Z=2$ としたとき，劣化・補修過程に部分的な不可逆
性があるとして LCC を評価することを考える．以下の問いに答えよ．

(a) 推移確率行列 $\Pi^-(Z=2)$ と $\Pi^+(Z=2)$ を求めよ．

(b) 補修の時点における定常状態ベクトル $\tilde{\boldsymbol{s}}$ を求めよ．

(c) 定常状態ベクトル $\boldsymbol{s}^+$ を求めよ．

(d) 補修費用を $c_{2,1} = 40$，$c_{3,2} = 100$，$c_{4,1} = 200$ とし，固定費用を $C_I = 20$ と
したとき，平均費用法により LCC を評価せよ．

付　録

マルコフ推移確率 $\pi_{i,j}(t_1, t_2)$ の計算

式 (5.53) で表される以下の式

$$\pi_{i,j}(t_1, t_2)$$

$$= \int_0^Z \int_0^{Z-z_i} \cdots \int_0^{Z-\sum_{m=i}^{j-2} z_m}$$
$$\prod_{m=i}^{j-1} f_m(z_m) S_j \left(Z - \sum_{m=i}^{j-1} z_m \right)$$
$$dz_{j-1} \cdots dz_{i+1} dz_i \tag{1}$$

を計算しよう.

Step1：z_{j-1} に関して整理し，積分をしよう

指数分布の確率密度関数 $f(z) = \theta \exp(-\theta z)$，生存関数 $S(z) = \exp(-\theta z)$ を代入する．（以下では $\pi_{i,j}(t_1, t_2)$ を $\pi_{i,j}$ と表記する．）

$$\pi_{i,j}$$

$$= \int_0^Z \int_0^{Z-z_i} \cdots \int_0^{Z-\sum_{m=i}^{j-2} z_m}$$
$$\prod_{m=i}^{j-1} \theta_m \exp(-\theta_m z_m) \exp \left\{ -\theta_j \left(Z - \sum_{m=i}^{j-1} z_m \right) \right\}$$
$$dz_{j-1} \cdots dz_{i+1} dz_i \tag{2}$$

次に，z_{j-1} から順に積分していくことを考え，z_{j-1} を含む項を整理すると

$$\pi_{i,j}$$

$$= \int_0^Z \int_0^{Z-z_i} \cdots \int_0^{Z-\sum_{m=i}^{j-2} z_m}$$

$$\prod_{m=i}^{j-1} \theta_m \exp\left(-\sum_{m=i}^{j-1}\theta_m z_m\right) \exp\left\{-\theta_j Z + \sum_{m=i}^{j-1}\theta_j z_m\right\}$$

$$dz_{j-1}\cdots dz_{i+1} dz_i$$

$$= \int_0^Z \int_0^{Z-z_i} \cdots \int_0^{Z-\sum_{m=i}^{j-2} z_m}$$

$$\prod_{m=i}^{j-1} \theta_m \exp(-\theta_j Z) \exp\left\{-\sum_{m=i}^{j-2}(\theta_m-\theta_j)z_m\right\} \exp\left\{-(\theta_{j-1}-\theta_j)z_{j-1}\right\}$$

$$dz_{j-1}\cdots dz_{i+1} dz_i \tag{3}$$

となる．z_{j-1} に関して積分をすると

$\pi_{i,j}$

$$= \int_0^Z \int_0^{Z-z_i} \cdots \int_0^{Z-\sum_{m=i}^{j-3} z_m} \prod_{m=i}^{j-1} \theta_m \exp(-\theta_j Z) \exp\left\{-\sum_{m=i}^{j-2}(\theta_m-\theta_j)z_m\right\}$$

$$\int_0^{Z-\sum_{m=i}^{j-2} z_m} \exp\left\{-(\theta_{j-1}-\theta_j)z_{j-1}\right\} dz_{j-1}\cdots dz_{i+1} dz_i$$

$$= \int_0^Z \int_0^{Z-z_i} \cdots \int_0^{Z-\sum_{m=i}^{j-3} z_m} \prod_{m=i}^{j-1} \theta_m \exp(-\theta_j Z) \exp\left\{-\sum_{m=i}^{j-2}(\theta_m-\theta_j)z_m\right\}$$

$$\frac{-1}{\theta_{j-1}-\theta_j}\left[\exp\left\{-(\theta_{j-1}-\theta_j)\left(Z-\sum_{m=i}^{j-2}z_m\right)\right\}-1\right] dz_{j-2}\cdots dz_{i+1} dz_i \tag{4}$$

となる．

Step2：被積分関数の項の１つを $\pi_{i,j-1}$ を用いて表そう

　z_{j-1} に関して積分すると，式 (4) の [ ] 内において $\exp\{\cdot\}$ と 1 の引き算が現れる．そこで，被積分関数を $\exp\{\cdot\}$ の項と -1 の項に分け，前者の多重積分を (a)，後者の多重積分を (b) として項別に計算していくことを考える．まず，(a) に関して被積分関数のみを取り出して整理すると

$$\prod_{m=i}^{j-1} \theta_m \exp(-\theta_j Z) \exp\left\{-\sum_{m=i}^{j-2}(\theta_m-\theta_j)z_m\right\}$$

$$\frac{-1}{\theta_{j-1}-\theta_j}\exp\left\{-(\theta_{j-1}-\theta_j)\left(Z-\sum_{m=i}^{j-2}z_m\right)\right\}$$

$$= \frac{-1}{\theta_{j-1} - \theta_j} \prod_{m=i}^{j-1} \theta_m \exp\left\{ -\sum_{m=i}^{j-2} \theta_m z_m - \theta_{j-1}\left(Z - \sum_{m=i}^{j-2} z_m \right) \right\}$$

$$= \frac{-\theta_{j-1}}{\theta_{j-1} - \theta_j} \prod_{m=i}^{j-2} \theta_m \exp(-\theta_m z_m) \exp\left\{ -\theta_{j-1}\left(Z - \sum_{m=i}^{j-2} z_m \right) \right\} \tag{5}$$

となる．よって，(a) は次のように表される．

$$(a) = \frac{-\theta_{j-1}}{\theta_{j-1} - \theta_j} \int_0^Z \int_0^{Z-z_i} \cdots \int_0^{Z-\sum_{m=i}^{j-3} z_m}$$
$$\prod_{m=i}^{j-2} \theta_m \exp(-\theta_m z_m) \exp\left\{ -\theta_{j-1}\left(Z - \sum_{m=i}^{j-2} z_m \right) \right\}$$
$$dz_{j-2} \cdots dz_{i+1} dz_i \tag{6}$$

上式と式 (2) を見比べると，(a) は以下のように表されることがわかる．

$$(a) = \frac{-\theta_{j-1}}{\theta_{j-1} - \theta_j} \pi_{i,j-1} \tag{7}$$

Step3：もう 1 つの項を z_{j-2} に関して整理し，積分をしよう

(b) に対して，z_{j-2} に関する積分を考え，z_{j-2} を含む項を整理する．

$$(b) = \int_0^Z \int_0^{Z-z_i} \cdots \int_0^{Z-\sum_{m=i}^{j-3} z_m}$$
$$\prod_{m=i}^{j-1} \theta_m \exp(-\theta_j Z) \exp\left\{ -\sum_{m=i}^{j-3} (\theta_m - \theta_j) z_m \right\}$$
$$\frac{1}{\theta_{j-1} - \theta_j} \exp\{ -(\theta_{j-2} - \theta_j) z_{j-2} \} dz_{j-2} \cdots dz_{i+1} dz_i \tag{8}$$

z_{j-2} に関して積分をすると

$$(b) = \int_0^Z \int_0^{Z-z_i} \cdots \int_0^{Z-\sum_{m=i}^{j-4} z_m} \prod_{m=i}^{j-1} \theta_m \exp(-\theta_j Z) \exp\left\{ -\sum_{m=i}^{j-3} (\theta_m - \theta_j) z_m \right\}$$
$$\frac{1}{\theta_{j-1} - \theta_j} \int_0^{Z-\sum_{m=i}^{j-3} z_m} \exp\left\{ -(\theta_{j-2} - \theta_j) z_{j-2} \right\} dz_{j-2} \cdots dz_{i+1} dz_i$$
$$= \int_0^Z \int_0^{Z-z_i} \cdots \int_0^{Z-\sum_{m=i}^{j-4} z_m} \prod_{m=i}^{j-1} \theta_m \exp(-\theta_j Z) \exp\left\{ -\sum_{m=i}^{j-3} (\theta_m - \theta_j) z_m \right\}$$
$$\frac{-1}{(\theta_{j-1} - \theta_j)(\theta_{j-2} - \theta_j)} \left[\exp\left\{ -(\theta_{j-2} - \theta_j)\left(Z - \sum_{m=i}^{j-3} z_m \right) \right\} - 1 \right]$$

$$dz_{j-3}\cdots dz_{i+1}dz_i \tag{9}$$

となる．z_{j-2} に関して積分すると，上式 [ ] 内において再び $\exp\{\cdot\}$ と 1 の引き算が現れる．そこで，先程と同様に被積分関数を $\exp\{\cdot\}$ の項と -1 の項に分け，前者の多重積分を (c)，後者の多重積分を (d) として項別に計算していくことを考える．まず，(c) に関して被積分関数のみを取り出して整理すると

$$\prod_{m=i}^{j-1}\theta_m\exp(-\theta_j Z)\exp\left\{-\sum_{m=i}^{j-3}(\theta_m-\theta_j)z_m\right\}$$

$$\frac{-1}{(\theta_{j-1}-\theta_j)(\theta_{j-2}-\theta_j)}\exp\left\{-(\theta_{j-2}-\theta_j)\left(Z-\sum_{m=i}^{j-3}z_m\right)\right\}$$

$$=\frac{-1}{(\theta_{j-1}-\theta_j)(\theta_{j-2}-\theta_j)}\prod_{m=i}^{j-1}\theta_m\exp\left\{-\sum_{m=i}^{j-3}\theta_m z_m-\theta_{j-2}\left(Z-\sum_{m=i}^{j-3}z_m\right)\right\}$$

$$=\frac{-\theta_{j-1}\theta_{j-2}}{(\theta_{j-1}-\theta_j)(\theta_{j-2}-\theta_j)}\prod_{m=i}^{j-3}\theta_m\exp(-\theta_m z_m)\exp\left\{-\theta_{j-2}\left(Z-\sum_{m=i}^{j-3}z_m\right)\right\} \tag{10}$$

となる．よって，(c) は次のように表される．

$$(\mathrm{c})=\frac{-\theta_{j-1}\theta_{j-2}}{(\theta_{j-1}-\theta_j)(\theta_{j-2}-\theta_j)}\int_0^Z\int_0^{Z-z_i}\cdots\int_0^{Z-\sum_{m=i}^{j-4}z_m}$$

$$\prod_{m=i}^{j-3}\theta_m\exp(-\theta_m z_m)\exp\left\{-\theta_{j-2}\left(Z-\sum_{m=i}^{j-3}z_m\right)\right\}$$

$$dz_{j-3}\cdots dz_{i+1}dz_i \tag{11}$$

上式と式 (2) を見比べると，(c) は以下のように表されることがわかる．

$$(\mathrm{c})=\frac{-\theta_{j-1}\theta_{j-2}}{(\theta_{j-1}-\theta_j)(\theta_{j-2}-\theta_j)}\pi_{i,j-2} \tag{12}$$

Step4：残りの $z_{j-3},\cdots,z_i$ に関しても順に積分をし，$\pi_{i,j}$ を $\pi_{i,s}(s=i,\cdots,I-1)$ の線形結合によって表そう

　残る (d) に対してもこれまでと同様に z_{j-3} に関して積分を計算すると，再び $\exp\{\cdot\}$ と 1 の引き算が現れる．計算を繰り返していくと，最終的に $\pi_{i,j}$ は次のように表される．

$$\pi_{i,j}=\frac{-\theta_{j-1}}{\theta_{j-1}-\theta_j}\pi_{i,j-1}+\frac{-\theta_{j-1}\theta_{j-2}}{(\theta_{j-1}-\theta_j)(\theta_{j-2}-\theta_j)}\pi_{i,j-2}+\cdots$$

$$\cdots + \prod_{m=i+1}^{j-1} \frac{1}{\theta_m - \theta_j} \int_0^Z \prod_{m=i}^{j-1} \theta_m \exp(-\theta_j Z) \exp\left\{-(\theta_i - \theta_j)z_i\right\} dz_i$$

$$= -\sum_{s=i+1}^{j-1} \prod_{m=s}^{j-1} \frac{\theta_m}{\theta_m - \theta_j} \pi_{i,s} - \prod_{m=i}^{j-1} \frac{\theta_m}{\theta_m - \theta_j} \exp(-\theta_i Z)$$

$$+ \prod_{m=i}^{j-1} \frac{\theta_m}{\theta_m - \theta_j} \exp(-\theta_j Z) \tag{13}$$

$\exp(-\theta_i Z) = \pi_{i,i}$ であることを考慮すると，上式は次のように整理される．

$$\pi_{i,j} = -\sum_{s=i}^{j-1} \prod_{m=s}^{j-1} \frac{\theta_m}{\theta_m - \theta_j} \pi_{i,s} + \prod_{m=i}^{j-1} \frac{\theta_m}{\theta_m - \theta_j} \exp(-\theta_j Z) \tag{14}$$

Step5：$\boldsymbol{\pi}_i = (\pi_{i,i}, \cdots, \pi_{I-1})$ として，$\boldsymbol{\pi}_i = -\boldsymbol{\pi}_i \boldsymbol{A}_i + \boldsymbol{C}_i$ の行列を考え，行列 $\boldsymbol{A}_i$ と $\boldsymbol{C}_i$ を特定化しよう

　式 (14) を見るとわかるように，$\pi_{i,j}$ は，$\pi_{i,i}$，$\pi_{i,i+1}$，$\cdots$，$\pi_{i,j-1}$ の線形結合によって表されていることがわかる．そこで，以下の行列によって表現することを考える．

$$\boldsymbol{\pi}_i = -\boldsymbol{\pi}_i \boldsymbol{A}_i + \boldsymbol{C}_i \tag{15}$$

ただし，$\boldsymbol{\pi}_i = (\pi_{i,i}, \pi_{i,i+1}, \cdots, \pi_{i,I-1})$ である．この時，$(I-i) \times (I-i)$ 次行列 $\boldsymbol{A}_i$ は，

$$\boldsymbol{A}_i = \begin{pmatrix} 0 & \dfrac{\theta_i}{\theta_i - \theta_{i+1}} & \dfrac{\theta_i \theta_{i+1}}{(\theta_i - \theta_{i+2})(\theta_{i+1} - \theta_{i+2})} & \cdots & \displaystyle\prod_{m=i}^{I-2} \dfrac{\theta_m}{\theta_m - \theta_{I-1}} \\ 0 & 0 & \dfrac{\theta_{i+1}}{\theta_{i+1} - \theta_{i+2}} & \cdots & \displaystyle\prod_{m=i+1}^{I-2} \dfrac{\theta_m}{\theta_m - \theta_{I-1}} \\ \vdots & \vdots & \vdots & \ddots & \vdots \\ 0 & 0 & \cdots & \cdots & 0 \end{pmatrix} \tag{16}$$

である．よって，$\boldsymbol{A}_i$ の (p,q) 成分は

$$\boldsymbol{A}_i(p,q) = \begin{cases} \displaystyle\prod_{m=i+p-1}^{i+q-2} \dfrac{\theta_m}{\theta_m - \theta_{i+q-1}} & p < q \text{ の時} \\ 0 & p \geq q \text{ の時} \end{cases} \tag{17}$$

と表すことができる．$(I-i)$ 次行ベクトル $\boldsymbol{C}_i$ は，

$$C_i = \left(\exp(-\theta_i Z), \frac{\theta_i}{\theta_i - \theta_{i+1}} \exp(-\theta_{i+1} Z), \cdots, \prod_{m=i}^{I-2} \frac{\theta_m}{\theta_m - \theta_{I-1}} \exp(-\theta_{I-1} Z) \right) \tag{18}$$

である. よって, C_i の q 要素は

$$C_i(q) = \begin{cases} \exp(-\theta_i Z) & q = 1 \text{ の時} \\ \displaystyle\prod_{m=i}^{i+q-2} \frac{\theta_m}{\theta_m - \theta_{i+q-1}} \exp(-\theta_{i+q-1} Z) & q \geq 2 \text{ の時} \end{cases} \tag{19}$$

と表せる.

Step6：$(A_i + E)$ の逆行列 B_i を求めよう (E は単位行列とする)

式 (15) より,

$$\pi_i = C_i (A_i + E)^{-1} \tag{20}$$

のように, $(I - i)$ 次単位行列を E として, $A_i + E$ の逆行列 $(A_i + E)^{-1}$ を求めることにより, マルコフ推移確率行列の要素 $\pi_{i,j}$ を算出することができる. 逆行列を $(I - i) \times (I - i)$ 次行列 B_i としよう. この時,

$$(A_i + E) B_i = E \tag{21}$$

が成立しており,

$$B_i = \begin{pmatrix} 1 & \dfrac{\theta_i}{\theta_{i+1} - \theta_i} & \dfrac{\theta_i \theta_{i+1}}{(\theta_{i+1} - \theta_i)(\theta_{i+2} - \theta_i)} & \cdots & \displaystyle\prod_{m=i}^{I-2} \dfrac{\theta_m}{\theta_{m+1} - \theta_i} \\ 0 & 1 & \dfrac{\theta_{i+1}}{\theta_{i+2} - \theta_{i+1}} & \cdots & \displaystyle\prod_{m=i+1}^{I-2} \dfrac{\theta_m}{\theta_{m+1} - \theta_{i+1}} \\ \vdots & \vdots & \vdots & \ddots & \vdots \\ 0 & 0 & \cdots & \cdots & 1 \end{pmatrix} \tag{22}$$

となり, B_i の (p, q) 成分は

$$B_i(p, q) = \begin{cases} \displaystyle\prod_{m=i+p-1}^{i+q-2} \frac{\theta_m}{\theta_{m+1} - \theta_{i+p-1}} & p < q \text{ の時} \\ 1 & p = q \text{ の時} \\ 0 & p > q \text{ の時} \end{cases} \tag{23}$$

と表すことができる.

Step7：マルコフ推移確率 $\pi_{i,j}$ を導こう

以上より, 式 (20) を用いて $j = i + 2, \cdots, I - 1$ の時,

$$
\begin{aligned}
\pi_{i,j} &= \sum_{k=1}^{I-i} C_i(k) B(k, j - i + 1) \\
&= \exp(-\theta_i Z) \prod_{m=i}^{j-1} \frac{\theta_m}{\theta_{m+1} - \theta_i} \\
&\quad + \sum_{k=2}^{j-i} \prod_{m=i}^{i+k-2} \frac{\theta_m}{\theta_m - \theta_{i+k-1}} \exp(-\theta_{i+k-1} Z) \prod_{m=i+k-1}^{j-1} \frac{\theta_m}{\theta_{m+1} - \theta_{i+k-1}} \\
&\quad + \prod_{m=i}^{j-1} \frac{\theta_m}{\theta_m - \theta_j} \exp(-\theta_j Z) \tag{24}
\end{aligned}
$$

であり, $s = i + k - 1$ として,

$$
\begin{aligned}
\pi_{i,j} &= \exp(-\theta_i Z) \prod_{m=i}^{j-1} \frac{\theta_m}{\theta_{m+1} - \theta_i} \\
&\quad + \sum_{s=i+1}^{j-1} \prod_{m=i}^{s-1} \frac{\theta_m}{\theta_m - \theta_s} \prod_{m=s}^{j-1} \frac{\theta_m}{\theta_{m+1} - \theta_s} \exp(-\theta_s Z) \\
&\quad + \prod_{m=i}^{j-1} \frac{\theta_m}{\theta_m - \theta_j} \exp(-\theta_j Z) \tag{25}
\end{aligned}
$$

となる. さらに,

$$
\begin{cases}
\displaystyle \prod_{m=i}^{i-1} \frac{\theta_m}{\theta_m - \theta_i} = 1 \\
\displaystyle \prod_{m=j}^{j-1} \frac{\theta_m}{\theta_{m+1} - \theta_j} = 1
\end{cases} \tag{26}
$$

とすれば, 式 (25) を

$$
\begin{aligned}
\pi_{i,j} &= \prod_{m=i}^{i-1} \frac{\theta_m}{\theta_m - \theta_i} \prod_{m=i}^{j-1} \frac{\theta_m}{\theta_{m+1} - \theta_i} \exp(-\theta_i Z) \\
&\quad + \sum_{s=i+1}^{j-1} \prod_{m=i}^{s-1} \frac{\theta_m}{\theta_m - \theta_s} \prod_{m=s}^{j-1} \frac{\theta_m}{\theta_{m+1} - \theta_s} \exp(-\theta_s Z) \\
&\quad + \prod_{m=i}^{j-1} \frac{\theta_m}{\theta_m - \theta_j} \prod_{m=j}^{j-1} \frac{\theta_m}{\theta_{m+1} - \theta_j} \exp(-\theta_j Z)
\end{aligned}
$$

$$= \sum_{s=i}^{j} \prod_{m=i}^{s-1} \frac{\theta_m}{\theta_m - \theta_s} \prod_{m=s}^{j-1} \frac{\theta_m}{\theta_{m+1} - \theta_s} \exp(-\theta_s Z) \tag{27}$$

のようにまとめることができる. 上式は, $j = i$ の時

$$\pi_{i,i} = \sum_{s=i}^{i} \prod_{m=i}^{s-1} \frac{\theta_m}{\theta_m - \theta_s} \prod_{m=s}^{i-1} \frac{\theta_m}{\theta_{m+1} - \theta_s} \exp(-\theta_s Z)$$

$$= \prod_{m=i}^{i-1} \frac{\theta_m}{\theta_m - \theta_i} \prod_{m=i}^{i-1} \frac{\theta_m}{\theta_{m+1} - \theta_i} \exp(-\theta_i Z)$$

$$= \exp(-\theta_i Z) \tag{28}$$

となり, $j = i$ の時にも成立している. また, $j = i + 1$ の時

$$\pi_{i,i+1} = \sum_{s=i}^{i+1} \prod_{m=i}^{s-1} \frac{\theta_m}{\theta_m - \theta_s} \prod_{m=s}^{i} \frac{\theta_m}{\theta_{m+1} - \theta_s} \exp(-\theta_s Z)$$

$$= \prod_{m=i}^{i-1} \frac{\theta_m}{\theta_m - \theta_i} \prod_{m=i}^{i} \frac{\theta_m}{\theta_{m+1} - \theta_i} \exp(-\theta_i Z)$$

$$+ \prod_{m=i}^{i} \frac{\theta_m}{\theta_m - \theta_{i+1}} \prod_{m=i+1}^{i} \frac{\theta_m}{\theta_{m+1} - \theta_{i+1}} \exp(-\theta_{i+1} Z)$$

$$= \frac{\theta_i}{\theta_{i+1} - \theta_i} \exp(-\theta_i Z) + \frac{\theta_i}{\theta_i - \theta_{i+1}} \exp(-\theta_{i+1} Z)$$

$$= \frac{\theta_i}{\theta_i - \theta_{i+1}} \{ -\exp(-\theta_i Z) + \exp(-\theta_{i+1} Z) \} \tag{29}$$

となり, $j = i + 1$ の時も成立している. 以上より, $j = i, i+1, \cdots, I-1$ に対して,

$$\pi_{i,j} = \sum_{s=i}^{j} \prod_{m=i}^{s-1} \frac{\theta_m}{\theta_m - \theta_s} \prod_{m=s}^{j-1} \frac{\theta_m}{\theta_{m+1} - \theta_s} \exp(-\theta_s Z) \tag{30}$$

となる.

ただし, 表記上の規則として $\begin{cases} \displaystyle\prod_{m=i}^{i-1} \frac{\theta_m}{\theta_m - \theta_i} = 1 \\ \displaystyle\prod_{m=j}^{j-1} \frac{\theta_m}{\theta_{m+1} - \theta_j} = 1 \end{cases}$ とする.

演習問題の解答

1章

省略

2章

1 ポアソン発生モデルに関してはポアソン分布の期待値と分散を，混合ポアソン発生モデルに関しては負の二項分布の期待値と分散の導出手順を確認して欲しい．

2 $\theta = (\beta, \phi)$ とすると，$\partial \log \mathcal{L}(\theta; \tilde{\Xi})/\partial\theta = 0$ が最適化条件となる．具体的な計算は省略する．

3 今後 t 年以内に地震が発生する確率 $p(t)$ は，

$$p(t) = \frac{\tilde{F}(80) - \tilde{F}(80 + t)}{\tilde{F}(80)}$$

によって表される．$t = 10$ のときは $p(t) = (0.63 - 0.42)/0.63 = 0.33$，$t = 30$ のときは $p(t) = (0.63 - 0.13)/0.63 = 0.79$ となる．

3章

1 $\lambda = 100[件/年]$，$t = 1[年]$ であり，$E[Y] = 120[万円/件]$，$V[Y] = 2500[(万円/件)^2]$ であるので，式 (3.18a)，式 (3.18b) を用いて

$$E[S(t=1)] = 100 \times 1 \times 120 = 12000$$
$$V[S(t=1)] = 100 \times 1 \times (2500 + 120^2) = 1690000$$

である．よって 1 年間の事故による損失額の期待値は 12000[万円]，標準偏差は 1300[万円] となる．

2　(a)　$1/(1-0.938)=16.1[年]$

(b)　$1-0.665=0.335$

(c)　$y = G^{-1}(1 - 1/333; \hat{\xi}, \hat{\mu}, \hat{\sigma})$ となる y を探せばよい．$1 - 1/333 = 0.997$ より，求める年最大日降水量は 250 [mm] である．

3 （a） 式 (3.46) を用いると，

$$\text{VaR}_{0.95} = 40 + \frac{20}{0.1} \left\{ \frac{1 - 0.95}{(5000/50000)}^{-0.1} - 1 \right\} = 54$$

$$\text{VaR}_{0.99} = 40 + \frac{20}{0.1} \left\{ \frac{1 - 0.99}{(5000/50000)}^{-0.1} - 1 \right\} = 92$$

（b） 式 (3.47) を用いると，

$$\text{C-VaR}_{0.95} = \frac{\text{VaR}_{0.95}}{1 - 0.1} + \frac{20 - 0.1 \times 40}{1 - 0.1} \approx 78$$

$$\text{C-VaR}_{0.99} = \frac{\text{VaR}_{0.99}}{1 - 0.1} + \frac{20 - 0.1 \times 40}{1 - 0.1} \approx 120$$

（c） 式 (3.48) を用いると，$\text{VaR}_{0.95}$ の月超過確率は $1 - 0.95^{30} \approx 0.785$，$\text{VaR}_{0.99}$ の年超過確率は $1 - 0.99^{365} \approx 0.974$ となる．

4 （a） 補強なし　$0.5 \times 0.2 + 0.15 \times 0.5 + 0.05 \times 1 = 0.225$

　　　　補強 a　　$0.45 \times 0.2 + 0.13 \times 0.5 + 0.02 \times 1 = 0.175$

　　　　補強 b　　$0.45 \times 0.2 + 0.09 \times 0.5 + 0.01 \times 1 = 0.145$

（b） 補強なし　$0.225 \times 4000 = 900$

　　　　補強 a　　$0.175 \times 4000 + 150 = 850$

　　　　補強 b　　$0.145 \times 4000 + 300 = 880$

　　以上より，補強 a を実施すればよい．

4 章

1 分布関数 $F(x) = x/\theta$ より，

$$S(x) = 1 - \frac{x}{\theta}$$

$$\lambda(x) = \frac{f(x)}{S(x)} = \frac{1}{\theta - x}$$

$$E[X] = \int_0^\theta S(x)dx = \frac{\theta}{2}$$

2 （a） 指数ハザードモデルの初期時点における期待余寿命は，

$$E[X] = \int_0^\infty \exp(-\theta x)\, dx = \left[-\frac{\exp(-\theta x)}{\theta} \right]_0^\infty = \frac{1}{\theta}$$

（b） ワイブルハザードモデルの初期時点における期待余寿命は，

$$E[X] = \int_0^\infty \exp(-\theta x^m)\, dx$$

$\theta x^m = u$ とし，$x = (u/\theta)^{1/m}$，$m\theta x^{m-1}dx = du$ に注意して上式を変形すると，

$$E[X] = \int_0^\infty \exp(-u) \frac{1}{m\theta} \left(\frac{u}{\theta} \right)^{-1+1/m} du$$

$$
\begin{aligned}
&= \frac{1}{m\theta^{1/m}} \int_0^\infty \exp(-u) u^{-1+1/m} du \\
&= \frac{\Gamma(\frac{1}{m})}{m\theta^{1/m}} \\
&= \frac{\Gamma(1 + \frac{1}{m})}{\theta^{1/m}}
\end{aligned}
$$

3 生存関数を $S(t) = \exp(-\theta t^m)$, 分布関数を $F(t) = 1 - \exp(-\theta t^m)$ とおく. 施設 1 では，2 回目と 3 回目の点検間（3 年〜5 年）のどこかの時点で故障が発生し，3 回目の点検時点で取り替えられた後に 4 年以上異常が無いことから，施設 1 における観測尤度は $\mathcal{L}_1 = \{F(5) - F(3)\} S(4)$ と表される. 同様にして，

$$
\begin{aligned}
\mathcal{L}_2 &= F(4) \{F(6) - F(4)\} S(2) \\
\mathcal{L}_3 &= \{F(5) - F(3)\} S(6) \\
\mathcal{L}_4 &= \{F(10) - F(8)\} \\
\mathcal{L}_5 &= \{F(8) - F(6)\} S(2)
\end{aligned}
$$

と表すことができる. よって，ワイブルハザードモデルを推計するための尤度関数は

$$
\mathcal{L} = \prod_{k=1}^5 \mathcal{L}_k
$$

と定式化できる.

4 (a) 式 (4.18) を用いて，

$$
E[X] = \frac{\Gamma(1 + 1/2)}{(0.1 \times 1.6)^{1/2}} = 2.2155
$$

(b) グラフを作成すると下図のようになる. $\hat{\theta}_k$ の平均値を計算すると 0.1 であり，固定効果 ε_k の平均は 1 であることから，$(\varepsilon_k, \theta_k) = (1, 0.1)$ は平均的な施設と考えることができる. よって，$\varepsilon_k = 1$, $\theta_k = 0.1$, $\theta_k \varepsilon_k = 0.1$ などを閾値として分類することにより故障過程の特徴ごとに分類することができ，特徴に応じた対処法を考えることができる.

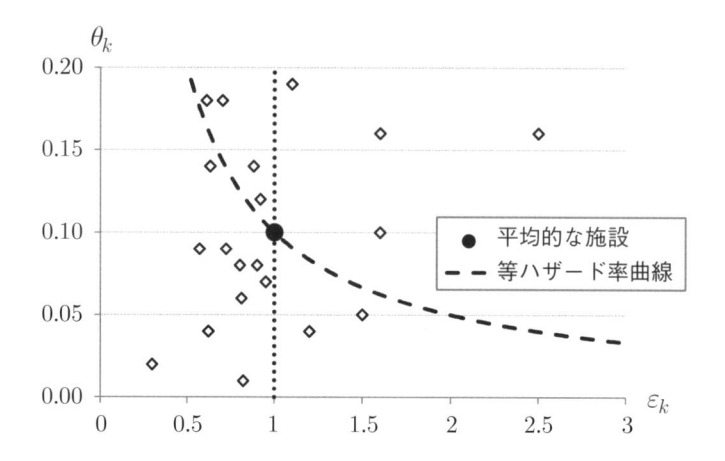

5章

1 点検記録を以下の表のように整理する.

補修記録なし			補修記録あり		
構造物	点検間隔	健全度の推移	構造物	点検間隔	健全度の推移
a	4	$1 \to 2$	a	4	$1 \to 2$
	6	$2 \to 2$		6	$2 \to 2$
	5	$2 \to 3$		5	$2 \to 3$
b	4	$1 \to 1$	b	4	$1 \to 1$
	4	$1 \to 1$		4	$1 \to 1$
	4	$1 \to 2$		4	$1 \to 2$
	5	$2 \to 3$		5	$2 \to 3$
c	2	$1 \to 1$	c	2	$1 \to 1$
	8	$1 \to 1$		6	$1 \to 3$
	5	$1 \to 1$		2	$1 \to 1$
				5	$1 \to 1$
d	3	$1 \to 2$	d	3	$1 \to 2$
	4	$2 \to 2$		4	$2 \to 2$
	3	$2 \to 2$		3	$2 \to 2$
	7	$2 \to 2$		4	$2 \to 3$
				3	$1 \to 2$

構造物 a であれば，観測尤度として $\pi_{1,2}(4)\pi_{2,2}(6)\pi_{2,3}(5)$ となる．同様の考え方で補修記録なしの場合だと 14 個の $\pi_{i,j}(Z)$ を，補修記録ありの場合だと 16 個の $\pi_{i,j}(Z)$ を掛け合わせて尤度関数を組み立てればよい.

2 (a) 式 (5.60a)〜式 (5.60d)（あるいは式 (5.51)）を用いると，

$$\pi_{1,2}(Z=1) = \frac{0.91}{0.91-0.51}\{-\exp(-0.91)+\exp(-0.51)\}$$
$$= \frac{0.91}{0.4}(-0.4+0.6) \approx 0.46$$

(b) $\pi_{1,1} = \exp(-0.91) = 0.40$, $\pi_{1,3} = 1 - \pi_{1,1} - \pi_{1,2} = 0.14$, $\pi_{2,2} = \exp(-0.51) = 0.60$, $\pi_{2,3} = 1 - \pi_{2,2} = 0.4$ より, マルコフ推移確率行列は

$$\Pi(Z=1) = \begin{pmatrix} 0.40 & 0.46 & 0.14 \\ 0 & 0.60 & 0.40 \\ 0 & 0 & 1 \end{pmatrix}$$

となる.

(c) $\pi_{1,3}(Z=2)$ を求めればよい. $\Pi(Z=2) = \{\Pi(Z=1)\}^2$ であることを利用すると $\pi_{1,3}(Z=2) = 0.40 \times 0.14 + 0.46 \times 0.40 + 0.14 \times 1 = 0.38$

3 構造物 1 を例にとると, 各健全度の期待寿命は健全度 1 から順に $(1/0.4, 1/0.25, 1/0.2, 1/0.1, 1/0.1, 1/0.2) = (2.5, 4, 5, 10, 10, 5)$ となる. 累積の期待寿命は健全度 1 から順に $(2.5, 6.5, 11.5, 21.5, 31.5, 36.5)$ となる. よって, 横軸を経過年 t とし, 縦軸を健全度 i としたグラフにおいて,

 $(t, i) = \{(0, 1), (2.5, 2), (6.5, 3), (11.5, 4), (21.5, 5), (31.5, 6), (36.5, 7)\}$ をプロットし, 線を繋げればよい. 各構造物, および 10 個の構造物の平均に対して期待劣化曲線を描いた図を以下に示す. (10 個の構造物の平均のハザード率は健全度 1 から順に 0.43, 0.245, 0.155, 0.091, 0.096, 0.165 である.)

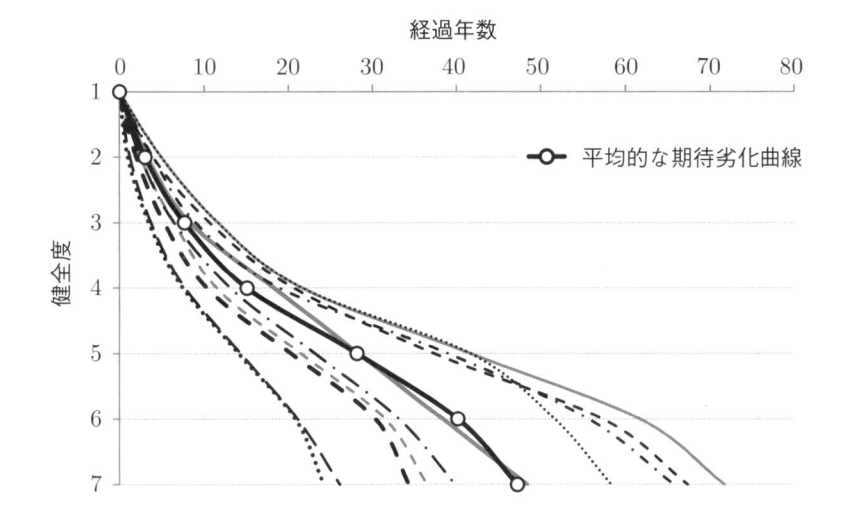

4 省略

6章

1 $s = sQ(\boldsymbol{\eta})\{\Pi(Z=1)\}^2$ を解く.

$$Q(\boldsymbol{\eta})\{\Pi(Z=1)\}^2 = \begin{pmatrix} 0.64 & 0.30 & 0.06 & 0 \\ 0.64 & 0.30 & 0.06 & 0 \\ 0 & 0 & 0.36 & 0.64 \\ 0.64 & 0.30 & 0.06 & 0 \end{pmatrix}$$

より,具体的に書き出すと,

$$s_1 = 0.64s_1 + 0.64s_2 + 0.64s_4$$
$$s_2 = 0.30s_1 + 0.30s_2 + 0.30s_4$$
$$s_3 = 0.06s_1 + 0.06s_2 + 0.36s_3 + 0.06s_4$$
$$s_4 = 0.64s_3$$

であり,$s_1 + s_2 + s_3 + s_4 = 1$ を用いて上式を解くと,$s = (512/875, 240/875, 3/35, 48/875)$ となる.

2 (a) $s = sQ(\boldsymbol{\eta})\Pi(Z=1)$ を解く.

$$Q(\boldsymbol{\eta})\Pi(Z=1) = \begin{pmatrix} 0.80 & 0.20 & 0 & 0 \\ 0 & 0.70 & 0.30 & 0 \\ 0 & 0 & 0.60 & 0.40 \\ 0.80 & 0.20 & 0 & 0 \end{pmatrix}$$

より,具体的に書き出すと,

$$s_1 = 0.80s_1 + 0.80s_4$$
$$s_2 = 0.20s_1 + 0.70s_2 + 0.20s_4$$
$$s_3 = 0.30s_2 + 0.60s_3$$
$$s_4 = 0.40s_3$$

であり,$s_1 + s_2 + s_3 + s_4 = 1$ を用いて上式を解くと,$s = (24/65, 4/13, 3/13, 6/65)$ となる.

(b) LCC $= s_4 \times 130 + 60 = 72$

(c) $s = sQ(\boldsymbol{\eta})\Pi(Z=1)$ を解く.

$$Q(\boldsymbol{\eta})\Pi(Z=1) = \begin{pmatrix} 0.80 & 0.20 & 0 & 0 \\ 0 & 0.70 & 0.30 & 0 \\ 0.80 & 0.20 & 0 & 0 \\ 0.80 & 0.20 & 0 & 0 \end{pmatrix}$$

より,具体的に書き出すと,

$$s_1 = 0.80s_1 + 0.80s_3 + 0.80s_4$$

$$s_2 = 0.20s_1 + 0.70s_2 + 0.20s_3 + 0.20s_4$$
$$s_3 = 0.30s_2$$
$$s_4 = 0$$

であり，$s_1 + s_2 + s_3 + s_4 = 1$ を用いて上式を解くと，$\boldsymbol{s} = (12/25, 2/5, 3/25, 0)$ となる．このとき，$\text{LCC} = s_3 \times c_{3,1} + 60 < 72$ となるような $c_{3,1}$ は，$c_{3,1} < 100$ である．

4 (a) $\quad \Pi^-(Z=2) = \begin{pmatrix} 0.64 & 0 & 0 & 0 \\ 0 & 0.49 & 0 & 0 \\ 0 & 0 & 0.36 & 0 \\ 0 & 0 & 0 & 1 \end{pmatrix}$

$$\Pi^+(Z=2) = \begin{pmatrix} 0 & 0.30 & 0.06 & 0 \\ 0 & 0 & 0.39 & 0.12 \\ 0 & 0 & 0 & 0.64 \\ 0 & 0 & 0 & 0 \end{pmatrix}$$

(b) $\quad \tilde{\boldsymbol{s}} = \tilde{\boldsymbol{s}}(\Pi^-(Z=2) + \Pi^+(Z=2)Q(\boldsymbol{\eta}))$ を解く．

$$\Pi^-(Z=2) + \Pi^+(Z=2)Q(\boldsymbol{\eta}) = \begin{pmatrix} 0.94 & 0.06 & 0 & 0 \\ 0.12 & 0.88 & 0 & 0 \\ 0.64 & 0 & 0.36 & 0 \\ 0 & 0 & 0 & 1 \end{pmatrix}$$

より，具体的に書き出すと，

$$\tilde{s}_1 = 0.94\tilde{s}_1 + 0.12\tilde{s}_2 + 0.64\tilde{s}_3$$
$$\tilde{s}_2 = 0.06\tilde{s}_1 + 0.88\tilde{s}_2$$
$$\tilde{s}_3 = 0.36\tilde{s}_3$$
$$\tilde{s}_4 = \tilde{s}_4$$

である．補修の時点において状態が $\tilde{s}_4$ となることはないため $\tilde{s}_4 = 0$，さらに $\tilde{s}_1 + \tilde{s}_2 + \tilde{s}_3 + \tilde{s}_4 = 1$ を用いて上式を解くと，$\tilde{\boldsymbol{s}} = (2/3, 1/3, 0, 0)$ となる．

(c) $\quad \boldsymbol{s}^+ = \tilde{\boldsymbol{s}}\Pi^+(Z=2)$ より $\boldsymbol{s}^+ = (0, 1/5, 17/100, 1/25)$

(d) $\quad \text{LCC} = (40 \times s_2^+ + 100 \times s_3^+ + 200 \times s_4^+ + 10)/2 = 21.5$

参考文献

1) Risk, Uncertainty and Profit, Frank H. Knight, Boston and New York: Houghton Mifflin co., 1921.

2) Risk and Risk-Bearing, Charles O. Hardy, The University of Chicago Press, 1923.

3) リスクと情報：新しい経済学, 酒井泰弘, 勁草書房, 1991.

4) Perception of Risk, Paul Slovic, Science, Vol.236, Issue 4799, pp.280-285, 1987.

5) The Framing of Decisions and the Psychology of Choice, Amos Tversky and Daniel Kahneman, Science, New Series, Vol.211, Issue 4481, pp.453-458, 1981.

6) 現代のリスクと保険, 山口光恒, 岩波書店, 1998.

7) リスク・マネジメント総論, 武井勲, 中央経済社, 1987.

8) 道路施設の巡回頻度と障害物発生リスク, 貝戸清之, 小林潔司, 加藤俊昌, 生田紀子, 土木学会論文集 F, Vol.63, No.1, pp.16-34, 2007.2

9) 長期的な地震発生確率の評価手法について, 地震調査研究推進本部 地震調査委員会, 2001.

10) 余震の確率評価手法について, 地震調査研究推進本部 地震調査委員会, 1998.

11) Statistical Models for Earthquake Occurrences and Residual Analysis for Point Processes, Yosihiko Ogata, Journal of the American Statistical Association, Vol.83, No.401, pp.9-27.1988.3

12) Statistical analysis of Fragility Curves, Masanobu Shinozuka, M. Q. Feng, Jongheon Lee and Toshihiko Naganuma, Journal of Engineering Mechanics, Vol.126, Issue 12, pp.1224-1231, 2000.

13) 多項反応モデルによる地震時損傷度曲線の統計的推定, 望月智也, 中村孝明, 第2回リアルタイム地震防災シンポジウム論文集, 2000.

14) 劣化予測のためのハザードモデルの推計, 青木一也, 山本浩司, 小林潔司, 土木学会論文集 No.791/VI-67, pp.111-124, 2005.6

15) ランダム比例ワイブル劣化ハザードモデル：大規模情報システムへの適用, 貝

戸清之，山本浩司，小濱健吾，岡田貢一，小林潔司，土木学会論文集 F, Vol.64, No.2, pp.115-129, 2008.4

16) 健全度推移の不連続性を考慮したマルコフ推移確率の非集計的推定方法，水谷大二郎，土木学会論文集 D3（土木計画学），Vol.74, No.2, pp.125-139, 2018.

17) 橋梁劣化予測のためのマルコフ推移確率の推定，津田尚胤，貝戸清之，青木一也，小林潔司，土木学会論文集 No.801/I-73, pp.69-82, 2005.10

18) 劣化ハザード率評価とベンチマーキング，小濱健吾，岡田貢一，貝戸清之，小林潔司，土木学会論文集 A, Vol.64, No.4, pp.857-874, 2008.11

19) 混合マルコフ劣化ハザードモデルの階層ベイズ推計，貝戸清之，小林潔司，青木一也，松岡弘大，土木学会論文集 D3（土木計画学），Vol.68, No.4, pp.255-271, 2012.

20) トンネル照明システムの最適点検・更新政策，青木一也，山本浩司，小林潔司，土木学会論文集 No.805/VI-69, pp.105-116, 2005.12

21) 平均費用法に基づいた橋梁部材の最適補修戦略，貝戸清之，保田敬一，小林潔司，大和田慶，土木学会論文集 No.801/I-73, pp.83-96, 2005.10

22) 分権的ライフサイクル費用評価と集計的効率性，小林潔司，土木学会論文集 No.793/IV-68, pp.59-71, 2005.7

23) An introduction to statistical modeling of extreme values, Stuart Coles, Springer, 2001.

24) Essentials of Stochastic Processes, Rick Durrett, Springer, 1999.
（邦訳）確率過程の基礎,（訳）今野紀雄，中村和敬，曽雌隆洋，馬霞，丸善出版, 2012.

25) Non-Life Insurance Mathematics - An Introduction with Stochastic Processes, Thomas Mikosch, Springer, 2004.
（邦訳）損害保険数理,（訳）山岸義和，シュプリンガー・ジャパン，2009.

26) Quantitative Risk Management: Concepts, Techniques and Tools, Alexander J. McNeil, Rudiger Frey, Paul Embrechts, Princeton University Press, 2005.
（邦訳）定量的リスク管理,（訳）塚原英敦ほか，共立出版，2008.

27) Survival Analysis - Techniques for Censored and Truncated Data, 2nd edition, John P. Klein and Melvin L. Moeschberger, Springer, 2003.
（邦訳）生存時間解析,（訳）打波守，丸善出版，2012.

28) 統計分布ハンドブック，蓑谷千凰彦，朝倉書店，2003.

索　引

著者略歴

小林　潔司（こばやし　きよし）

　　1976 年　京都大学工学部土木工学科卒業

　　1978 年　京都大学大学院工学研究科修士課程（土木工学）

　　1978 年　京都大学工学部助手

　　1984 年　京都大学工学博士

　　1987 年　鳥取大学工学部助教授

　　1991 年　同教授

　　1996 年　京都大学大学院工学研究科教授

　　2006 年　京都大学経営管理大学院教授（併任）

　　2019 年　京都大学名誉教授，同経営管理大学院特任教授

　　　　　　現在に至る

　　1994，2001，2008，2013，2018 年　土木学会論文賞，

　　2011 年　土木学会研究業績賞

　　第 106 代　土木学会長

小濱　健吾（おばま　けんご）

　　2006 年　京都大学工学部地球工学科卒業

　　2012 年　京都大学大学院工学研究科博士課程修了（都市社会工学専攻），
　　　　　　博士（工学）

　　2012 年　大阪大学大学院工学研究科特任研究員（常勤）

　　2014 年　同特任助教（常勤）

　　2015 年　同特任准教授（常勤）

　　　　　　現在に至る

©Kiyoshi Kobayashi，Kengo Obama 2019

リスク・アセットマネジメントのための統計数理

2019年 7月19日　　第1版第1刷発行

著　者	小　林　潔　司
	小　濱　健　吾
発行者	田　中　久　喜

発　行　所
株式会社 電 気 書 院
ホームページ　www.denkishoin.co.jp
（振替口座　00190-5-18837）
〒101-0051　東京都千代田区神田神保町1-3 ミヤタビル2F
電話(03)5259-9160／FAX(03)5259-9162

印刷　中央精版印刷株式会社
Printed in Japan／ISBN978-4-485-30092-3